U0379302

高等学校电子信息类图书
国家自然科学基金资助项目

物联网分布式数据处理技术

——存储、查询与应用

主　编　马行坡

副主编　袁华强　李　银

西安电子科技大学出版社

内容简介

本书共11章。首先，介绍了物联网分布式数据存储与查询技术的相关概念和研究进展(第1和第2章)；然后，详细介绍了多种物联网类型下的数据存储与查询技术(以Top-*k*查询为主要查询类型)，这些物联网类型包括WSN(第3、4、5章)，WSAN(第6章)，TWSN(第7、8章)，TM-WSN(第9章)和传感云系统(第10章)；最后，简要介绍了物联网分布式数据存储与查询技术的相关应用(第11章)。

本书可以作为物联网工程相关专业研究生学习用书，也可以作为相关领域科研工作者的参考用书。

图书在版编目(CIP)数据

物联网分布式数据处理技术：存储、查询与应用 / 马行坡主编. —西安：西安电子科技大学出版社，2023.7
ISBN 978-7-5606-6905-2

Ⅰ. ①物… Ⅱ. ①马… Ⅲ. ①物联网—数据处理—研究 Ⅳ. ①TP393.4 ②TP18

中国国家版本馆CIP数据核字(2023)第104173号

策　　划　李惠萍
责任编辑　李惠萍
出版发行　西安电子科技大学出版社(西安市太白南路2号)
电　　话　(029)88202421　88201467　　邮　　编　710071
网　　址　www.xduph.com　　电子邮箱　xdupfxb001@163.com
经　　销　新华书店
印刷单位　陕西天意印务有限责任公司
版　　次　2023年7月第1版　2023年7月第1次印刷
开　　本　787毫米×1092毫米　1/16　印张　12
字　　数　272千字
印　　数　1～2000册
定　　价　31.00元
ISBN 978-7-5606-6905-2 / TP

XDUP 7207001-1

作 者 简 介

马行坡，博士（本、硕、博均毕业于中南大学），副教授，硕士研究生导师，工信部物联网工程急需紧缺人才，信阳师范大学青年南湖学者，澳大利亚联邦科学与工业研究组织（CSIRO）访问学者。主要研究方向为物联网分布式数据处理、云计算与边缘计算，发表论文30余篇，其中SCI、EI收录20余篇，以主要完成人参与国家自然科学基金青年项目2项，主持完成河南省自然科学基金面上项目1项，主持河南省科技发展计划-科技攻关类项目1项，获批国家留学基金委留学项目1项，授权国家发明专利4项。

袁华强，男，博士，二级教授，博士生导师，中国计算机学会高级会员，现任东莞理工学院计算机科学与技术学院院长，广东省无线传感器网络系统及应用工程技术研究中心主任，广东高校网络与信息安全工程技术开发中心主任。主要研究方向为物联网安全。

李银，男，河南信阳人，博士，副教授，硕士生导师，中国计算机学会会员，现任东莞理工学院计算机科学与技术学院教师。主要研究方向为多方计算、数据库安全。

前　言

物联网、人工智能、大数据、云计算和边缘计算技术是近些年计算机领域的研究热点，这些技术之间存在相互支撑、相互依存和相互服务的关系，而这些技术都围绕“数据”这一核心展开：物联网为其他几类技术提供数据资源，而其他几类技术为物联网提供数据处理和管理服务。当前，物联网及其相关应用正以爆炸式速度增长，物联网感知设备更是以百亿计甚至更多。面对如此多的感知设备产生的海量数据，单纯依靠云中心的集中式数据存储显然是存在较大弊端的：一方面，这会带来云中心存储资源紧张和网络线路负担过重等问题；另一方面，这也会带来边缘和终端计算设备存储资源浪费的问题。因此，如何将物联网中大量分散的计算和存储资源利用起来，即如何以更加高效和节约的方式管理物联网感知数据，便成为一个亟待解决的关键科学问题。物联网分布式数据存储与检索技术的研究为解决这一问题提供了有效途径。本书作者在物联网分布式数据存储与检索技术领域深耕多年，取得了一定研究成果。为了给同样对此问题感兴趣的研究人员和广大学者提供一点参考，我们编写了此书。

全书共 11 章。第 1 章是概述，主要介绍了物联网及物联网分布式数据存储与查询的相关概念、问题背景、挑战和性能评价标准，并介绍了物联网的边缘网络的类型和架构；第 2 章综述了物联网分布式数据存储与查询技术的研究进展；第 3 章介绍了无线传感网中基于虚拟环的分布式数据存储与查询技术，WSN 是物联网边缘网络之一；第 4 章介绍了 WSN 中基于虚拟云的分布式数据存储与查询技术。第 5～6 章重点介绍物联网中的分布式数据查询技术。其中，第 5 章介绍了 WSN 中的距离约束 Top-k 查询技术，距离约束 Top-k 查询是对查询结果数据对应的数据产生位置间的距离有限制要求的一类 Top-k 查询；第 6 章介绍了无线传感器执行器网络(WASN)中的分布式自适应数据存储与查询技术，WASN 是一类带有执行器节点的无线传感网，属于物联网的边缘网络之一。第 7～8 章重点介绍带有安全性要求的物联网分布式数据检索技术。其中，第 7 章介绍了双层传感器网络(TWSN)中基于“时间-顺序-分值”加密绑定的安全 Top-k 查询技术，TWSN 也是一类物联网边缘网络；第 8 章介绍了 TWSN 中基于分值关联的安全 Top-k 查询技术，第 7 章和第 8 章介绍的安全检索技术适用于同一网络架构，具有不同的性能特点。第 9 章介绍了面向双层可移动传感器网络(TMWSN)的安全 Top-k 查询技术，其中，TMWSN 是 TWSN 的新发展，是一类带有可移动传感器节点的特殊双层无线传感网。第 10 章介绍了传感器云系统中的安全查询技术，在这一章所介绍的分布式数据存储与查询技术中，将物联网分布式数据存储技术与云计算和边缘计算技术进行了融合。第11章介绍了物联网分布式数据存储与查询技术的相关应用。本书第2章、第3章、第5～10章由马行坡编写，第1章和第4章由袁华强编写，第11章由李银编写，全书由马行坡统稿。

本书为国家自然科学基金项目(编号：61972090，项目名称：物联网中数据安全传输与检索关键技术研究)和河南省高等学校重点科研项目计划(编号：23A520021；项目名称：基于无人机的大规模无线传感网数据收集技术研究)的部分研究成果。

本书的编写得到了西安电子科技大学出版社李惠萍编辑和郭静编辑的大力帮助，本书的出版得到了信阳师范大学和东莞理工学院的资金支持，在此特向西安电子科技大学出版社、信阳师范大学和东莞理工学院表示感谢。同时，也感谢课题组李路染、张舒毅、刘唤麟、王嘉茹等同学在文字和图片格式修订等方面所作的工作。

本书介绍的物联网分布式存储与检索技术主要是作者近些年的研究成果，恳请广大读者尤其是同样对物联网分布式数据存储与检索技术研究感兴趣的学者多提宝贵意见。

作　者
2023年3月

目　录

第1章 概 述

1.1 物联网分布式数据存储与查询相关概念

1.1.1 物联网的概念

1999年，“物联网”的概念被首次提出，麻省理工学院(MIT)的Kevin Ashton(凯文·艾什顿)教授基于早期自动射频识别(Radio Frequency Identification，RFID)和无线传感器网络(Wireless Sensor Network，WSN)技术的应用，提出了“物与物皆可相连的互联网”的设想。2009年，国际电信联盟(ITU)正式完善并规范了物联网的概念和内涵，即物联网是通过二维码识读设备、射频识别装置、红外感应器、全球定位系统和激光扫描器等信息传感设备，按约定的协议，把物品与互联网连接起来，进行信息的交换和通信，以实现智能化识别、定位、跟踪、监控和管理的一种网络。

物联网被视为新一轮的信息技术革命的代表，其理念是实现万物互联。随着越来越多的实物以前所未有的速度连接到互联网上，物联网的这一理念正不断被实现。物联网使物理对象能够看到、听到、思考，并互相协作，让它们一起“交谈”、共享信息和协调决策。例如，在智能家居领域，恒温器和加热通风与暖通(Heat，Ventilation，and Air Conditioning，HVAC)监控系统之间实时保持着信息交换。物联网通过利用其基础技术，如普适计算、嵌入式设备、通信技术、传感器网络、互联网协议和应用，将这些实物从传统物理实体转变为智能对象。智能对象及其假定的任务构成了特定领域的应用(垂直市场)，而普适计算和分析服务形成了独立于应用领域的服务(水平市场)。物联网的总体概念示意图[1]如图1-1所示。其中，各个特定领域应用系统包含特定的传感器和执行器，这些传感器和执行器之间能够直接进行相互通信，而每个特定领域的应用系统都与独立于应用领域的服务进行交互。

图1-1只是展示了部分物联网的行业应用，实际上，物联网应用远不止于此，其应用

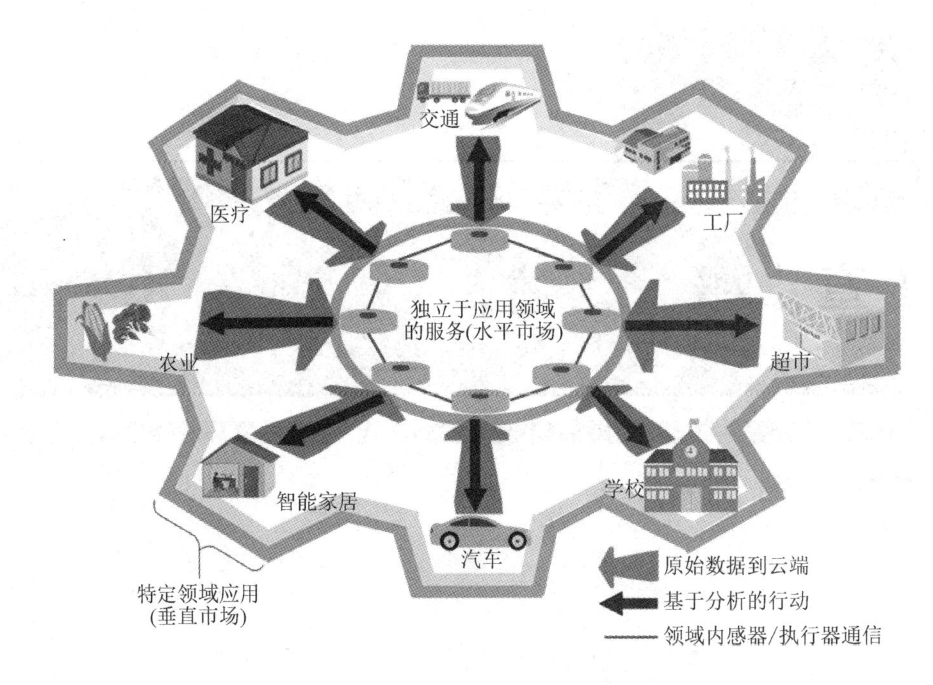

图 1-1 物联网总体概念示意图

领域还包括外太空探索、动植物栖息地保护、仓储物流、自然灾害监测、国防军事等。随着时间的推移，将会有更多、更重要的家庭、工业、商业等应用依赖物联网的发展，物联网的发展将会显著提升人们的生活质量并促进世界经济的发展。

1.1.2 物联网的特点和系统架构

1. 物联网的特点

有别于传统的互联网，物联网有其专属特点，这些特点主要包括全面感知、异构海量连接和智能泛在处理。

1) 全面感知

“全面感知”是指物联网通过种类和数量众多的感知设备，如各类传感器、RFID 设备、定位器等，以及多种技术手段，如条形码、二维码等，随时随地对物体进行信息采集和获取。物联网通过其“全面感知”特性获取数据并形成数据资源，进而为后续的智能处理提供素材。

2) 异构海量连接

物联网是一个异构网络，这主要归因于实现万物互联需要多样化的网络互连。例如，WSN、RFID 网络、无线云传感网络(CWSN，Cloud Wireless Sensor Network)以及传统的互联网等都可以作为物联网的子网而存在。这些异构的网络不仅种类多，而且数量大。这就形成了物联网的海量连接，其连接对象的数量可以达到十亿甚至万亿级。

3) 智能泛在处理

随着人工智能的发展，物联网中的数据处理也越来越智能化。智能泛在处理可以从智能处理和泛在处理两个方面来看。所谓的智能处理，是指利用云计算、模糊识别等各种智

能计算技术，对随时接收到的跨地域、跨行业、跨部门的海量数据和信息进行分析处理，提升对物理世界、经济社会各种活动和变化的洞察力，实现智能化的决策和控制。由于物联网的异构性，数据的智能化处理可分布在不同的异构网络中，因而具有泛在化的数据处理能力。

2. 物联网的五层架构

物联网的上述特点决定了其架构模型必然是一种可灵活变化的分层架构。不断发展的物联网架构模型如图1-2所示。目前，受到广泛认可的物联网的基本架构模型是由应用层、网络层和感知层组成的三层体系结构，如图1-2(a)所示。在最近的文献中，有学者也提出了一些其他模型，为物联网的架构添加了更多的抽象解释，形成了包含感知层、对象抽象层、服务管理层、应用层和业务层的五层结构，如图1-2(d)所示。接下来，我们对这五个分层进行简要阐述。

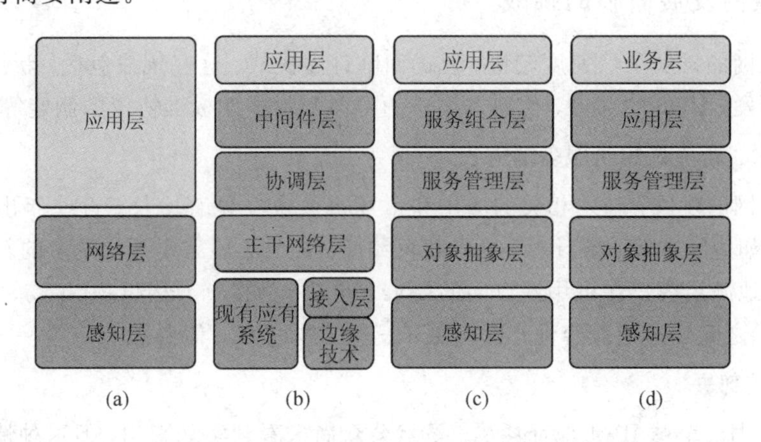

图1-2 物联网的架构模型

(1) 感知层。感知层也称为对象层或者设备层，该层包含物联网所有的传感器和执行器，旨在进行数据感知、收集和初步处理，并接收和执行应用层传递过来的控制指令。物联网中的大数据在这一层产生，包括位置、温度、重量、运动、振动、加速度、湿度等数据类型。感知层需要使用标准化的即插即用机制来配置异构对象，通过安全通道将数据数字化并传输到对象抽象层。

(2) 对象抽象层。对象抽象层通过安全通道将感知层产生的数据传输到服务管理层。数据可以通过各种技术进行传输，如RFID、3G、GSM、UMTS、Wi-Fi、蓝牙、红外、ZigBee等。此外，云计算和数据管理等其他功能也在这一层实现。

(3) 服务管理层。服务管理层也称为中间件层或配对层，它的主要功能是根据地址和名称将服务与其请求者进行配对。该层使物联网应用程序员能够在不考虑特定的硬件平台的情况下处理异构对象。此外，该层的功能还包括：处理接收到的异构数据，根据处理结果进行决策以及通过网线协议提供所需的服务。

(4) 应用层。应用层的主要作用是提供客户要求的服务。例如，应用层可以向请求该数据的客户提供温度和空气湿度数据。这一层对于物联网的重要性在于，它能够提供高质量的智能服务，满足客户的个性化需求。应用层覆盖了许多垂直市场，如智能家居、智能建筑、交通、工业自动化和智能医疗等。

(5) 业务层。业务层也被称为管理层，该层管理整个物联网的系统活动和服务，其主要职责是基于从应用层接收到的数据构建业务模型、图形、流程图等。同时，业务层还负责设计、分析、实施、评估、监控和开发与物联网系统相关的各个组成要素，它也使基于大数据分析的决策过程成为可能。此外，该层还负责对上述四层进行监控和管理，并将每层的输出与预期的输出进行比较，以提升服务质量和保护用户隐私。

在上述五层模型中，应用层是终端用户与设备进行交互以查询感兴趣数据的接口。应用层中还包含一个到业务层的接口层，该接口层可以生成高级分析报告，并负责建立应用层中的数据访问控制机制。由于应用层有复杂和巨大的计算需求，其必须承载于功能强大的设备上。综合考虑各种因素以及物联网架构的简单性原则，五层架构是物联网应用最适用的模型。

1.1.3 物联网发展面临的挑战

目前物联网的发展虽然速度较快，但仍面临许多挑战。这些挑战包括：新技术、新协议和新服务的开发，IPv6 的部署，传感器设备的寿命和物联网标准协议的制定等。

1. 新技术、新协议和新服务的开发

随着物联网的发展，与之相关的应用和市场机会也在显著增长。近些年出现了许多新的相关技术，如边缘计算、雾计算、无人机网络等。此外，还需要开发更多的新型物联网设备，以随时随地满足客户在可用性方面的要求。同时，为提升异构事物(生物、车辆、电话、电器、货物等)之间的通信兼容性，也需要开发新的物联网通信协议。

2. IPv6 的部署

2010 年 2 月，全球 IPv4 地址耗尽。虽然公众尚未看到实际影响，但这种情况有可能减缓物联网的进展，因为潜在的数十亿新传感器将需要唯一的 IP 地址。对于这一问题，应对手段是采用 IPv6 协议配置地址，IPv6 具有自动配置功能，使网络管理更加容易，并提供了改进的安全功能。然而，目前 IPv6 尚未全球部署。

3. 传感器设备的寿命

为了让物联网发挥其全部潜力，传感器设备最好能够实现自我维护和维持。可以想象，为遍布地球甚至太空的数十亿台传感器设备更换电池是一件多么困难的事情，因此，需要找到一种能够让传感器设备从振动、光和气流等环境因素中发电的方法。科学家们在 2011 年 3 月美国化学学会举行的第 241 届全国会议暨博览会上宣布成功研制出了一种商业上可行的纳米发电机——一种使用手指捏等身体动作来发电的柔性芯片。随着研究的深入，相信未来会产生更多的微发电技术，以支持传感器设备的自我维持。

4. 物联网标准的制定

虽然目前在许多领域的标准制定方面已经取得了很大进展，但还需要做更多的工作，特别是在安全、隐私、体系结构和通信领域。IEEE 是致力于通过确保 IPv6 数据包可以跨不同网络类型路由解决这些挑战的组织之一。

必须指出的是，虽然物联网标准的制定存在障碍和挑战，但并非不可逾越。考虑到物联网的优点，这些问题的解决只是时间问题。架构标准化可以被视为支持物联网发展的后

盾，为企业提供高质量产品创造竞争环境。此外，传统的互联网架构需要修改以适应物联网面对的挑战。例如，在许多底层协议中，应该考虑大量愿意连接到互联网(Internet)的对象。2010年，互联网连接的物体的数量已经超过了地球上的人口。因此，利用大的寻址空间(例如IPv6)来满足客户对智能对象的需求变得非常必要。安全和隐私是物联网的另一个重要技术要求，这是由于互联网连接对象的固有异构性以及对物理对象的监视和控制要求。此外，还应确保能以较低的成本向客户提供高质量的服务。

1.2 物联网的边缘网络

物联网可以看作是互联网的延伸和扩展，本书把由互联网延伸和扩展出来的网络称为物联网的边缘网络或网络末梢。物联网的边缘网络是区分物联网和互联网时需注意的关键点，因此，本节将重点介绍物联网的边缘网络。

物联网的边缘网络主要指各类传感网，其主要功能包含两个方面：负责感知和采集数据，并将收集到的数据上传给骨干网(互联网)；对于拥有执行器节点的传感网，物联网的边缘网络将执行命令下发给网络中的执行器节点，监督执行器节点完成指定任务。常见的传感网包括WSN、无线传感器执行器网络(Wireless Sensor and Actor Network，WSAN)、双层传感器网络(Two-tiered Wireless Sensor Network，TWSN)、双层可移动传感器网络(Two-tiered Mobile Wireless Sensor Network，TMWSN)和RFID网络等，下面将对这几种传感网进行详细介绍。

1.2.1 无线传感器网络

在物联网的众多边缘网络中，WSN是应用最广泛也最具代表性的边缘网络，它由大量体积小，成本低，具有无线通信、传感、数据处理能力的传感器节点(Sensor Node)组成。这些节点和Sink节点(即汇聚节点，也称基站)一起通过自组织的方式构成网络，首先借助节点中内置的形式多样的传感器，协作实时地感知和采集周边环境中众多人们感兴趣的粒子和现象的数据，并对这些数据进行处理，获得更为详尽而准确的信息；然后将这些信息发布给观察者。WSN中的传感器节点由传感器和微型嵌入式设备构成。随着现代工业的发展，目前已产生了多种传感器，包括温度传感器、湿度传感器、光学传感器、化学传感器、声音传感器、压力传感器、震动传感器、电磁传感器等多个类型。每个传感器节点都包含一个电源单元。由于传感器节点数量较大，且部署环境常常比较恶劣，因此，一般认为传感器节点的电源有限且不能更换。传感器节点的主要功能包括：采集本地数据，接收和发送数据，以及对数据进行存储、管理和融合。其中，传感器节点在数据的接收和发送方面消耗的能量最大，而数据采集以及对数据进行计算方面消耗的能量相对较小，可以忽略不计。Sink节点是WSN与外界(互联网或者用户)的接口。一般来说，传感器节点并不能直接和外界通信。当传感器节点需要与外界进行数据交互时，需要首先以多跳的方式将数据发送到Sink节点上，然后经Sink节点处理和中转后发送给用户。作为基站，Sink节点拥有无限的电源、强大的计算能力和充足的存储空间。

WSN中的协议栈划分方法与互联网协议栈的分层方法类似，但总的层次数小于互联网协议栈中的层次数，主要包含四层：传输层、网络层、链路层和物理层。WSN 采用无线通信协议主要是 ZigBee 协议，而非传统无线通信协议，因为传统的无线协议很难适应 WSN 的低花费、低能量、高容错等的要求。ZigBee 协议是一种新兴的低速率无线通信技术，在短距离无线通信方面，通信效率很高。ZigBee 协议的基础是 IEEE 802.14.4。但 IEEE 仅处理低级物理层和 MAC 层(介质访问控制层)协议，因此，ZigBee 联盟扩展了 IEEE，对其网络层协议和 API 进行了标准化。

WSN 与传统的无线网络有共同的地方，即它们都属于自组织网络；但是，WSN 作为新颖的无线网络也有其自身的特点，主要如下。

(1) 硬件资源有限。由于受价格、体积和功耗的限制，传感器节点的计算能力、程序空间和内存空间功能比普通的计算机要弱很多。这一点决定了在节点操作系统设计中，协议层次不能太复杂。

(2) 电源容量有限。传感器节点由电池供电，电池的容量一般不是很大；其特殊的应用领域决定了在使用过程中，不能给电池充电或更换电池，一旦电池能量用完，这个节点也就失去了作用(死亡)。因此在传感器网络的设计过程中，任何技术和协议的使用都要以节能为前提。

(3) 无中心。WSN 中没有严格的控制中心，所有节点地位平等，是一个对等式网络。节点可以随时加入或离开网络，任何节点的故障不会影响整个网络的运行，具有较强的抗毁性。

(4) 以数据为中心。在 WSN 中，用户只关心传感器节点产生的感知数据的大小和数据的产生位置，并不关心数据是由哪个传感器节点产生的。这一点与以地址为中心的移动多跳自组网有很大不同。

(5) 多跳路由。传感器节点通信距离有限，一般在几百米范围内，每个传感器节点只能与它的邻居直接通信。如果希望与其射频覆盖范围之外的节点进行通信，则需要通过中间节点进行路由。固定网络的多跳路由使用网关和路由器来实现，而 WSN 中的多跳路由由普通网络节点完成，没有专门的路由设备，每个传感器节点既是信息的发起者，也是信息的转发者。

(6) 拓扑结构多样化。WSN 的拓扑结构既可以是静态的，也可以是动态的；既可以是平面的，也可以是分层的。

(7) 节点数量众多，分布密集。为了对一个区域执行监测任务，往往有成千上万个传感器节点空投到该区域，从而可以利用节点之间的高度连接性来保证系统的容错性和抗毁性。

(8) 安全问题突出。由于传感器节点的软硬件资源有限，计算能力低，很难直接将传统网络中复杂的安全协议应用到 WSN 中。同时，传感器节点通常部署在恶劣环境中，无人看守，因此，很容易被攻击者捕获而失去安全性。

WSN 的拓扑结构按照是否存在网络层次可分为平面拓扑结构和层次拓扑结构。其中，平面拓扑结构根据 Sink 节点是否移动又分为平面多跳拓扑结构和移动 Sink 节点拓扑结构；层次拓扑结构根据网络中是否加入大容量的数据存储节点分为成簇拓扑结构和双层传感器网络结构。本小节主要介绍前三种拓扑结构，下一小节将会详细介绍双层传感器网络结构。

(1) 平面多跳拓扑结构(如图1-3所示)。在这种拓扑结构中，Sink节点是静止的，传感器节点通常直接将采集到的数据以多跳的方式发送给Sink节点，每个传感器节点既负责数据采集又负责数据路由。这种拓扑结构的优点是，不需要复杂的网络传输协议，路由简单；其缺点是，由于网络中的所有数据都要经过Sink节点周围的节点发送给Sink节点，容易造成通信瓶颈。同时，由于Sink节点周围的节点所消耗的能量远大于其他区域内节点所消耗的能量，所以Sink节点周围的节点很可能会过早死亡，降低了网络寿命。

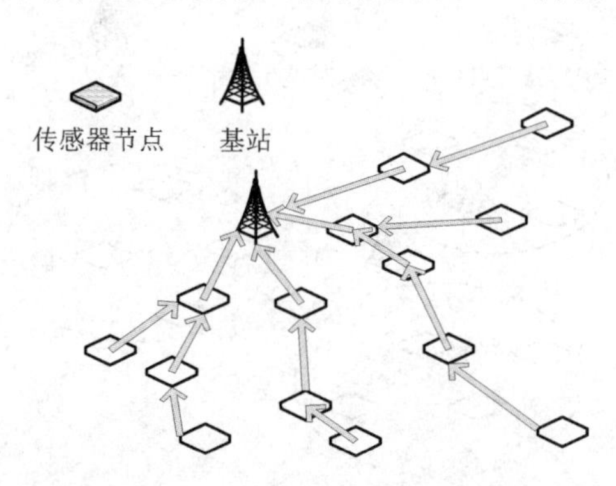

图1-3　WSN的平面多跳拓扑结构

(2) 移动Sink节点拓扑结构(如图1-4所示)。在这种拓扑结构中，Sink节点可以通过移动的方式收集传感器网络中节点产生的感知数据。根据Sink节点移动规则的不同，传感器节点可以选择不同的数据存储方式。当Sink节点采用随机游走或遍历式(在这种移动方式下，任何节点都有机会靠近Sink节点)的移动方式时，传感器节点可以先将数据保存于自身，待Sink节点移动到传感器节点附近时再将数据直接发送给Sink节点；当Sink节点沿预定的移动路线进行移动时，也可以将采集到的数据发送到Sink节点预定的移动路线周围的节点上并进行存储。这种拓扑结构的优点是降低了传感器节点传输数据时的跳数和网络能耗；其缺点是网络的可扩展性较差。

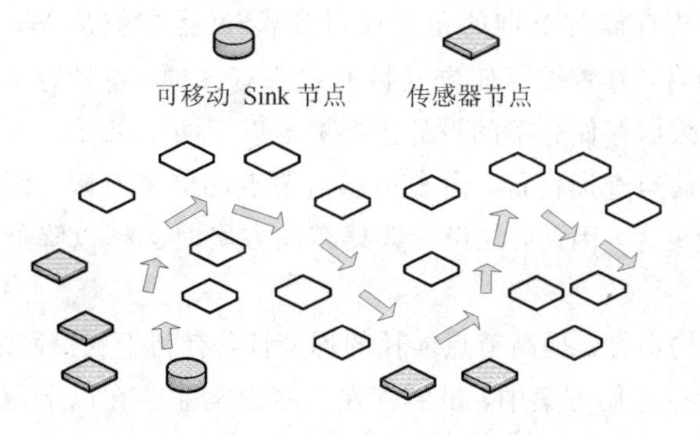

图1-4　基于移动Sink的WSN拓扑结构

(3) 成簇拓扑结构(如图1-5所示)。这种拓扑结构需要将整个WSN划分成多个簇。簇的划分方法有多种，其中，最主要的两种分簇方法为基于虚拟网格的分簇方法和基于簇头选择的分簇方法。基于虚拟网格的分簇方法将整个传感器网络划分成多个虚拟网格，每个虚拟网格构成一个簇；基于簇头选择的分簇方法则是首先从所有传感器节点中选出一部分节点作为簇头节点，没被选为簇头的非簇头节点从所有簇头节点中选择一个节点作为自己所在簇的簇头节点。如果所有非簇头节点都找到了自己的簇头节点，说明已经完成了节点的分簇。成簇拓扑结构是一种层次结构，下一层的簇头节点是上一层的簇头节点的普通成员节点。进行数据收集时，数据采用自底向上的方式传输，在上层簇头节点汇聚后向更高层传输，最高层传感器节点直接将数据发送给 Sink 节点。由于成簇拓扑结构可以高效进行数据汇聚，减少了冗余数据的传输，因而会有效降低网络中总的能量开销。

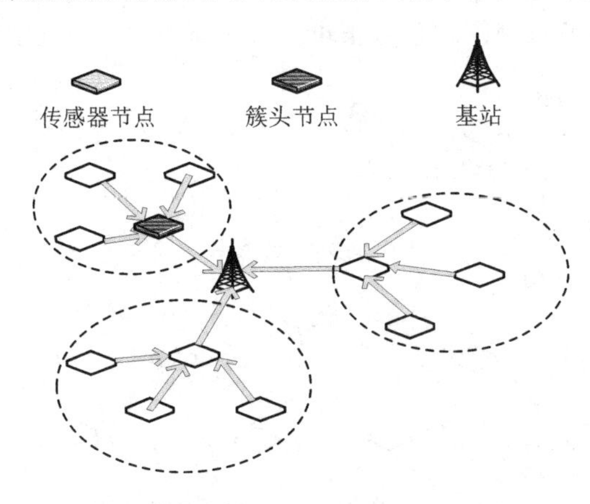

图 1-5　WSN 的成簇拓扑结构

1.2.2　双层传感器网络

TWSN 最早由 Zhang Rui 等人提出，它是 WSN 的新发展。相对于传统的 WSN，双层传感器网络具有健壮性好、可扩展性强、数据收集效率高等优势。因此，本节将对 TWSN 进行详细介绍，包括 TWSN 的产生背景、TWSN 的网络模型架构、TWSN 面临的安全威胁以及 TWSN 的优势等。

1. TWSN 的产生背景

本节从分布式数据存储与查询的角度探讨 TWSN 是如何从 WSN 发展而来的。WSN 是以数据为中心的网络，其数据存储方式目前主要有 3 种：本地存储、外部存储和以数据为中心的存储。这些数据存储方案的设计主要考虑以下两个指标。

(1) 总的数据存储与查询代价。由于传感器节点的能量有限，而数据传输相对于数据处理而言消耗的能量更大，因此，在设计数据存储方案时必须以降低总的数据存储与查询代价为首要目标。

(2) 节点能耗的均衡性。提高节点能耗的均衡性，有利于延长网络的生命周期。

在目前已有的数据存储方案中，虽然存在一些方案能够在以上两项指标上达到较好的效果，但仍存在下列问题：

第一，当网络产生的数据量较大时，上述 3 种数据存储方式都会产生一些问题。如果采用外部存储，Sink 节点周围的传感器节点负担过重，容易过早死亡而缩短网络的生命周期；如果采用本地存储或者以数据为中心的存储，则可能因为数据量超出了传感器节点的存储容量而丢失数据。

第二，虽然 WSN 可以被看作一个分布式数据库，但是，由于传感器节点的处理能力有限，传统数据库中的查询处理算法不能应用到 WSN 中。另外，因为不相邻的传感器节点之间需要以多跳的方式进行通信，数据在无线通信的过程中容易因数据包丢失而丢失。

第三，传感器节点的能量有限，当传感器节点的能量耗尽时，存储在上面的数据也会丢失。

为了解决上述问题，有研究者率先设计了一种数据存储节点，这种数据存储节点具有计算能力强、通信范围广和存储容量大的特点[2]。以 CrossBow 公司生产的 iMote2 型号的数据存储节点为例，其结构示意图如图 1-6 所示。

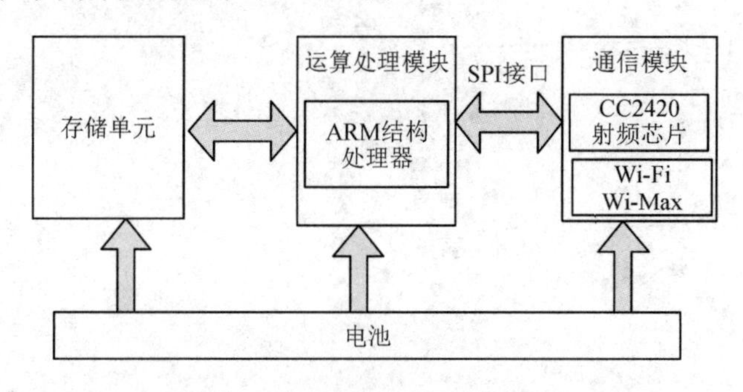

图 1-6　数据存储节点的硬件结构

图 1-6 显示，数据存储节点主要包含 4 个模块，分别为：电池模块、存储单元模块、运算处理模块和通信模块。其中，电池模块负责为其余 3 个模块提供能量，存储单元模块负责存储数据存储节点从其他节点接收到的感知数据，或者负责存储经存储节点自身的运算处理模块处理后的感知数据；运算处理模块一方面负责对从通信模块中接收到的感知数据进行处理，并将处理结果存储在存储模块中，另一方面负责对存储模块中的数据进行处理，并将处理后的数据传输至通信模块，数据再经由通信模块向其他节点传送；通信模块主要负责接收或者发送感知数据，是数据存储节点与其他节点进行信息交互的门户。

当将多个数据存储节点部署到 WSN 中后，传感器节点便可以将采集到的数据发送到最近的数据存储节点上，这样既降低了数据传输代价，均衡了网络能量消耗，还不用担心存储空间问题。另外，数据存储节点可以直接和 Sink 节点进行通信，并能够处理和响应来自 Sink 节点的复杂查询请求，很好地解决了单纯依靠传感器节点进行数据存储时一些存在的问题。在这种网络结构中，传感器节点与数据存储节点之间构成了一个层次，数据存储节点与 Sink 节点之间又构成了一个层次，因此称具有这种结构的 WSN 为 TWSN。

2. TWSN 的网络模型架构

TWSN 的网络模型架构如图 1-7 所示，其下层为诸多资源较贫乏的传感器节点构成的多跳自组网，上层为若干资源较丰富的数据存储节点(Storage Node)通过相对较长的无线链路连接构成的无线网格网络，即 Mesh 网。整个网络部署区域被划分为许多单元(Cell)，每个单元内包含一个数据存储节点和一组传感器节点。传感器节点具有资源有限、计算能力弱、存储容量小以及通信半径短的特点，而数据存储节点正好弥补了传感器节点的不足，其特点是资源较充足、计算能力强、存储容量大、通信半径长。数据存储节点还拥有多个协议栈，既可以和本单元内的传感器节点进行通信，又可以和相邻的数据存储节点进行通信，还可以通过高代价、低速率的按需无线链路(On-Demand Wireless Link)(例如卫星通信链路)和外部 Sink 节点进行通信。

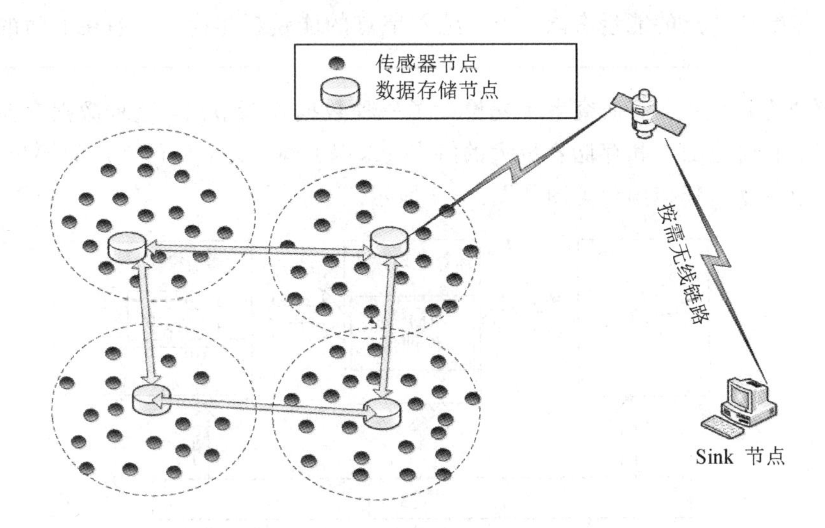

图 1-7　TWSN 的网络模型架构

本书假设所有传感器节点以及数据存储节点与外部的 Sink 节点存在松散时间同步关系。整个网络的生命周期被划分为许多时隙(Epoch)。在每个时隙结束时，数据存储节点负责收集其所在单元内的传感器节点产生的感知数据，并负责响应 Sink 节点发出的查询请求。这种双层体系结构不仅能提高传感器网络的容量和可扩展性，还能够降低系统复杂度和提高网络的生命周期，因此这种体系结构逐渐成为人们研究的热点。

3. TWSN 面临的安全威胁

在 TWSN 中，传感器节点或数据存储节点都有可能遭到攻击者的攻击。对于传感器节点而言，其遭受的攻击方式主要有以下几种。

(1) 节点捕获。攻击者可以通过捕获部分传感器节点并通过物理分析、测试获得传感器节点上的数据或者代码信息，然后利用这些节点的信息来破坏整个网络的数据隐私性，或者通过重新设置和修改被捕获传感器节点的程序代码使之成为恶意节点。

(2) Dos 攻击。攻击者可以通过利用恶意节点不停地向网络中散播虚假消息，使网络中正常节点的能量很快耗尽而死亡。网络黑洞攻击以及泛红攻击等都是 Dos 攻击的攻击方式。

(3) 假冒节点攻击。这种攻击方式是指攻击者利用恶意节点假冒正常节点发动的一系列攻击，其中包括篡改、删除数据等隐蔽性攻击和 Sybil 攻击。为了提高攻击的隐蔽性，恶意节点通常会假冒不同的正常节点。

对于数据存储节点而言，其遭受的攻击方式主要有以下两种。

(1) 破坏数据隐私性攻击。攻击者可以像捕获传感器节点一样捕获数据存储节点，并且同样可以通过物理分析、测试等方式获得数据存储节点上的数据信息。由于数据存储节点存储了其所在单元内传感器节点产生的所有感知数据，一旦数据存储节点上的数据泄露，则整个单元内的所有感知数据的隐私性都将受到破坏。

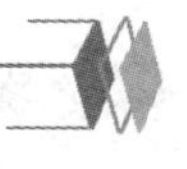

(2) 破坏数据完整性攻击。一旦数据存储节点被攻击者捕获而成为恶意节点，则攻击者既可以通过篡改、删除等方式破坏数据存储节点上所存储数据的数据完整性，又可以通过返回虚假、不完整的查询结果来破坏查询结果的数据完整性。

在 TWSN 中，数据存储节点是其中的关键节点。一方面，在 TWSN 中传感器节点和 Sink 节点不能直接通信，它们之间的通信需要通过数据存储节点来连接；另一方面，它负责存储其所在单元内的所有传感器节点产生的感知数据，并负责处理和响应来自 Sink 节点的查询请求。因此，在不安全的网络环境中，一旦数据存储节点被威胁，其造成的危害远大于捕获若干个传感器节点带来的危害。同时，当数据存储节点因受到攻击而成为恶意节点时，由其发动的攻击将更加难以防御。因此，本书主要考虑当数据存储节点受到攻击而变成恶意节点这种情况。

4. TWSN 的优势

和传统的 WSN 相比，TWSN 具有以下几个方面的优势。

(1) 提高了网络中传感器节点的负载均衡性。一方面，由于数据存储节点的存在，不需要像以数据为中心的存储方案所描述的那样，将部分传感器节点作为数据存储节点来存储网络中的数据；另一方面，因为传感器节点不需要以多跳的方式将产生的感知数据发送给 Sink 节点，这样也就不存在部分传感器节点负担过重的问题。

(2) 降低了网络总的能量开销。由于网络中每个传感器节点到其所在单元内的数据存储节点的平均跳数小于传感器节点到 Sink 节点的平均跳数，网络总的通信代价将会大幅降低。同时，由于 TWSN 中的数据处理任务主要由数据存储节点完成，传感器节点的计算代价也会大大减少。

(3) 提高了网络的可靠性。传感器节点到其所在单元内的数据存储节点之间的跳数很少(通常是一跳)，数据包在无线通信过程中丢失的概率会显著降低。另外，由于数据存储节点的存储容量较大，一般不会因数据存储空间不足而造成数据丢失。

(4) 提高了传感器网络处理查询请求的能力，降低了查询的响应时间。数据存储节点具有较强的数据处理能力，能处理较复杂的查询请求。又因为对查询请求的处理仅仅在数据存储节点所在的 MESH 网络中进行，查询请求的处理速度相对传统 WSN 而言将会明显加快，查询响应时间也会明显缩短。

1.2.3 双层可移动传感器网络

TMWSN 是 TWSN 的一个变种，或者称之为一种特殊的 TWSN。与 TWSN 类似，TMWSN 也包含两个层次，其网络模型架构如图 1-8 所示。由图 1-8 可以看出，TMWSN 的下层存在大量资源受限、被分散部署到多个区域单元内的传感器节点，这些节点具有一定的移动能力，能够在其所部署的单元区域内或更广泛的范围内移动；TMWSN 的上层由一些资源相对丰富的数据存储节点(主控节点)构成，每个数据存储节点负责管理下层某个区域单元内的所有传感器节点。

在上述模型中，在时间上将信道划分为不同的时隙。在每个时隙结束时，每个传感器节点将其在时隙期间生成的所有数据发送到其对应的数据存储节点(即负责管理该传感器节点所在区域内的传感器节点的数据存储节点或主控节点)。数据存储节点将收集到的感

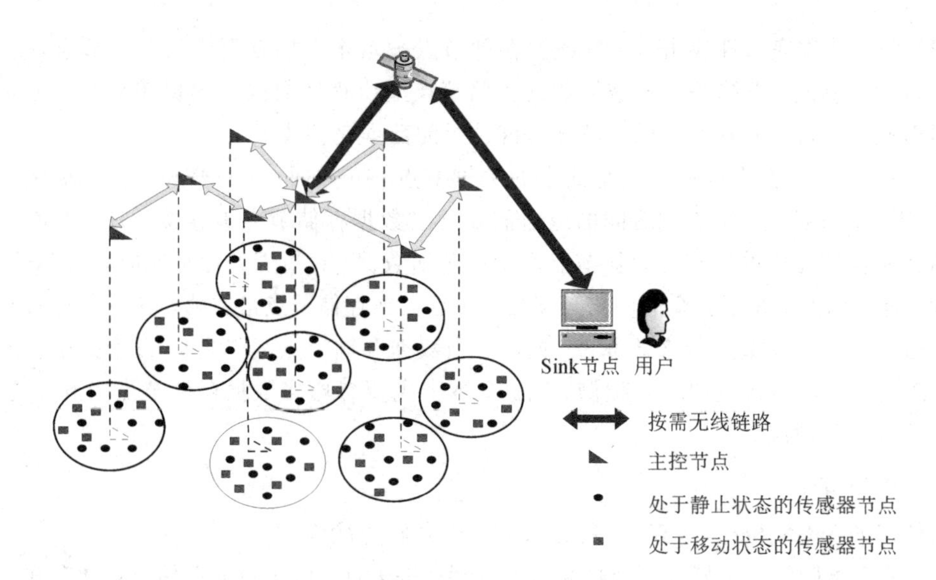

图 1-8　TMWSN 的网络模型架构

知数据在本地进行存储，并响应来自外部网络用户的查询。网络用户终端可以通过按需无线链路(例如，卫星通信链路)与一些数据存储节点通信，该按需链路的速率相对较低。在这个模型中，每个传感器节点都可以通过短程无线链路与其相邻的传感器节点通信，而数据存储节点则可以通过数据传输速率相对较高、通信半径相对较长的无线链路与其相邻的数据存储节点通信。

TMWSN 与传统分层传感器网络的显著区别在于，TMWSN 中存在可移动传感器节点，而在传统 TWSN 中，所有传感器节点都是静态的。传感器节点的移动性可分为两种：可控移动性和不可控移动性。在本书中，我们假设传感器节点的移动行为是可控的。具体来说，我们假设每个传感器节点只在自己所在的区域单元内移动。事实上，虽然 TMWSN 中的传感器节点具有可移动能力，但这些可移动传感器节点并不总在移动，因为它们的能量是有限的，而移动将会大量消耗能量。每当它们移动到目标位置后，它们将停止移动并开始根据应用要求监控周围环境和采集感知数据。当传感器节点停在某个地方时，它要做的第一件事就是估计其位置。目前，该领域的研究人员已经提出了多种适合传感器节点完成自身定位的算法。

由前述可知，TMWSN 中的每个传感器节点都存在两种状态：移动状态和静态状态。而本书假设：对于任何传感器节点，只有当它们处于静态状态时才进行感知数据的采集。这是一个比较合理的假设，因为每个生成的感知数据项通常需要与它们的生成位置进行关联。此外，本书还假设所有移动传感器节点将在每个时隙结束时停止移动，并协助其他传感器节点将其数据传输到其所属区域单元对应的数据存储节点上进行存储。

类似 TWSN，TMWSN 也面临多种威胁，存在多种需要解决的安全问题。事实上，TMWSN 中存在的安全问题比 TWSN 中的更复杂、更难解决。举例来说，时空 Top-k 查询是物联网中的一类十分重要的查询，而当 TMWSN 中的数据存储节点响应来自用户的时空 Top-k 查询请求时，如果数据存储节点被攻击者捕获而成为不完全可信节点，它可能用同一节点在非查询区域内产生的数据代替其在查询区域内产生的数据，进而造成查询结果的数据完整性被破坏的后果。由于攻击者只是进行了替换，查询结果中的数据也是真实的，并且也可能是由被查询区域内的某个传感器节点产生的感知数据，因此，这种攻击方式很难被发现。尽管数据存储节点和传感器节点都可能因遭受攻击而成为不完全可信节点，在本书所介绍的安全数据查询方案中，仍假设大部分传感器节点为可信节点。在后续章节中，我们将对这些物联网网络模型中的数据存储安全性与查询方案进行详细介绍。

1.2.4 RFID网络

RFID技术是一种能够进行标签识别的通信技术，可通过无线电信号识别特定电子标签并读写电子标签中存储的相关数据。RFID网络是利用RFID技术进行数据采集和通信的网络系统。如果要对物体进行识别，需要首先将物体信息预先存储在电子标签中，然后将存储物品信息的电子标签与对应物品进行绑定。在利用RFID技术识别标签的过程中，无需识别系统与绑定标签的特定目标之间建立机械或光学接触。

RFID网络系统的架构模型如图1-9所示。RFID网络系统主要由系统高层、阅读器、天线和电子标签构成，通常，天线被集成到阅读器中。RFID网络系统进行数据收集和存储的过程是，首先由阅读器通过天线采集附近一定空间范围内的电子标签数据信息，然后将采集到的标签数据发送给系统高层；收到感知数据的系统高层可将其存储在本地，也可以根据实际应用需要在本地对数据进行处理和分析，或者与云计算相结合，将数据发送到云端进行存储或进一步处理。

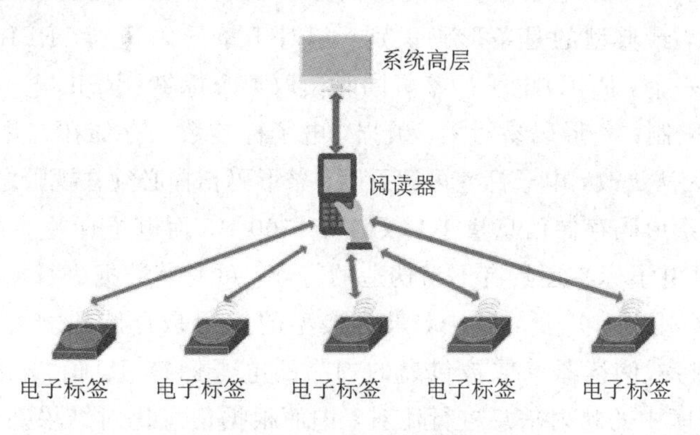

图1-9 RFID网络系统的架构模型

阅读器与电子标签之间的通信方式主要有两种，一种是电感耦合，另一种是电磁波反向散射。前一种通信方式的通信距离很短，通常不超过10 cm，而后者的通信距离相对较远，最大可达到10 m以上。无论采用哪种方式进行通信，阅读器和电子标签之间的通信都包含以下过程：首先，阅读器通过发射天线发送一定频率的射频信号；当电子标签进入发射天线工作区域时产生感应电流，它获得能量后被激活，并将自身编码等信息通过卡内置发送天线发送出去；阅读器通过接收天线接收到从电子标签发送来的载波信号，经天线调节器传送到阅读器，阅读器对接收的信号进行解调和解码，然后将数据送到系统高层进行相关处理。RFID阅读器可按照工作频率(低频、高频、超高频和特高频)分类。工作频率越高，识别距离越远，数据传输速率越高，信号衰减越厉害，对障碍物越敏感。影响阅读器识别效果的主要因素包括：阅读器的发射功率，能量吸收、多径效应、路径损耗，信号干扰，标签的分布与部署等。

RFID电子标签(或简称电子标签)的内存中存储有一个全球唯一标识(ID)，该标识由位字符串表示。阅读器能够通过在无线信道上运行简单的链路层协议读取附近电子标签的ID值。在典型的RFID应用中，标签被附加或嵌入到需要识别或跟踪的对象中。RFID电子标签可以是主动的，也可以是被动的，这取决于它们是否由电池供电。被动标签在供应链管理中很普遍，因为它们在工作中不需要电池，使用寿命更长，成本也可以忽略不计(每个标签只有几毛钱)。被动标签的ID值被传输到对其进行识别的阅读器，所需要的能量由阅读器提供。阅读器使用射频电源连续“通电”的工作区域附近的标签，以进行读取操作(该操作包括阅读器查询和电子标签响应)。在利用电磁波反向散射的方式进行通信的RFID网络系统中，电子标签首先通过自身的简单电路对来自阅读器的信号进行适当调制和编码，然后部分射频功率被传输回读取器；标签中的电路单元还可以执行简单的计算操作，并且具有少量内存，可以存储少量数据信息。换一种视角来看，RFID电子标签可被用作识别传感器——当被识别物品对象与电子标签进行关联、绑定时，阅读器能够通过感知和识别电子标签来感知和识别物品对象。当阅读器能够识别某一物品绑定的电子标签时，可以推断该物品与阅读器的物理距离很近。此外，传统的RFID电子标签还可以和其他环境传感器(如温度、运动、振动等传感器)进行集成，集成后的电子标签不仅能够响应阅读器发出的查询请求，还能够感知周围环境和采集感知数据。这里也称集成了传感器的RFID电子标签为RFID传感器。目前，RFID电子标签已经开始在市场上出现。此外，市场上还存在多种其他类型的识别模式，最典型的是条形码识别。相对于条形码识别，RFID电子标签优势明显：条形码一次读一个，RFID电子标签可同时读取数个标签；RFID电子标签读取信息时不受尺寸大小与形状限制；条形码易污染、破损，电子标签数据存储在芯片中，具有抗污染特性；条形码印刷后无法更改，电子标签可读可写；条形码扫描必须在视野之内，而电子标签可进行穿透性通信；条形码存储信息量小，仅为1～100 B，而电子标签可存储16～64 KB的数据。同时，RFID电子标签还具有不易伪造的特性，可对其数据进行加密保护。

RFID技术的应用非常广泛，其中，最为典型的应用是仓储和物流管理。在这类应用中，用户可通过手持式阅读器读取被包裹的物品的电子标签(ID值)，然后将读取到的ID值与后台后端数据库中的映射信息进行比对，进而根据信息比对结果判断包裹中是否存在用户感兴趣的物品对象。另外，RFID技术具有很重要的科学研究价值，例如，利用RFID技术可实现不可视环境中的物品定位、移动对象位置跟踪等。

1.3 物联网中的分布式数据存储与查询

1.3.1 问题背景

物联网被认为是继计算机、互联网之后世界信息产业发展的第三次浪潮，代表了未来计算与通信技术发展的方向，推动了云计算、大数据和人工智能的发展。物联网在军事国防、工农业、城市管理、生物医疗、环境监测、抢险救灾、防恐反恐、危险区域远程控制等许多重要领域都有潜在的实用价值。可以预见，在不久的将来，物联网将会对人类未来的生活方式产生深远影响。

物联网利用自身各种不同的网络设备感知和收集周围世界的重要数据信息，然后通过互联网共享这些信息，并根据不同的应用需要进一步处理和利用这些信息。在上述过程中，数据存储是至关重要的一个环节，也是必须考虑的一个重要因素。在数据处理系统中，未被处理的粗糙输入数据需要寻找存储空间来进行存储，而数据的处理结果也需要寻找存储空间来存储。由于物联网中的感知设备种类和数量众多，所采集的感知数据更具海量性和异构性等特点，因而传统的集中式数据存储方法和系统无法满足物联网数据的存储要求。因此，针对物联网的网络系统架构和数据特点研究新的分布式数据存储方法具有重要意义。物联网分布式数据存储以及其对应的数据查询方法逐渐成为当前物联网领域的一大研究热点。

目前，主要有以下四种不同类型的分布式存储系统：网络连接存储(Network Attached Storage，NAS)、服务器连接独立磁盘冗余阵列(Server Attached Redundant Array of Independent Disks，SA-RAID)、存储区域网络(Storage Area Network，SAN)和集中式独立磁盘冗余阵列(Centralized Redundant Array of Independent Disks，C-RAID)。这里列出的四种分布式存储系统中，NAS 和 SAN 是最流行的系统，这两者区别有：NAS 使用 TCP/IP 协议进行通信，SAN 使用 SCSI 协议进行通信。NAS 可以在支持 TCP/IP 协议的任何物理网络上实现，如以太网、光纤分布式数据接口(Fiber Distributed Data Interface，简称 FDDI)或异步传输模式(Asynchronous Transfer Mode，ATM)；SAN 只能在具有光纤通道的网络上实现。与 SAN 相比，NAS 的性能更低，这是因为 SCSI 协议下的网络比 TCP/IP 协议下的更快，而 TCP/IP 协议下的数据传输开销更高。

由于上述四种分布式数据存储系统已在其他书籍中被详细介绍，因此，本书的侧重点并非上述四种分布式数据存储系统，而是物联网的网络末梢上或边缘网络上的分布式数据存储与查询机制。例如，无线传感器网络中的分布式数据存储与查询机制、双层传感网络中的分布式数据存储与安全查询处理机制等。物联网边缘网络上的分布式数据存储与查询问题是一个相对较新的技术难点，这类问题无法用传统的基于 TCP/IP 协议的分布式数据存储方法来解决，本书后续章节将会对这类问题的典型解决方案进行详细介绍。

1.3.2 面临的挑战

物联网感知和存储设备的种类和数量的飞速增长为物联网中的分布式数据存储与查询带来了许多挑战。这些挑战涉及拓扑互连协议、数据一致性、错误数据处理、异构数据融合[13]、安全和隐私等问题。在物联网感知设备被大量部署的前提下，如何安全高效地存储和保护这些感知设备产生的大量感知数据以及如何安全有效地进行数据查询已成为一个重要的问题。由于传统的基于云的物联网架构对云服务器的计算和存储要求极高，同时，对集中式服务器的强依赖性也带来了严重的信任问题，因此，在物联网中探索新的分布式数据存储与查询方法具有十分重要的研究和应用意义。具体来说，要建立满足安全性、有效性、高效性和可用性等性能要求的物联网分布式数据存储与查询机制，面临的挑战简要概括如下。

1. 海量感知数据的高效存储和查询

中商产业研究院 2022 年公布的数据显示，到 2023 年底，全球传感器市场规模将达 2032.2 亿美元。大量传感器不断监视/观察物理对象，产生大量数据，形成“大数据”，为物联网中的分布式数据存储与查询带来了挑战。其一，海量数据需要巨大的存储空间，如何进一步降低存储成本是一个首要问题；其二，海量时序数据会引起高并发的写入吞吐。例如，某省域电网用电数据测量中，共采用 9000 万台电表设备，其采集频率为原来每个月一次，后续业务升级后每 15 min 采集一次，每秒的时序数据点数达到数百万甚至千万时间点，需要数十到上百台机器的集群规模来支撑全量的业务写入。大量时序数据存储需要解决大规模集群的横向扩展、高性能平稳写入等问题；同时，时序数据存储需要支持多维时间线查询，并具备流式处理、预计算等能力，才能满足大规模物联网业务场景下的典型查询需求。

2. 多模态数据的存储与查询

物联网中包含类型多样的传感器(如可穿戴设备、照相机和微芯片等)，每种传感器产生的数据在类型、表现形式、尺度和密度等方面都不尽相同，这使得物联网中的数据具有多模态性。数据的多模态性要求数据存储的策略必须适应这一特性，以提升面向多模态数据的数据查询时的效率。

3. 敏感数据的隐私保护

物联网收集到的数据可能携带着观察目标的一些隐私信息。例如，一些感测数据可能涉及用户的位置，甚至他/她的消费习惯或偏好。不安全的数据存储会增加隐私泄露的风险。如何在数据存储与查询过程中保护用户隐私，同时保证数据查询的准确度是一个重要的研究课题。目前，许多基于加密的数据存储方法相继被提出，然而，数据的加密一方面会增加细粒度数据查询的难度，另一方面也会带来不小的计算开销，这对许多计算能力较弱的物联网终端设备而言是一个较大的挑战。同时，数据的加密处理以及面向加密数据的安全查询都需要更多的时间，面临如何满足对实时性要求较高的物联网应用方面的挑战。

4. 数据存储的容错、容灾

由于数据丢失或数据源不可靠，各种传感器感知到的数据可能不精确和不确定，这给数据融合、存储和查询带来了较大的挑战。例如，在一些人迹罕至的复杂物理环境中，部分负责数据采集的传感器节点可能因长时间无法更换电源而死掉，或因环境因素受到破坏，以至于无法从这些节点上获取数据。在这种情况下，如何预先建立有效的数据存储机制以能够根据剩余未被破坏的传感器节点上存储的数据来恢复全局数据是一个具有挑战性的问题。在已有的研究成果中，人们根据编码理论中的喷泉码理论提出了一些较好的物联网分布式数据存储方法。在编码理论中，喷泉码[14](也称为无码率抹除码)有能力从一组给定的源符号中产生一串无限的编码符号序列，而在理想情况下，只需获得大小和源符号相同或稍大的任意编码符号子集，便可恢复源符号。

5. 数据的动态更新

物联网中的数据具有动态性，其主要原因是，物联网情境随时间的变化而动态变化，数据感知也是时变的。因此，保证所存储数据的新鲜度是一个至关重要的问题，这是影响数据融合质量和应用决策的关键因素。数据的更新速度有快有慢，要视具体应用而定，而数据的更新速度对数据存储机制的要求不同。如果数据更新速度较慢，那么一般的数据存储策略都能够应对；然而，如果数据更新速度很快，就需要建立与之相匹配的数据存储和更新机制，建立高效的存储空间寻址方法，使得新数据能及时替换掉旧数据。

6. 感知设备的资源和能力限制

在物联网的边缘网络中，为了满足一定的感知覆盖度，通常需要在被监测环境中部署相当数量的传感器节点。例如，无线传感器网络就有节点数量众多、分布密集等特点。为了对一个区域执行监测任务，往往有成千上万个传感器节点空投到该区域。传感器节点的密集部署，有利于借助节点之间的高度连接性来保证系统的容错性和抗毁性。在这种背景下，为了降低全部边缘网络的整体成本，必须降低单个传感器节点的成本，这导致了所部署的传感器节点的资源和能力受到限制。其中，“资源”主要是指能量资源和存储空间资源，“能力”主要是指节点的通信半径和感知能力。具体而言，资源和能力受到的限制体现在以下几个方面：

(1) 硬件资源有限。节点由于受价格、体积和功耗的限制，其计算能力、程序空间和内存空间比普通计算机的功能弱很多。这一点决定了在节点操作系统设计中，协议层次不能太复杂。

(2) 电源容量有限。网络节点由电池供电，电池的容量一般不是很大。在使用过程中，不能给电池充电或更换电池，一旦电池能量用完，这个节点也就失去了作用(节点死亡)。因此在传感器网络设计过程中，任何技术和协议的使用都要以节能为前提。

(3) 通信半径有限。物联网感知设备的通信距离一般较短，例如，RFID网络中高频阅读器和无源电子标签之间的通信距离最大只有十几厘米；在保证稳定的数据传输速率的前提下，WSN中的传感器节点的通信半径一般不超过一百米。在通信距离的限制下，物联网感知设备通常只能和它的邻居直接通信；如果希望与其射频覆盖范围之外的节点进行通信，则需要通过中间节点进行路由。固定网络的多跳路由使用网关和路由器来实现，而物联网边缘网络中的多跳路由是通过普通物联网感知设备之间相互转发消息来完成的。换句话说，物联网边缘网络中没有专门的路由设备，每个物联网感知设备既可以是信息的发起者，也可以是信息的转发者。

上述限制是在探索物联网分布式数据存储与查询的过程中必须要考虑的重要因素，这也为建立新的物联网分布式数据存储与查询机制带来了挑战。

7. 无中心、自组织和动态拓扑的边缘网络架构

在物联网中，部分边缘网络中没有严格的控制中心，所有节点地位平等，是一个对等式网络(即点对点网络)。例如，在无线传感器网络中，任意一个传感器节点都可以随时加入或离开网络，任何单个或少数节点的故障不会影响整个网络的运行，具有很强的抗毁性(即自组织)。在这类网络中，网络的布设和展开无需依赖于任何预设的网络设施，节点通过分层协议和分布式算法协调各自的行为，节点开机后就可以快速、自动地组成一个独立的网络。同时，这类网络还有一个特点，即动态性或动态拓扑。动态性一方面体现在传感器节点的移动能力上，另一方面还体现在网络增加或删除节点上。网络中可能存在某个或某些传感器节点因电池能量耗尽或其他故障而退出网络运行的情况，也可能出现某个或者某些新的传感器节点由于实际应用需要而被添加到网络中的情况，这些都会使网络的拓扑结构随时发生变化。这些无中心、自组织和动态拓扑的特点使得传统的分布式数据存储方法无法直接应用到物联网边缘网络中，也增加了在物联网环境中研究新的分布式数据存储和查询机制的难度。

8. 可信任的分布式数据存储与查询

在物联网分布式数据存储与查询系统中，需要一个信任框架(Trust Framework)或信任(管理系统)，从而让使用该系统的用户能够相信所交换的服务和信息的可靠性。信任是分布式存储环境中的一个重要概念。在分布式存储环境中，通过信任管理系统来增强和确保系统安全，从而为最终用户提供有效的信息服务。目前，虽然已有学者针对分布式存储系统提出了不同的信任模型，但很少有人对信任模型进行形式化的精确描述。事实上，对信任进行形式化的精确描述非常关键，它可以帮助我们更好地理解信任的含义，并帮助我们更好地在分布式存储与查询系统中实现信任管理系统。在人类社会中，个人(或个体组织)的能力非常有限，人与人之间必须相互依赖和相互合作，才能更好地实现日常生活和各自事业上的目标。这种相互依存的关系使信任成为一项基本的社会要求，通过有效地实施这一要求，我们可以毫无畏惧地与他人合作，并将信任作为成功解决冲突的关键要素。信任管理这一概念最早由 Blaze 等人提出，它是一种统一的方法，用于指定和解释安全策略、关系和凭证，并允许对关键的安全操作进行直接授权。凭据描述公钥/私钥之间的特定信任委托，与传统证书不同，传统证书将密钥绑定到名称上，而信任管理凭据将密钥直接绑定到授权过程中以执行特定的任务。信任管理系统支持在策略层次结构的不同层上进行委托、策略规范和细化，以解决传统访问控制列表固有的大量可伸缩性和一致性问题。此外，信任管理系统设计具有可扩展性，它可以指导我们为不同类型的应用程序定义策略。

9. 数据存储与查询系统的安全性与隐私性保护

由于物联网尤其是物联网的边缘网络通常被部署在无人看守的野外应用场景，更容易遭受各种攻击(包括物理攻击)，因此，安全性与隐私性是建立物联网分布式数据存储与查询机制必须要考虑的重要因素。面对各种不同的攻击或信息盗窃，基于物联网的大规模应用和服务的功能越来越脆弱。目前，物联网分布式存储与查询系统面临的主要攻击包括：DoS/DDoS(停止服务/分布式停止服务，Denial of Service/Distributed Denial of Service)攻击、数据信息窃取、数据恶意篡改、合法数据恶意删除等。其中，在物联网概念出现之前，DoS/DDoS 攻击就已针对互联网而存在，而此后出现的物联网也容易受到此类攻击，需要建立特定的机制并提出新的技术来确保能源、交通和城市基础设施的安全性和隐私性。另外，需要建立物联网攻击检测和恢复方法，以有效检测特定威胁，如恶意代码、受损节点、黑客攻击等。同时，需要发展实时网络态势感知工具和技术，以持续监控基于物联网的重要基础设施。

1.3.3 性能评价标准

物联网分布式数据存储与查询机制的建立需要以其对应的评价指标为基准，一般而言，其性能评价标准主要包含以下几个方面。

1. 数据存储和查询的能量效率

一般而言，衡量物联网分布式数据存储能量效率的指标是系统完成一定数量数据的存储任务所消耗的数据传输开销。由于分布式数据存储系统中感知设备产生的感知数据通常并不存储在自身上，需要经过多跳传输到其他存储设备上，因此，物联网分布式数据存储系统的通信开销是其进行数据存储的主要开销。虽然在数据存储过程中也存在其他方面的能量消耗，比如计算物理存储空间位置所消耗的能量，但这些能量消耗与完成数据存储所需要的数据传输开销(或通信开销)相比，可以忽略不计。类似地，衡量物联网分布式数据查询能量效率时考虑的指标是，给定一个数据查询任务，系统完成这一查询任务所消耗的总的数据传输代价。数据存储与查询的能量效率对物联网边缘网络的网络寿命影响较大，是评价数据存储与查询方案优劣的一项重要参考依据。

2. 数据存储和查询的时间效率

许多应用对分布式数据存储与查询系统的时间效率要求较高。例如，在智能交通系统中，每个车辆需要实时了解路况信息，以方便作出最佳的路径选择。在这类应用中，系统中各类传感设备采集到的数据需要实时进行数据存储；查询用户也希望在最短的时间内从系统中查询到感兴趣的数据信息。因此，数据存储与查询的时间效率也是评价数据存储策略优劣的一个重要标准。物联网分布式数据存储与查询的时间效率体现在数据存储与查询的时延上，其中，数据存储时延是指数据产生设备将产生的感知数据发送到对应的数据存储节点所消耗的时间；数据查询时延是指数据需求者从发出查询请求到获得对应的查询结果所消耗的时间。影响数据查询速度的因素通常包括：数据存储的集中程度、节点的数据处理能力以及数据存储节点与查询发出节点的位置关系等。通常，数据存储节点越集中，距离查询节点越近，节点的数据处理能力越强，数据查询的速度就越快，时延就越短。另外，在数据查询过程中，查询成功率也对数据查询的效率产生了极大的影响。其中，数据的查询成功率是指，在一定的数据查询周期内，获得查询结果的查询请求的个数占总的查询请求的个数的比例。一般而言，数据查询的成功率越高，越能提升数据查询的时间效率。

3. 物联网节点能量消耗的均衡性

提升物联网节点能量消耗的均衡性，可以避免某些节点因能量消耗过大而过早死亡的情况发生。事实上，在较早提出的无线传感器网络以数据为中心的存储方案中，存在某些节点因能耗远大于其他节点而过早死亡的现象。在无线传感器网络中，这类问题也被称为热点问题或过热节点问题，即负责数据存储的节点个数过少导致的数据存储节点的能耗过大的问题。物联网中的许多数据存储与查询方案虽然降低了数据存储以及查询的总能耗，但是没有考虑网络中存在的热点问题，过热节点因能量消耗过大而过早死亡必然会降低物联网边缘网络的网络寿命。所以，在探索物联网分布式数据存储与查询方案时，既要考虑网络总的能量消耗，又要考虑能量消耗的均衡性(即负载均衡性)。具体而言，提高节点的负载均衡性的好处是：一方面，能够避免某些节点过早死亡，从而延长网络的生命周期；另一方面，可以均衡利用传感器节点的存储空间，防止一部分节点存储空间富裕，而另一部分节点因存储空间被全部占用而导致的数据溢出现象发生。

4. 物联网节点存储空间的利用效率

物联网节点存储空间的利用效率体现为物联网数据存储设备的单位存储空间所存储的信息量。在一些应用场景中(如无线传感器网络)，其数据存储设备(无线传感器节点)的存储空间有限，在存储节点不断周期性采集感知数据的情况下，需要最大限度地提高节点存储空间的利用效率。一方面，要尽可能多地利用物联网设备的存储空间；另一方面，要尽可能使单个数据存储空间所存储的数据信息量最大化。在有些无线传感器网络数据存储方案中，为了使某数据不因节点移动而丢失，让某一区域内的所有节点都保存该数据的拷贝，这会造成网络存储空间的浪费，降低存储空间的利用效率。

5. 系统的自适应性、健壮性、可扩展性、安全性与数据隐私保护

一些负载较重的节点的过早死亡以及某些环境下，外力的作用可能导致的节点移动都将会导致网络拓扑发生变化，并且可能会导致数据丢失。同时，网络的规模也会随着新节点的加入或者旧节点的死去而动态发生变化。因此，物联网分布式数据存储与查询系统应具有很好的自适应性、健壮性和可扩展性，以适应网络的动态变化，在网络规模和拓扑结构发生动态变化时依然保持高效、均衡的数据存储与查询。另外，由于物联网感知设备通常存在海量性特点，不可能为每一个物联网设备建立人工监管环境。这些节点设备(感知设备或者是数据存储设备)很可能被攻击者攻击或者被物理捕获，从而给物联网分布式数据存储系统带来较大的安全威胁。因此，安全性与数据隐私保护也是物联网分布式数据存储与查询系统的重要性能评价标准。

本章小结

本章首先介绍了物联网的概念、特点、系统架构及物联网发展面临的挑战；然后，介绍了物联网的边缘网络，包括无线传感器网络、双层无线传感器网络、双层可移动传感器网络和 RFID 网络；最后，介绍了物联网分布式数据存储与查询方向研究的问题背景、面临的挑战以及性能评价标准。

本章可以看作是本书的预备知识，为读者对本书后续章节的理解建立基础。读者需要重点理解多种不同物联网边缘网络的架构特征，并熟悉在各类物联网边缘网络中建立分布式数据存储与查询处理机制时需要考虑的因素。

第 2 章　物联网分布式数据存储与查询技术的研究进展

本章主要介绍多种物联网类型下分布式数据存储与查询技术的最新研究进展。其中，2.1 节主要介绍 WSN 中的分布式数据存储与查询技术研究进展，2.2 节介绍 WSAN 中的分布式数据存储与查询技术研究进展，2.3 节介绍 TWSN 和 TMWSN 中的分布式数据存储与安全查询处理技术研究进展。

2.1　WSN 中的分布式数据存储与查询技术的研究进展

相对于其他几种物联网类型，WSN 更早被人们关注，其分布式数据存储与查询技术方面的研究成果也更多。本节对这些研究成果进行归纳和总结，主要内容包括：(1) 概述了 WSN 分布式数据存储与查询技术研究的必要性、研究内容、所面临的挑战以及评价指标，并对有关 WSN 分布式数据存储与查询方面已有的方案和算法进行分类；(2) 分类介绍了一些有代表性的方案和算法，分析了它们的核心机制和优缺点，并对这些方案和算法的特点以及性能进行了综合对比；(3) 指出了 WSN 分布式数据存储与查询技术下一步可能的研究方向。

2.1.1　研究必要性

对于部署了基站的 WSN，为使用户获得感兴趣的事件数据，传统的方法是进行数据收集，即将节点产生的所有感知数据收集到基站上供用户查询[7-9]。这种方法虽然可以使用户获得自己感兴趣的事件数据，但是存在以下几个问题。

(1) 当网络中有大量数据产生并同时向基站传输时，基站周围会出现通信瓶颈，会增大丢包率。

(2) 基站周围的节点需要承担更多的数据传输任务，其能量消耗远大于网络中其他区域内的节点的能量消耗，容易过早死亡，缩短了网络的生命周期。

(3) 由于用户可能只对其中一部分采集到的数据感兴趣，若不加选择地将所有感知数据发送到基站，则会浪费传感器节点的能量。

(4) 这种数据收集的方法过分依赖基站，具有较大局限性，在一些不方便部署基站的恶劣环境中几乎无法得到应用。

不过，如果将 WSN 看成一个分布式感知数据库，节点产生的所有感知数据都在 WSN 内部存储，通过设计合理的分布式数据存储与查询机制，上述问题可得到基本解决，解决上述问题的主要策略如下。

(1) 数据在网络内存储可以避免或缓解基站周围节点的通信瓶颈问题和节点负载不均衡问题。

(2) 数据在网络内存储可以只为用户提供其感兴趣的事件数据，大大减少数据的传输量，从而减少节点的能量消耗。

(3) 数据在网络内存储可有效降低节点对基站的依赖程度，用户可以从 WSN 中的任意一个位置发起查询，WSN 对查询请求进行处理后将查询结果返回给用户。

2.1.2 具体研究内容和面临的挑战

有关 WSN 分布式数据存储与查询方面的研究应与具体的应用背景结合，不同的应用背景，可能需要不同的数据存储与查询策略。不同的应用背景所面临的挑战不同，需要解决的问题也不同。具体来说，目前有关 WSN 数据存储与查询技术方面的研究内容主要集中在以下几个方面。

(1) 针对具体查询类型的分布式数据存储与查询处理技术的研究。常见的数据查询类型有：基于具体事件类型的所有数据查询(List Query)、基于多数据类型的汇聚查询(Aggregate Query)、时空数据查询(Spatio-temporal Data Query)、基于观察属性的范围查询(Range Query)、多分辨率数据查询(Multi-resolution Data Query)、近似位置查询(Approximate Location Query)、历史数据查询(Historical Data Query)、极值区域查询[21]以及近似 Skyline 查询等。为了提高数据查询的效率，需要针对不同的查询类型设计不同的数据存储方案和查询处理算法。

(2) 对数据分发与发现问题的研究。在对数据分发与发现问题的研究中，主要面临的问题是，数据生产者(产生事件数据的节点)如何实时高效地将产生的事件数据提供给数据消费者(对这些事件数据感兴趣的用户)，或者说数据消费者如何从众多的传感器节点中高效地搜寻到自己感兴趣的事件数据。通常采用 Push-Pull 技术(推送-拉取技术)来解决 WSN 数据分发与发现问题。单纯的 Push 技术是指，数据生产者使用泛洪(Flooding)技术将产生的事件数据在网络内传递，数据消费者在本地即可获得自己感兴趣的事件数据；单纯的 Pull 技术是指，数据生产者将产生的事件数据在本地存储，数据消费者在网络内应用泛洪技术查询请求，当查询请求遇到感兴趣的事件数据时返回查询结果。单纯依靠 Push 技术或者 Pull 技术来解决 WSN 数据分发与发现问题显然是低效的，因此，需要探索如何将 Push 技术和 Pull 技术结合，在保证一定的数据查询成功率的条件下，提高数据分发与发现的效率。

(3) 自适应数据存储与查询。自适应数据存储与查询主要研究如何根据网络状态的动

态变化自适应地选择数据存储节点的位置。数据生产者的数据的产生速率和位置、数据消费者的查询请求的产生速率和位置以及网络拓扑结构等因素都会影响数据的最优存储位置。综合各种因素计算最优数据存储位置，尤其是计算多个最优数据存储位置，大多是 NP 难问题(Non-deterministic Polynomial，多项式复杂程度的非确定性问题)，具有一定的挑战性。

(4) 基于编码的分布式数据存储与恢复。对于部署在某些恶劣环境中的 WSN 而言，可能无法通过网关与外界网络相连，用户无法经常对这些 WSN 进行访问。传感器节点的能量有限，随着时间的增长，部分节点可能会因为能量耗尽而死掉。为了能从剩余的节点中恢复出网络中产生的所有感知数据，研究人员提出了基于编码的分布式数据存储与恢复方法。这种方法需要解决的问题是，源节点如何高效地使其产生的感知数据向网络中其余节点发散，节点如何对接收到的感知数据进行编码以保证足够大的数据恢复概率，以及如何估计源节点的个数等。

2.1.3　WSN 数据存储与查询方案的分类标准

近年来，科研工作者根据不同的应用背景提出了多种 WSN 分布式数据存储与查询的方案或策略，但目前尚无统一的分类方式。可根据数据的存储位置差异、算法是否具有自适应性、是否基于某种数据传输轨迹、是否采用编码技术以及网络是否存在层次结构等标准对已有方案进行分类。

(1) 根据是否具有自适应性，分为自适应数据存储与查询和非自适应数据存储与查询。自适应数据存储与查询策略能够根据网络的当前状况，如查询请求的产生位置和频率、事件数据的产生位置和速率等，动态调整数据存储与查询策略，灵活性更强，但在数据存储与查询方式转化时需要增加额外的开销。

(2) 按照数据的存储位置差异，分为本地存储与查询、以数据为中心(Data Centric Storage，DCS)的存储与查询、以位置为中心(Location Centric Storage，LCS)的存储与查询以及其他数据存储与查询策略。采用本地存储方式进行数据存储时需要的数据传输开销为零，但在数据查询时需要广播查询请求，因此，本地存储方式适用于事件数据产生速率高，而查询请求产生频率低的网络环境；以数据为中心的数据存储与查询是指，数据的存储与查询只与数据的内容有关而与数据的存储位置无关的一种数据存储与查询策略，适用于事件数据产生速率以及查询请求产生频率都不太高的网络环境；以位置为中心的数据存储与查询策略的主要思想是，进行数据存储时，将事件数据存储在以产生事件数据的节点为中心的某一范围内的节点上，在该范围内的节点依据其与产生事件数据的节点之间的距离以及事件强度等因素独自决定是否保存该事件数据的备份，进行数据查询时，用户通常只查询距离自身位置比较近的节点。以位置为中心的数据存储与查询策略通常应用在实时性、可靠性要求很高且数据的重要程度与用户自身位置密切相关的网络环境中，如道路安全警告等。另外，按照数据的存储位置进行分类时，还存在一些其他类型的数据存储与查询策略，如混合数据存储与查询。混合数据存储与查询策略将本地存储与以数据为中心的数据存储策略相结合，根据网络状态的变化自适应地进行存储与查询策略的调整和转换，以提高数据存储与查询效率。

（3）依据数据存储节点之间是否存在层次结构，分为平面式数据存储与查询和层次式数据存储与查询。平面式数据存储与查询策略不需要构建层次结构，相对比较简单，但一般不支持多分辨率数据查询；层次式数据存储与查询策略需要为数据存储节点构建层次结构，一般可支持包括多分辨率数据查询和多属性范围数据查询在内的多种查询类型，但需要额外的层次维护开销。

（4）根据感知数据和查询请求的传输轨迹是否遵守某种约定，分为基于传输轨迹的数据存储与查询与无轨迹约束的数据存储与查询。在基于传输轨迹的数据存储与查询方案中，物联网感知数据和用户发出的查询请求的传输轨迹必须遵守某种约定，感知数据在沿途经过的每个节点上存储该数据的备份，目标是使感知数据的传输轨迹与查询请求的传输轨迹存在交点，从而可以使查询请求在该交点完成对感知数据的查询。无轨迹约束的数据存储与查询方案则未对感知数据或者查询请求的传输轨迹进行限制。

（5）按照是否对感知数据进行编码存储，分为基于编码的分布式数据存储与查询方案和基于非编码的数据存储与查询方案。基于编码的分布式数据存储与查询方案通常采用某种编码方法（如喷泉码）对每一个感知数据进行编码，生成多个编码片段，并将这些编码片段分散存储在多个传感器节点上。在进行数据查询时，首先收集感知数据的编码片段，然后从收集到的编码片段中恢复出原始的感知数据，并判断感知数据是否满足查询要求。这类技术的优点是数据的抗毁性较强，换而言之，即使存储某些感知数据的编码片段的传感器节点被破坏，也可以根据剩余未被毁坏的部分编码片段恢复出原感知数据；其缺点是，对感知数据的编码片段进行存储需要更多的存储空间，同样地，在资源有限的传感器节点中对感知数据的编码片段的传输需要增加额外的通信开销。而基于非编码的分布式数据存储与查询方案不需要对感知数据进行编码，存储和查询的对象都是未经编码的感知数据。

2.1.4 典型方案

本节主要依据数据的存储位置与上述其他几种分类方法的结合，详细介绍当前一些有代表性的 WSN 分布式数据存储与查询方案，对其核心机制、主要特点和主要优缺点进行剖析。本地存储方式进行数据查询时需要广播查询请求，因此，最新的研究成果大多采用其他几种数据存储方式，下文主要介绍和分析采用非本地存储方式下的数据存储与查询方案。

1. DCS 方案与是否采用分层标准的组合方案

以数据为中心的数据存储与查询方案的特点是，数据与数据的存储位置之间存在某种映射关系，数据的存储与查询都需要利用这种映射关系来完成。基于上述考虑，可进一步介绍平面式以数据为中心的数据存储与查询方案和层次式以数据为中心的数据存储与查询方案。前者不需要构建层次结构，相对比较简单且较容易实现，但大多数平面式以数据为中心的数据存储与查询方案不能高效支持相似数据查询、多属性范围查询以及多分辨率数据查询等多种查询类型；后者能够弥补前者的这些缺点，但需要增加层次维护开销。下面选出一些典型的两种方案组合下的数据存储与查询方案实例进行介绍和分析。

对于平面式以数据为中心的方案，具体来讲，有以下几种：

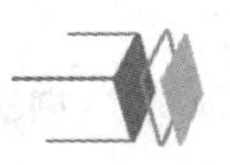

1) DCS 方案和 GHT 方案

DCS 方案和 GHT 方案的共同点是，二者的主要思想都是将数据命名，然后建立数据命名和对应数据存储位置间的映射关系。不同点是，DCS 利用分布式哈希表(Distributed Hash Table，DHT)建立这种映射关系，而 GHT 则利用地理哈希表建立这种映射关系。GHT 利用地理哈希表将某一命名的数据与传感器网络中的某个地理位置建立映射关系，由最靠近这一位置的节点(称该节点为 Home 节点)负责存储该命名的感知数据。进行数据查询时，同样是首先利用地理哈希表找到与某一命名的数据对应的某个地理位置(即数据存储位置)，然后利用 GPSR 路由协议向对应的数据存储位置发送查询请求，并在 Home 节点上进行数据查询。GHT 避免了数据查询时在全分布式查询请求泛洪(Event Flooding)，但也存在一些问题：首先，GHT 距离敏感性较差，当数据生产者和数据消费者之间位置很近时，数据消费者在进行数据查询时也必须将查询请求发送到可能距自身比较远的 Home 节点；其次，GHT 存在热点(Hot Spot)问题和通信瓶颈问题。当某一命名的数据被多个数据查询节点频繁访问，或者当网络中属于某一命名的数据较多时，会造成该命名数据对应 Home 节点的负担过重，影响网络寿命，同时会造成在 Home 节点附近通信瓶颈的产生；最后，GHT 不能高效支持多类型数据的汇聚查询。

2) DC(Difuse Caching)方案

针对 GHT 中的热点问题，Keng-Teck Ma 等人提出了一种基于发散缓存技术的以数据为中心的数据存储与查询方案。该方案分散 Home 节点的负担的主要方法是，Home 节点从邻居节点中选出部分节点作为缓存节点，并将自身所存储的数据发送到缓存节点上；缓存节点同样可以选出部分自己的邻居节点作为 Home 节点的缓存节点，并将自己从 Home 节点收到的数据转发给选出来的缓存节点；当缓存节点收到查询请求时，缓存节点可以直接向查询者提供查询结果。由于 Home 节点向缓存节点发送事件数据需要消耗能量，Home 节点或者 Home 节点的缓存节点分别在选择缓存节点时，需要判断数据缓存节点的潜在收益(Potential Saving)是否大于其潜在的付出(Potential Waste，即 Home 节点向缓存节点中传输数据所消耗的能量)，只有当潜在收益大于潜在的付出时，才会选择某个节点作为数据缓存节点。实验结果表明，相对 GHT，DC 能有效减轻 Home 节点的负担，并能减少数据传输开销。然而，该方案只是在数据查询时减轻了 Home 节点的负担，当事件数据产生率较高时，Home 节点的负担仍然会比较大，因为 Home 节点仍然需要存储并转发所有对应类型事件的数据。

3) EHS 方案

Liao 等人提出了一种基于面(Face)以及多级门限(Multi-threshold)机制的数据存储与查询方案——EHS(Effective Hotspot Storage)。EHS 假设整个传感器网络可抽象为由多个面构成的平面图，面上所有节点共同承担映射到该面内的某种类型数据的存储任务。为了均衡数据存储负担，EHS 为每个面设置了多个存储门限，并为每个节点设置两种坐标：实际坐标和虚拟坐标。当节点的数据存储量达到它所在面当前的门限时，该节点将其虚拟坐标值设置为(∞，∞)。由于在进行数据存储时，EHS 选择虚拟坐标最接近映射位置的节点来存储数据，当节点将其虚拟坐标设置为(∞，∞)时，节点便不再存储更多的数据信息。

当面中所有节点的数据存储量都达到其所在面当前的门限时，面中各节点重新将其虚拟坐标值设置为各自的真实坐标值。EHS让面上所有节点共同承担映射到面内的某种类型数据的存储任务，减轻了让单个节点承担数据存储任务时的负担。不过，EHS只能应用在网络拓扑图为平面图的WSN中；另外，多级门限机制要求每个节点维护一个包含面上所有节点信息的Face_Node表，并且需要经常传递消息以保持各个节点中Face_Node表的一致性，增加了存储开销和能量开销。

4) DBAS方案

为了使WSN能够更好地支持节点的移动，同时提高WSN的负载均衡性，Yongxuan Lai等人提出了一种被称为DBAS的动态平衡数据存储策略。与GHT将某一类型的数据映射到某一地理位置的策略不同，DBAS将整个WSN覆盖区域划分成网格，并将某一范围内的数据值映射到某一网格，由该网格内的多个节点承担数据存储和查询处理任务。为了实现这种映射，首先由基站利用随机哈希函数制作一个数据值到网格(Value-to-Grid)的映射表，然后将此映射表在全网范围内广播。此后，每隔一段时间，各个网格内的网格管理节点(即网格中距离网格中心最近的节点)向基站发送一次数据报告，报告中包含向该数据管理节点所在网格发送数据包的数据源节点的节点号以及数据产生频率等信息。基站依据各个网格管理节点发来的数据报告更新映射表，并将新映射表在网络中广播，收到新映射表的节点将其取代旧映射表，并按新映射表进行数据存储与查询。通过这种数据值到网格的映射以及映射表的动态更新，DBAS既解决了GHT的热点问题，又提高了网络的自适应性和健壮性；DBAS的不足之处在于，网格管理节点周期性地向基站发送数据报告以及基站周期性地向全网广播映射表，增加了网络的额外开销。

对于层次式以数据为中心的方案，具体有以下几种：

1) C-DCS方案

层次式数据为中心方案(Clustered Data-Centric Storage，C-DCS)把传感器网络空间分成大小相等的多个簇，由每个簇的簇头节点(简称簇头)负责存储那些映射到本簇覆盖区域内的数据，并负责响应对应的数据查询请求。当节点收到一个事件数据时，首先检查该数据的目的地点是否在本簇覆盖区域内，如果是，则直接发送到本簇簇头进行存储；否则，继续转发收到的数据信息。进行数据查询时，同样利用地理哈希函数找到所查询数据类型的映射位置，然后将查询请求发送到映射位置所在簇的簇头上进行数据查询。C-DCS将簇内节点分为两类：移动节点和稳定节点。为了提高网络的健壮性，每个簇的簇头节点在稳定节点中产生，并且只有稳定节点才能参与数据转发。为此，每个节点需要保存一个稳定节点邻居列表，在进行数据转发时，只从稳定节点邻居列表中选择节点作为下一跳转发节点。移动节点在数据存储与查询时，需要首先向邻居节点广播请求帮助消息(REQUEST，简称REQ)，然后从回复同意(APPROVE)的节点中选择最接近目标位置的节点作为下一跳数据转发节点。C-DCS的优点是，能够在存在移动节点的情况下保证数据存储与查询的高效性；同时，相对于DCS，C-DCS采用的双层数据汇聚技术能够明显减少网络中消息的传输个数。C-DCS的缺点是，处于稳定状态的节点需要周期性地和邻居节点交换信息以更新节点邻居列表，增加了网络的维护开销。

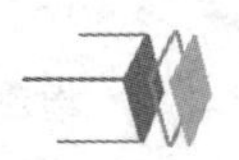

2) R-DCS 方案

R-DCS(Resilient Data-Centric Storage)由 A. Ghose 提出，是一种支持摘要查询(Summary Query)、同一事件类型所有数据的查询(List Query)以及基于属性的数据查询(Attribute-based Query)等多种查询类型的分布式数据存储与查询方案，利用增强 DCS 健壮性的策略。和 C-DCS 相同的是，R-DCS 也是把一个矩形的传感器网络均分成大小相等的区域(Zones)；不同的是，R-DCS 在每个区域内为每一类事件数据都选择一个头节点，该头节点有两种模式：监控模式(Monitor Mode)和复制模式(Replica Mode)。当头节点处于监控模式时，主要负责存储和转发监控映射(Map)，监控 Map 中包含的一些控制信息和一些事件数据的摘要信息。为便于数据存储与查询，处于监控模式的节点之间需要周期性地交换监控 Map。在 R-DCS 中，当头节点处于复制模式时，同时也处于监控模式，此时头节点除了要完成处于监控模式下的任务，还负责存储对应类型事件的数据。为了均衡节点负载，这两种模式之间可以互相转换。当某一节点有某一类型事件产生数据时，首先将事件数据发送给其所在区域内与该事件类型对应的头节点，如果该头节点处于复制模式，则直接将事件数据存储在该头节点上；否则，将事件数据转发到处于复制模式且距离该头节点最近的头节点上存储（这一过程如图 2-1(a)所示，图中名字包含“m”的节点处于监控模式，包含“r”的节点处于复制模式）。进行数据查询时，如果查询类型是摘要查询，则可以直接从本区域内与所查询事件类型对应的头节点上获得摘要信息(如图 2-1(b)所示)；如果查询类型是所有类型的事件数据查询(List Query)或者是基于属性的事件数据查询(Attribute-based Query)，那么查询请求将会被发送到与所查询事件类型对应的所有处于复制模式的头节点上进行查询（如图 2-1(c)所示）。如果因为节点的移动导致当前头节点不再是本区域内最靠近对应事件类型映射位置的节点，则当前头节点将变为普通节点，并将自身保存的所有数据信息转交给新的头节点。

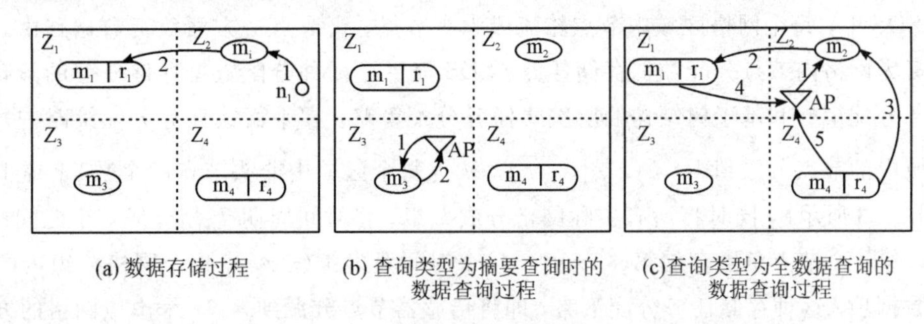

图 2-1　R-DCS 方案中的数据存储与查询过程示例

R-DCS 的优点是能够支持节点的移动，具有良好的可扩展性和健壮性；其缺点是，一个方面，头节点之间需要周期性地交换监控 Map，这会增加网络开销；另一方面，R-DCS 没有一个合理的头节点轮换机制，如果节点不发生移动，则头节点一直不变。由于头节点的负载远大于本区域内其他类型节点，但 R-DCS 缺乏高效的头节点轮换机制，这会导致头节点过早死亡。

3) SDS 方案

SDS 是一种支持相似数据查询(Similarity Data Retrieval)的分布式数据存储与查询方

案。同 R-DCS 和 C-DCS 一样，SDS 也是将整个传感器网络划分成许多大小相等的小网格区域(如图 2-2 所示)。为了有效支持相似数据查询，SDS 利用位置敏感哈希函数(Locality Sensitive Hash，LSH)来建立数据到网格之间的映射关系。LSH 的特点是，相同数据可获得相同的映射值，相似数据可获得相似的映射值。SDS 假设每个数据项包含多个属性值，在进行数据存储时，首先利用 LSH 对数据项的多个属性值进行哈希运算，得到的一系列哈希值便是将要存储该数据项的网格的 ID 号，然后利用卡普灵路由(Carpooling Routing)路由算法将该数据项发送到对应网格内存储。在 SDS 的查询请求中，可指定待查询的数据项、与待查询数据项的相似度以及偏差范围。例如，查询请求“$\langle h1, \cdots, hn \rangle$，$S_{similarity}=80\%$，$r=1$”表示 ID 号在$[hi-1, hi+1]$ $(0<i<n+1)$范围内的网格都会被查询，对于被查询网格内的数据项，若其中存在的数据项与待查询数据项相似度不小于 80%，则将其作为查询结果返回给数据查询者。

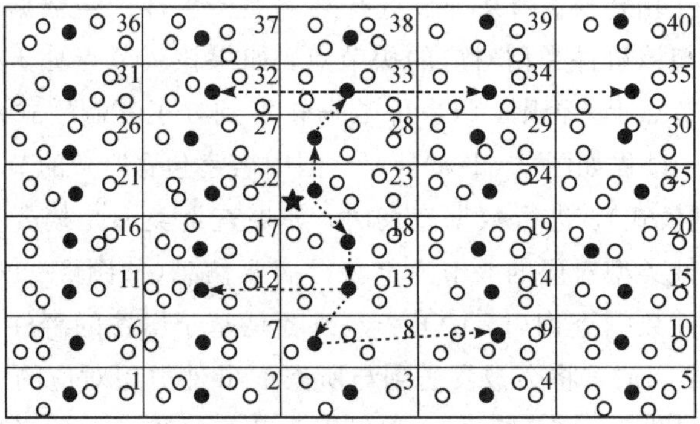

○ 区域节点　● 区域头节点

图 2-2　SDS 方案中的区域划分和数据传输

在 SDS 中，每个网格区域内节点轮流成为头节点。头节点一方面负责数据路由，另一方面负责为网格内节点分配数据存储任务。SDS 提供了两种分配数据存储任务的策略：平面式任务分配策略和基于树结构的层次式任务分配策略。在平面式任务分配策略中，头节点将区域内的节点分派到 $k\times k$ ($k=\lfloor\sqrt{N}\rfloor$，N 为每个区域中非头节点的个数)个虚拟网格内(如图 2-3 所示)，同时将所有实际网格分成 k 组，将时间周期 T 划分成 k 个时间段，每个区域内第 i 个节点负责存储第($\lfloor i/k \rfloor+1$)个时间段内第($i\ \%k+1$)个网格分组内的节点产生的数据项。这种存储任务分配策略，即将传感器节点分派到 $k\times k$ 个虚拟网格的方法只

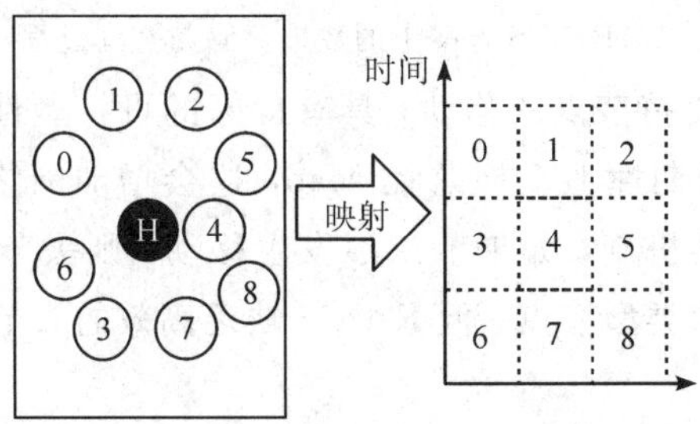

图 2-3　SDS 方案中的时空数据映射示例($N=9$)

适用于静态传感器网络，在动态环境下，节点的移动导致区域内的节点个数不固定，特别是在对 k 的粒度要求比较高的情况下，头节点有可能无法为每一个虚拟网格分派一个传感器节点。针对这一问题，有学者提出了一种基于树的健壮数据存储结构(如图 2-4 所示)，这种数据存储结构共分 3 层：第一层为根节点层(头节点层)，中间一层为虚拟节点层，最底层叶子节点层(真实传感器节点层)。虚拟节点负责空间上的数据存储任务分配，叶子节点负责时间上的数据存储任务分配。为了提高方案的健壮性，SDS 将属性结构中每个虚拟节点下的叶子节点连接成一个环形，当环中有节点退出时，将其任务分派给环中与之相邻的节点；当环中有新节点加入时，新节点分担其邻节点的部分存储任务。

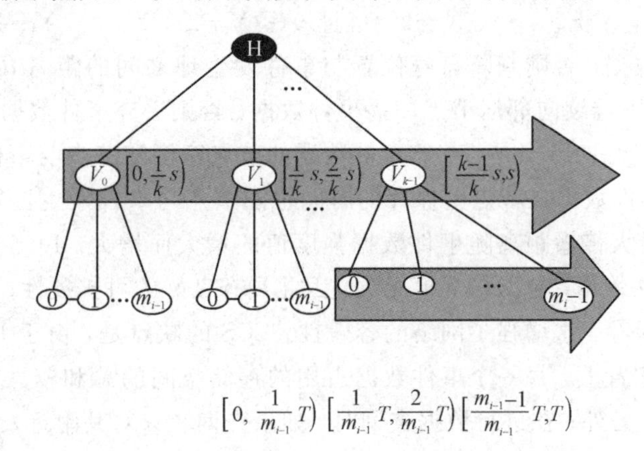

图 2-4　SDS 方案中基于树的健壮数据存储结构

SDS 通过任务分配策略以及头节点轮换机制，使网络中节点的数据存储负担以及能量消耗更加均衡。实验结果显示，SDS 具有良好的可扩展性和健壮性，并且能够高效支持时空数据查询和相似数据查询。

2. LCS 的分布式数据存储与查询策略

在某些应用场景下，事件数据只需要存储在事件发生地周围的节点上。比如，在应用于路面状况监测的传感器网络中，用户只关心距离自己比较近的路面状况，并不关心距离自己比较远的路面状况。在这种情况下，如果仍采用以数据为中心的数据存储策略 DCS，这不仅会造成能量的浪费，还有可能降低数据查询的效率。基于这种考虑，Xing K 等人提出了两种以位置为中心的数据存储策略 LCS。LCS 和 DCS 有很大差别：DCS 是指将同种类型的多个事件数据映射到一个位置，即将同种类型的多个事件数据存储在某一位置或在该位置附近的节点上；LCS 则是将一个事件数据向多个位置映射，即将某一事件数据存储在以该事件数据产生地点为中心的一组节点上。LCS 的主要思想是，以事件数据的产生位置为中心，将事件数据向周围节点发散，收到事件数据的节点根据自身与事件数据产生节点之间的距离 d、事件数据的强度值(Intensity of the Event)等信息决定是否保存该数据。

在 Xing K 等人提出的第一种 LCS 方案中，当有事件发生时，传感器节点将粗糙的感知数据预处理后生成一条事件数据，该事件数据中包含事件 ID、事件发生位置、事件的优先级、索引值以及事件的生命周期(Time To Live，简称 TTL)等信息。然后，事件数据产生节点将该事件数据向周围节点广播。假设收到该事件数据的节点为a，其一维坐标为x^a，产生事件数据的节点的一维坐标为x，令$d=x^a-x$，如果$x^a \in \{x+2^1-1, x+2^2-1, \cdots, x+2^\sigma-1\}$，则节点$a$保存该事件数据，并将其向邻居节点广播；否则，节点$a$判断$d$与$x^a$的大小关系，若$d<x^a$成立(其中$\sigma$指的是事件数据的强度值)，则继续将该事件数据向邻居节点广播；否则丢弃该事件数据。

上述方案只给出了一维坐标系下以位置为中心的数据存储方法，在Xing K等人提出的另一种LCS方案中，给出了二维平面中以位置为中心的数据存储方法。在该方案中，假设(X, Y)为事件发生地的位置坐标，如果收到事件数据的传感器节点坐标(x, y)满足$x \in \{X+2^0, X+2^1, X+2^2, \cdots, X+2^{\sigma-1}\}$且$y \in \{Y+2^0, Y+2^1, Y+2^2, \cdots, Y+2^{\sigma-1}\}$，则存储收到的事件数据，否则判断自身位置与事件发生地之间的距离d与$2^{\sigma-1}$的大小关系。如果$d<2^{\sigma-1}$，则继续向邻居节点广播事件数据，否则丢弃事件数据。

LCS数据存储机制的特点是，存储事件数据的节点密度随节点与事件发生位置的距离d的增大而降低，事件数据在节点上保存的时间也随节点与事件发生位置的距离的增大而减少，事件数据的最大传播距离随事件数据强度值的增大而增大。LCS的优点是，节点独立决定是否存储事件数据，与网络规模无关，因此具有良好的可扩展性；同时，同一个事件数据在多个节点上保存，这增强了网络的容毁性。LCS的缺点是，由于LCS将一个事件数据映射到多个存储位置上，每一个事件数据占用的存储空间的总和较大，因此它的存储空间利用效率比较低。另外，在进行数据查询时，如果查询者只对其附近发生事件感兴趣，则查询效率比较高；但如果查询者需要查询网络中发生的某种事件类型的所有数据，则需要泛洪查询请求或是选择一个最小支配集进行查询，需要较大的能量开销。

3. 基于传输轨迹的数据存储与查询机制

基于传输轨迹的数据存储与查询机制主要用来解决WSN中的数据分发与发现问题，即数据生产者如何将产生的事件数据传递给数据消费者，或者说数据消费者如何找到自己感兴趣的事件数据。起初，人们在解决这类问题时，采用的方法是事件(数据)泛洪(Event Flooding)或者查询(请求)泛洪(Query Flooding)，然而泛洪本身存在许多问题且能量消耗很大。为此，研究人员提出了许多基于传输轨迹的分布式数据存储与查询方案。基于传输轨迹的数据存储与查询机制的主要研究思路是，包含事件数据或事件数据索引信息的数据包沿某一轨迹传输(选择轨迹上全部或者部分节点保存该数据包)，包含查询请求的数据包沿另外一条轨迹传输，只要这两条轨迹相交，查询请求就能在轨迹相交的位置获得事件数据。这种数据存储与查询机制需要解决的核心问题是，如何缩短数据传输轨迹的长度以减少数据传输的能量消耗，以及如何使查询请求的传输轨迹与事件数据的传输轨迹相交的概率提高，从而提高查询成功率。下面详细介绍几种典型的基于传输轨迹的数据存储与查询机制。

1) Rumor Routing 算法

鲁莫尔路由(Rumor Routing)算法的主要思想是，数据产生节点沿随机路径转发包含事件数据信息以及自身节点位置信息的代理包，在代理包转发的过程中，通过同步每一个它遇到的节点的事件表(Events Table)，建立指向事件数据产生节点的索引。数据消费者通过随机行走(Random Walk)的方式转发查询请求，当查询请求在某个节点上发现它感兴趣

的事件数据产生节点的索引时，查询请求被直接发送到事件数据产生节点上进行数据查询。Rumor Routing 算法的优势在于，节点不需要知道地理位置信息，并且还具有一定的抗节点失效能力。实验表明，大多数情况下，Rumor Routing 算法性能表现优于事件泛洪和查询泛洪。Rumor Routing 算法的缺陷在于，由于查询请求的传输路径具有随机性，在数据产生节点只有一条索引路径的情况下，查询请求获得数据产生节点的索引的概率较低，实验得出该概率为 69%。为了提高查询请求获得事件产生节点的索引的概率，数据产生节点必须建立多条索引路径，传输数据的能耗较大；同时，Rumor Routing 的随机数据传输模式也会增大数据传输延迟。

2）Comb-needle 模型

Comb-needle 模型是一种信息发现模型，其主要思想是，当数据生产者有事件数据产生时，将事件数据沿竖直方向传输 l 跳，每一个收到该事件数据的节点都在本地保存该事件数据的备份；数据消费者进行数据查询时，首先将查询请求发送给竖直方向的所有节点，如果竖直方向上收到查询请求的节点(包含数据消费者本身)到数据消费者的跳数是某一整数 s 的整数倍，则将查询请求沿水平方向转发。当 $s \leqslant l$ 时，查询请求的传输轨迹一定会和事件数据的复制轨迹相交，在两条传输轨迹相交处，可直接获得事件数据或者指向事件数据存储位置的指针。该模型下事件数据和查询请求的传输轨迹如图 2－5 所示。

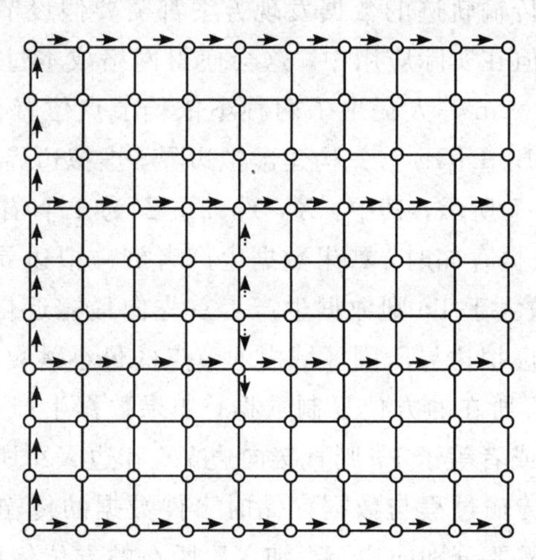

图 2－5　Comb-needle 模型下事件数据和查询请求的传输轨迹(其中，$l=5$，$s=3$)

在 Comb-needle 模型中，事件数据的传输轨迹和查询请求的传输轨迹可以根据事件数据的产生速率以及查询请求的产生频率进行自适应转换，这在一定程度上降低了数据存储与查询的能量消耗。然而，当网络中数据需求节点以及数据产生节点的个数较少，并且事件数据和查询请求的产生频率都比较低时，Comb-needle 模型中存在较多的无效路由(假设事件数据的传输轨迹和查询请求的传输轨迹相交于一点(点 A)，则称从事件数据产生节点到点 A 的路由以及从查询请求产生节点到点 A 的路由为有效路由，其余路由为无效路由)，这些无效路由会浪费较多的节点能量。

3）Double Ruling 方案

双向控制(Double Ruling)将平面上的点映射到球面上，利用球面上任意两个大圆必然相交的特性来设计事件数据的传输轨迹和查询请求的传输轨迹(如图 2－6 所示)，该方案也可称为基于球面的传输方案。Double Ruling 具有良好的距离敏感性和负载均衡性，并可支持多种类型事件数据的汇聚查询。实验结果表明，当节点连通度大于 9.5 时，Double Ruling 能够保证 96%以上的查询成功率。然而，Double Ruling 需要定位技术的支持且需要较大的节点密度，不适用于节点分布较稀疏的环境。另外，Double Ruling 中事件数据的传输轨迹可能比较长，因为球面上某些大圆在平面上的映射曲线可能是一个很大的封闭曲线。

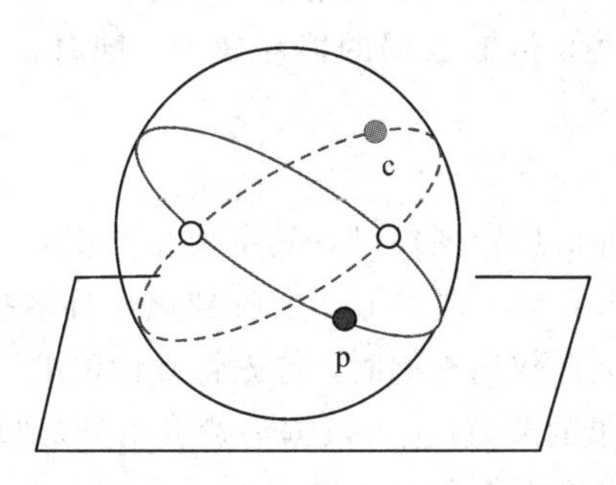

图 2-6　Double Ruling 方案示例(其中，p 代表数据生产者，c 代表数据消费者)

4) DRIB 和 RDRIB 方案

前面介绍的几种基于传输轨迹的数据发现方案都需要假设节点知道自身的位置信息，即为每个节点配置 GPS，但在实际应用中，这会使得网络成本过大，目前的定位算法也不是很成熟。针对这个问题，Lin 等人提出了两种不依赖节点位置信息的分布式数据存储与查询方案：DRIB 和 RDRIB。DRIB 首先构建虚拟边界，虚拟边界由 4 个锚节点和 4 条轴线段构成。其示意图如图 2-7 所示，其中，X，Y，Z，Z'为 4 个锚节点，ZX，XZ'，$Z'Y$ 和 YZ 为 4 条轴线段。进行数据存储时，如果数据生产者到虚拟边界所围区域内(包括边界上的节点)的节点的最小跳数大于 1，则数据生产者首先向最靠近自己的边界方向复制数据。当事件数据被传输到距离虚拟边界所围区域内的节点的最小跳数小于或者等于 1 的节点上时，分别向边 YZ 和边 XZ'所在的方位复制数据；如果数据生产者距离虚拟边界所围区域内的节点的最小跳数小于或者等于 1，则直接向边 YZ 和边 XZ'所在的方位复制数据。进行数据查询时，查询请求的传输过程与数据存储时事件数据的传输过程类似，不同的是，进行数据查询时，查询请求需要分别向边 YZ'和 XZ 所在的方位传输。正如图 2-7 所示，当网络边界形状规则时，查询请求的传输轨迹与事件数据的复制轨迹必然相交。

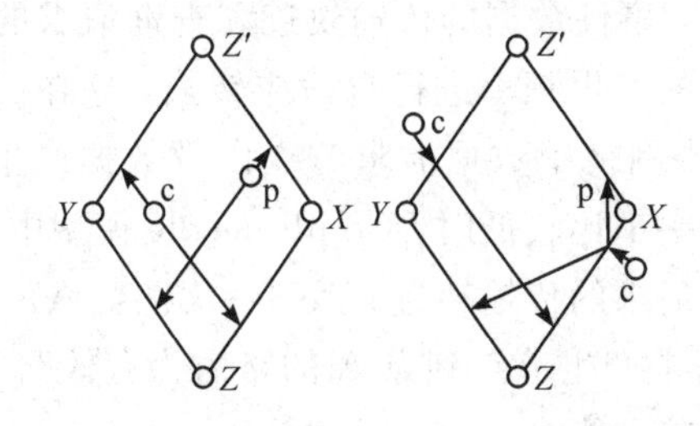

图 2-7　DRIB 的直观示意图(其中 c 代表消费者，p 代表生产者)

DRIB 存在的问题是，当网络边界形状不规则时，事件数据的复制轨迹或者查询请求的传输轨迹不完全包含在虚拟边界所包围的范围内，这样有可能导致查询请求的传输轨迹与

事件数据的复制轨迹不相交。针对这一问题，Lin 等人提出了 RDRIB 方案。RDRIB 在 DRIB 的基础上增加了一些约束规则，这些约束规则可以确保查询请求的传输轨迹与事件数据的复制轨迹必然相交。实验结果显示，RDRIB 不仅能保证 100%的查询成功率，还能够有效降低数据传输开销。

4. 自适应数据存储与查询策略

WSN 中数据产生节点的位置、数据产生速率，发出查询请求的节点位置、查询请求的产生频率，网络拓扑结构以及网络规模等因素都会影响 WSN 分布式数据存储与查询策略的性能，因此，数据存储与查询策略应具有一定的自适应性。这种自适应性包含两个方面的含义：数据存储方式的自适应选择和数据存储位置的自适应性选择。具有自适应性特点的数据存储与查询策略首先应能够根据各种网络因素的动态变化自适应地调整数据存储方式，比如，当节点产生事件数据的速率很大而产生查询请求的频率较小时，选择本地存储方式；而当节点产生事件数据的速率以及产生查询请求的频率都不是很大时，选择以数据为中心的存储方式。另外，如果选择确定存储位置的数据存储方式，还应能够根据各种网络因素自适应地选择数据存储节点的个数和位置。典型的自适应数据存储与查询策略有 Scoop 方案、ODS 算法、NDS 算法以及 ADS 方案等。

1) Scoop 方案

Scoop 方案是指一种使用多属性范围查询的自适应数据存储与查询方法的系统。与 DIM 通过编码构造事件数据与存储节点之间的映射关系这一做法不同，Scoop 直接给出了事件数据与存储节点之间的映射关系。它的主要思想是，基站周期性地收集网络状态的统计信息，根据这些信息计算出一个存储任务分派单(以下简称分派单)，这种分派单实际上是一个属性值范围与传感器节点 SiD 号的映射表。然后基站将此分派单分发给传感器网络中的每一个节点，节点根据收到的分派单进行数据存储与查询。Scoop 综合考虑了多种网络因素，动态调整了数据的存储位置，提高了数据存储和查询效率。不过，Scoop 只适用于小规模传感器网络，当网络规模增大时，一方面，查询数据包包头所携带的比特位表将会变得很长，增大了数据查询的开销；另一方面，基站收集网络状态信息以及发布任务分派表的开销也大大增加。

2) ODS 和 NDS 算法

对于已知节点的数据产生速率等因素的条件下数据的最优存储位置的确定问题，蔚赵春等人提出了一种基于最优存储位置的自适应数据存储与查询方案。该方案首先将数据生产者和数据消费者的关系构建为“一对一”“多对一”“多对多”模型，然后基于这 3 种模型，以总的数据存储与查询代价最小为目标，充分考虑数据生产者的数据产生速率以及数据消费者发出查询请求的速率等因素，提出了两种自适应数据存储节点选择算法：全局最优数据存储 ODS(Optimal Data Storage)贪婪算法和局部最优数据存储 NDS(Near-optimal Data Storage)近似算法。ODS 算法的主要思想是，逐个节点试探，看哪一个节点作为数据存储节点时能使全网数据存储与查询的总能耗最小；NDS 则首先引入数据总存取代价函数，然后将寻找最优数据存放位置问题转化为求数据总存取代价函数的值最小的问题，即求函数中的 x 和 y。数据总存取代价函数如下：

$$f(x, y)=s_d \cdot \sum_{i=1}^{m} r_d(i) \cdot [(x-x_i)^2+(y-y_i)^2] + (s_q+\alpha s_d)\sum_{j=1}^{n} r_q(j)[(x-x_j)^2+(y-y_j)^2] \quad (2-1)$$

其中，s_d、s_q 分别表示事件数据块和查询请求的大小，$r_d(i)$、$r_q(j)$分别表示事件数据产生速率和查询请求产生速率，m 和 n 分别代表数据生产者的个数和数据消费者的个数。然后对式(2-1)微分，并分别令式(2-1)对 x 和 y 的偏导均等于 0 即可获得式(2-1)取极小值时的点(x_0，y_0)：

$$x_0=\frac{\sum_{i=1}^{m} r_d(i) \cdot x_i+\beta \sum_{j=1}^{n} r_q(j) \cdot x_j}{\sum_{i=1}^{m} r_d(i)+\beta \sum_{j=1}^{n} r_q(j)} \quad (2-2)$$

$$y_0=\frac{\sum_{i=1}^{m} r_d(i) \cdot y_i+\beta \sum_{j=1}^{n} r_q(j) \cdot y_j}{\sum_{i=1}^{m} r_d(i)+\beta \sum_{j=1}^{n} r_q(j)} \quad (2-3)$$

其中，$\beta=(s+\alpha s)/s$。计算出极小值的点(x_0，y_0)后，逐个选择极小值点附近的节点作为数据存储节点，并计算总的数据存储与查询代价，选出使总的数据存储与查询代价最小的节点作为最终的数据存储节点。

ODS 算法和 NDS 算法相比，其优点是，它能够根据网络中生产者和消费者的个数、地理位置以及数据产生的速率和查询请求的发布速率来动态调整数据存储位置，从而实现总的数据存储与查询代价最小的效果。然而，由于 ODS 和 NDS 算法都只选择一个最优节点作为数据存储节点，当网络中查询请求或者网络产生的数据量较大时，即使处于最优位置的数据存储节点得到周围的邻居节点的协助，数据存储节点的负担也会很大。如果采用频繁更换数据存储节点的方法来解决这个问题，又会增大存储节点的更新代价，因为基站需要频繁地广播新存储节点的位置信息。

3) ADS 方案

ADS 方案采用一种自适应数据存储转换策略，其主要思想是，将整个传感器网络区域划分成网格，各个网格的存储方式可以在本地存储和以数据为中心的存储之间转换。当某一给定时间周期到达时，每个网格挑选出一个节点作为头节点(Leading Node)，并由头节点根据前 k 个时间周期内其所在网格内产生事件的个数以及收到的查询请求的个数预测下一个时间周期内其所在网格内节点将会产生事件的个数 N_{event}^{t+1} 以及将会收到的查询请求个数 N_{query}^{t+1}。当 $N_{\text{event}}^{t+1}>(N_{\text{query}}^{t+1}+1)\times\sqrt{n}+T$ 时(n 为网格内的节点个数)，切换到本地存储方式；当 $N_{\text{event}}^{t+1}<(N_{\text{query}}^{t+1}-1)\times\sqrt{n}-T$ 时，切换到以数据为中心的存储方式。进行数据查询时，基站需要首先将查询请求发散到目标网格内，如果目标网格采用的是以数据为中心的存储方式，则直接对数据中心节点(Data Centric Node)进行查询；如果目标网格采用的是本地存储方式，则需要访问网格内的所有节点。ADS 通过这种数据存储策略的自适应转换提高了数据存储与查询效率。然而，ADS 只侧重于局部优化，缺乏对全局优化的考虑。在 ADS 中，对其中某一个节点 A 而言，无论 A 所在的网格采用什么样的数据存储策略，A 所

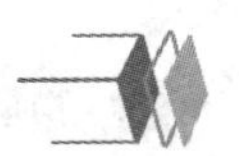

产生的事件数据必然存储在其所在网格的内部。如果网络中对节点 A 产生的数据感兴趣的节点距离节点 A 比较远，且这些节点发出查询请求的速率又比较大，那么不建议采用 ADS 方案进行数据存储与查询，这显然是低效的。

5. 基于编码的分布式数据存储与查询方案

基于编码的分布式数据存储与查询策略主要解决数据的持续性(Data Persistence)问题。在某些人类难以踏足的恶劣环境中，WSN 可能无法通过网关与外界网络连接，人们从而无法经常对其进行访问。随着时间的增长，部分传感器节点会因能量耗尽而死亡。在这种应用背景下，一个急需解决的问题是，如何利用剩余节点上的数据信息恢复出所有源节点产生的事件数据，即数据的持续性问题。近年来，研究人员提出了许多基于编码的分布式数据存储与查询方案来解决这个问题，下面选出几个有代表性的方案进行详细介绍和分析。

1) EDFC 和 ADFC 算法

Lin 等人提出了基于随机行走(Random Walk)以及 LT(Luby Transform)码的分布式数据分发与存储算法 EDFC(Exact Decentralized Fountain Codes)和 ADFC(Approximate Decentralized Fountain Codes)。根据 LT 码的性质，k 个源数据块能够以 $1-\delta$ 的概率从 $k+O(\sqrt{k}\ln^2(k/\delta))$ 个编码包中恢复出来。EDFC 算法的基本思想是，首先，每个节点根据鲁棒孤立子(Robust Soliton)分布选择自身的编码度(Code-degree)(用 d 表示)，然后每个数据源节点随机选择 b 条路径按照 Random Walk 的方式转发源数据包，每个节点从收到的源数据包中随机选择源数据包个数等于自身编码度的源数据包进行编码。其中 b 的计算公式为

$$b=\frac{N\sum_{d=1}^{k}x_d d\mu(d)}{k} \tag{2-4}$$

公式(2-4)中，x_d 表示编码度为 d 的节点收到的源数据包的个数，$\mu(d)$表示编码度为 d 的节点数与节点总数的比值。

虽然 EDFC 算法刚开始分配给各个节点的编码度符合 Robust Soliton 分布，但由于 Random Walk 带来的随机性，各个节点实际的编码度并不符合 Robust Soliton 分布，按照公式计算出的 b 值可能比实际需要的值要大，从而增大传输源数据包中的能量开销。为了解决这个问题，Lin 等人提出了 ADFC 算法，ADFC 算法与 EDFC 算法类似，不同的是，Lin 等人在 ADFC 算法中设计了一种新的编码度分布函数，并根据这种新的编码度分布函数计算 b 的值。理论分析以及实验验证结果显示，相比 EDFC 算法，ADFC 算法能大大减少传播源数据包中的能量开销，同时 ADFC 算法拥有更高的成功解码率。EDFC 和 ADFC 算法的缺点是，每个节点需要知道 N、k 等全局变量，而由于 WSN 的动态性特征(节点的死亡或移动)，这些全局信息无法被确切获得。

2) LTCDS 算法

为了尽可能减少对全局信息的依赖，Salah A. Aly 提出了依赖 LTCDS(LT-Codes Based Distributed Storage)算法，该算法分为部分全局信息的 LTCDS-I 算法和完全不依赖全局信息的 LTCDS-II 算法。在 LTCDS-I 算法中，节点需要预先知道参数 N 和参数 k 的

值，而不需要知道节点连接度的最大值 μ；在算法 LTCDS-II 中，节点可通过采用完全分布式的方法估计出参数 N 和参数 k 的值，因此，N 和 k 的值不需要预先给定。

与 EDFC 算法和 ADFC 算法相同，LTCDS-I 算法和 LTCDS-II 算法中仍然采用 Random Walk 的方式传播源数据块，并且节点仍然采用喷泉码中的 LT 码对源数据块进行编码。不同的是，EDFC 算法和 ADFC 算法中每个数据源节点需要对每个源数据块随机选择 b 条路径按照随机行走的方式转发源数据包(在计算 b 的值时需要知道 N、k 以及 μ 等全局变量的值)，并且在源数据块转发的过程中需要按照计算得到的转发概率表进行转发，节点只有在收到足够多的源数据块时才对源数据块进行编码；而在 LTCDS-I 算法和 LTCDS-II 算法中，每个数据源节点只需要对每个源数据块发动一次随机行走，源数据块在随机行走的过程中等概率选择下一跳节点进行转发，收到源数据块的节点以节点度的 $1/k$ 的概率对其进行编码。在 LTCDS-I 算法和 LTCDS-II 算法中，每个源数据块在随机行走的过程中需要尽可能访问到网络中的所有节点，为此 LTCDS-I 算法和 LTCDS-II 算法规定每个源数据块随机行走的跳数不小于 $C_1 N\log N$。因此，对 LTCDS-I 算法和 LTCDS-II 算法而言，参数 N 和 k 的值是必需的。LTCDS-II 算法给出了参数 N 和 k 的分布式估计方法，即对于某节点 u，有

$$\widetilde{N}(u) = E[T_{\text{visit}}(u)] \tag{2-5}$$

$$\widetilde{k}(u) = \frac{E[T_{\text{visit}}(u)]}{E[T_{\text{packet}}(u)]} \tag{2-6}$$

其中，$\widetilde{N}(u)$和 $\widetilde{k}(u)$分别表示 N 和 k 的估计，$T_{\text{visit}}(u)$表示节点 u 连续两次收到同一源数据块的时间间隔，$T_{\text{packet}}(u)$表示节点 u 连续收到两个不同数据块的时间间隔。实验结果显示，这种估计方法对 k 进行估计的准确度大于对 N 进行估计的准确度。

与 EDFC 算法和 ADFC 算法相比，LTCDS-I 算法和 LTCDS-II 的线上(On Line)编码方式节约了节点的存储空间，克服了前者在编码前需要存储多个源数据包而占用较大空间的问题。同时，LTCDS-II 算法能够用分布式的方法估算出 N 与 k 的值，不需要任何全局信息，提高了算法的实用性。然而，这四种算法都采用随机行走的方式转发数据包，简单的随机行走可能会导致本地分簇效果(Local-Cluster Effect)，即源数据块很可能不停的围绕产生该数据块的节点传输，距离该数据块产生节点较远的节点很可能收不到该数据块。

3) LTSIDP 方案

为了降低源数据块在随机行走的过程中产生本地分簇效果的概率，改善数据的持续性(Data Persistence)，Liang 提出了一种基于窃听机制的分布式数据存储算法 LTSIDP。与上文已介绍过的基于编码的分布式数据存储与查询处理算法相同的是，LTSIDP 仍然采用随机行走的方式传播数据，并采用 LT 码对源数据块进行编码和采用信度传播 Belief Propagation (BP)算法对编码块进行解码；不同点是，在转发源数据块的过程中，LTSIDP 以等概率选择没有转发过该源数据块的某个邻居节点作为下一跳转发节点，而不是从所有邻居节点中等概率选择下一跳节点。在 LTSIDP 中，节点通过直接接收或者窃听(无线传输具有广播性的特点)的方式来判断其邻居节点是否转发过某一数据包。与 LTCDS-II 算法相同，LTSIDP 不需要任何全局信息。LTSIDP 通过节点在一定周期 T 内收到的源数据块的个数来估算 k 的值，然后将$\lceil 1/\{1-2\log[1-1/E(T(u))]/k\}\rceil$的值作为 N 的估算值，其中

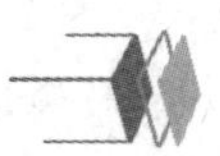

$E(T(u))$表示节点 u 连续两次收到任意源数据块的平均时间间隔。实验结果显示，与 LTCDS-II 算法相比，LTSIDP 算法能显著提高成功解码率和节点的能量利用效率。

2.1.5　各种方案综合比较

上文分析了部分典型的 WSN 分布式数据存储与查询方案。WSN 应用非常广泛，不同应用背景下的 WSN 分布式数据存储与查询方案的特点也不尽相同，各有各的优势，很难用一个统一的评判标准对其进行评价。为了对目前 WSN 分布式数据存储与查询方案有一个整体直观的认识，我们采用列表的方式对各种方案进行对比。表 2-1 对上文重点讨论的方案进行了分类比较，主要比较各方案的类型、应用背景、采用的主要技术以及特点；表 2-2 比较了这些方案的性能。

表 2-1　各种 WSN 分布式数据存储与查询方案分类比较

方案	方案类型	支持的查询类型	采用的主要技术	应用背景
DCS，GHT	以数据为中心，平面型结构	清单查询	数据命名，地理哈希表	密集网络，静态网络
DC	以数据为中心，平面型结构	清单查询	数据扩散缓存	密集网络，静态网络
EHS	以数据为中心，平面型结构	清单查询	面缓存，多阈值层级存储	密集或稀疏网络，静态网络
DBAS	以数据为中心，平面型结构	清单查询	网格划分，映射更新	密集或稀疏网络，动态网络
C-DCS	以数据为中心，层次型结构	清单查询	冗余避免，两级数据汇聚	密集网络，动态网络
R-DCS	以数据为中心，层次型结构	清单查询，摘要查询，基于属性的查询	区域分割，模式分配和转换	密集或稀疏网络，静态网络
SDS	以数据为中心，层次型结构	时空查询，相似数据查询	卡普灵路由，位置敏感哈希，时空数据映射	均匀分布网络，静态网络
LCS	以位置为中心	清单查询，以位置为中心的数据查询	以位置为中心的数据存储，完美支配集	均匀分布网络，静态网络
Scoop	以数据为中心，自适应	多维范围查询	存储索引化，路由树结构，统计收集技术	密集或稀疏网络，静态网络
ODS，NDS	自适应	兴趣数据查询	最优化理论和技术	密集或稀疏网络，静态网络
ADS	自适应	空间数据查询	区域分割，存储策略转换	密集网络，静态网络
Rumor routing	基于数据传输轨迹	兴趣数据查询	随机行走	密集网络，静态网络

续表

方案	方案类型	支持的查询类型	采用的主要技术	应用背景
Comb-needle	基于数据传输轨迹	清单查询，兴趣数据查询	梳齿针技术	密集网络，静态网络
Double ruling	基于数据传输轨迹	清单查询，兴趣数据查询，汇聚查询	球面双轨迹交叉技术	密集网络，静态网络
DRIB-RDRIB	基于数据传输轨迹	清单查询，兴趣数据查询	坐标虚拟化，骨干网虚拟化	密集网络，静态网络
EDFC，ADFC	基于数据编码	所有类型的数据收集	卢比变换编码，单源数据包的多方向随机行走	密集或稀疏网络，静态网络
LTCDS	基于数据编码	所有类型的数据收集	卢比变换编码，单源数据包的单方向随机行走	密集或稀疏网络，静态网络
LTSIDP	基于数据编码	所有类型的数据收集	卢比变换编码，随机行走，监听	密集或稀疏网络，静态网络

表 2-2 各种 WSN 分布式数据存储与查询方案性能比较

方案	计算开销	数据存储开销	数据查询开销	节点存储空间的利用效率	可扩展性	负载均衡性
DCS/GHT	地理哈希	适中	适中	适中	适中	较差
DC	地理哈希	较高	较低	较差	适中	适中
EHS	地理哈希	适中	适中	适中	较好	较好
DBAS	无计算开销	适中	适中	较差	较好	较好
C-DCS	地理哈希	较低	较低	适中	较好	适中
R-DCS	活动系数计算	较低	适中	适中	适中	适中
SDS	位置敏感哈希	适中	适中	较好	较好	较好
LCS	距离计算	较高	较差	较差	较好	适中
Scoop	无计算开销	适中	适中	较好	适中	适中
ODS，NDS	最佳数据存储节点位置计算	适中	适中	较好	较差	较差
ADS	查询请求和事件数据数目计算	较低	较高	较好	较好	较好
Rumor routing	无计算开销	较高	适中	适中	适中	较好
Comb-needle	无计算开销	较高	较低	较差	适中	较好
Double ruling	地理哈希，投影映射	适中	较低	适中	较好	较好
DRIB，RDRIB	无计算开销	较低	较低	适中	较好	较好

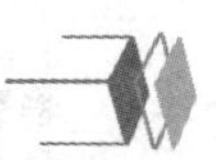

续表

方案	计算开销	数据存储开销	数据查询开销	节点存储空间的利用效率	可扩展性	负载均衡性
EDFC，ADFC	按位异或，稳态分布计算，概率前进表构建	较高	较低	适中	适中	适中
LTCDS	按位异或，全局参数估计	较高	较低	较差	适中	适中
LTSIDP	按位异或，全局参数估计	较高	较低	适中	适中	较好

2.1.6　未来研究重点

国内外学者针对 WSN 分布式数据存储与查询问题，已经取得了一些初步的研究成果，主要研究思路可概括为：针对 WSN 应用高度相关性的特点，设计不同的数据存储与查询策略；结合几何理论知识，在保证数据查询成功率的同时尽可能降低数据传输开销；融合多种数据存储与查询策略，提高系统的自适应性；结合网络编码理论，提高系统的健壮性和抗毁性；在改进已有方案的同时革新思路，探索一些更具创新性和突破性的数据存储与查询策略。

总体而言，尽管研究人员针对 WSN 分布式数据存储与查询问题，做了大量研究工作，也取得了一些初步的研究成果，但这些研究成果仍存在某些理论或实践方面的缺陷，仍然不能完全满足各种应用需求，因此，需要进一步对 WSN 分布式数据存储与查询技术进行深入研究。未来的研究重点主要包含有以下几个方面。

(1) 降低总的数据存储与查询代价的同时提高节点能量消耗的均衡性。目前许多 WSN 分布式数据存储与查询方案要么以网络总的数据存储与查询代价最小为目标，要么以提高节点负载均衡性为目标。实际上，好的 WSN 分布式数据存储与查询策略既需要降低总的数据存储与查询代价，又需要平衡节点的负载。

(2) 提高存储空间的利用效率，改善存储空间利用的不均衡状况。WSN 中节点的存储空间有限，而节点产生的感知数据会随着时间的推移不断增加，因此，必须提高节点存储空间的利用效率，即用同样的存储空间存储尽可能多的数据信息；如何结合数据压缩技术来解决这一问题将是一个重要的研究方向。另外，还需要提高节点存储空间利用的均衡性；当节点的存储空间利用不均衡时，可能会出现某一部分节点有数据溢出，而另一部分节点却拥有较多的富裕存储空间的现象。

(3) 提高分布式数据存储与查询方案的安全性。目前为止，关于 WSN 分布式数据存储与查询的安全问题很少引起人们的关注。之前人们对 WSN 安全性的研究工作主要集中在网络通信的安全性研究上。而在实际应用中，WSN 很容易遭受诸如拜占庭、数据污染之类的攻击。因此，WSN 数据存储与查询的安全问题同样重要，需要进一步深入研究。

(4) 提高对 WSN 网络动态变化的适应性。节点的死亡、移动以及新节点的加入等因素常常会造成 WSN 的网络规模、节点密度、网络拓扑结构等发生变化。部分已有成果虽然也考虑到了这些因素，但并不完善，需要进一步研究更具动态适应性和可扩展性的 WSN 分布式数据存储与查询方案。

(5) 改进基于编码的WSN分布式数据存储与查询方案。利用网络编码技术解决WSN分布式数据存储与查询问题是一种比较新颖的研究思路，目前研究成果不多，在数据传输代价以及成功解码率等方面都存在较大的改进空间。目前大多数基于编码的WSN分布式数据存储与查询方案都采用随机行走的方式传播源数据块。不过，由于随机行走具有随机性特点，很难控制源数据块的传播方向和传播路径，每个源数据块对每个节点至少访问一次需要的数据传输开销将会很大。将基于虚拟坐标的数据传输机制引入这类方案中或许是降低数据传输代价的有效途径，这有待进一步研究和验证。

2.2 WSAN中的分布式数据存储与查询技术的研究进展

随着物联网和5G技术的快速发展，人类社会即将来到后云时代。而在后云时代，越来越多的数据将会在网络边缘产生，同时，越来越多的应用也会在边缘网络中部署。为了在边缘部署的应用更加方便地收集、处理和利用边缘网络产生的感知数据，人们提出了一种新颖的计算范式，即边缘计算。

近年来，边缘计算的一个重要网络范例，即无线传感器和执行器网络(Wireless Sensor Actuator Network，简称WSAN)已进入快速发展阶段，并在多个应用领域展现出极高的应用价值，这些应用领域包括：新能源、工业自动化、智能农业、智能交通、楼宇自动化以及环境监测保护等。WSAN与WSN的相同点是，两者都是多跳自组织网络；不同点是，WSN主要由多个无线传感器节点构成，而WSAN不仅包括传感器节点还包括执行器。WSAN中的传感器节点承担与WSN中的节点类似的工作，例如信息收集，而执行器负责对受监控现场发生的事件采取行动，以及处理和存储收集的数据。一般来说，执行器有更多的资源(如存储空间和能量)、更强大的计算能力和比传感器节点更长的通信半径。因此，应该专门为WSAN设计通信协议和方案，而不是直接从WSN中移植。

WSAN中的数据存储与查询问题具有重要的研究价值，其重要性如下：WSAN是以数据为中心的网络，数据的存储方法和信息的发现方法是WSAN中的核心技术，直接决定了WSAN能否满足实际应用的需要。然而，WSAN中的节点能量和存储空间有限且通信半径较短为这一问题的解决带来了两个方面挑战：

(1) 如何存储WSAN中传感器节点不断产生的感知数据，才能降低数据存储的能量开销？

(2) 在执行器节点可以随机移动的情况下，执行器节点如何快速、高效地获取自己感兴趣的感知数据？

下文将首先介绍国内外与WSAN数据存储与查询相关的研究成果，并分析这些成果的优缺点；然后，以吸收优势、摒弃缺点为原则，在一些优势较明显的方法的基础上开展研究，提出更加高效的新的WSAN自适应数据存储与查询方案。

2.2.1 WSN面向WSAN的适用性分析

在研究WSAN中的数据存储与查询方案之前，首先对WSN提出的数据存储与查询方案进行分析，探讨其是否适合应用于WSAN中。WSN中的数据存储主要分以下3种模型：

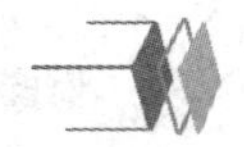

(1) 数据以分布式方式存储在传感器节点之间。

(2) 数据集中存储在静态汇聚节点上。

(3) 数据存储在一些移动元素上，如执行器节点。

对于第一种模型，应该在传感器节点之间启动查询，以搜索和发现所需的信息；在后两种模型中，可以直接在静态汇聚节点或移动元素上发现所需的信息。

尽管这些模型在 WSN 中运行良好，但它们可能不适合 WSAN。首先，所有感测数据存储在传感器节点之间的模型并不适用于 WSAN。与主要由传感器节点组成的 WSN 不同，WSAN 是异构的，它不仅包括传感器节点，还包括执行器。执行器有更多的资源和比传感器节点更长的通信范围。因此，如果所有数据都存储在传感器节点，可能会浪费资源和致动器的性能。此外，数据存储 WSN 中基于该模型的信息发现方案没有考虑传感器节点和执行器之间的协调问题，这种协调问题只存在于 WSAN 中。其次，依赖静态汇聚节点的集中式存储这一模型不适合用于 WSAN。原因是：一方面，基于该模型提出的 WSN 存储方案仍然缺乏传感器节点与执行器之间的协商和协调机制；另一方面，WSAN 中的执行器通常是可移动的，可以对其他区域可能发生的事件作出响应。最后，利用执行器节点或元素的数据收集这一模型也不适合用于 WSN。在 WSAN 中，执行器必须移动到事件发生的位置才能采取一些行动。因为事件可能随时随地发生，执行器移动到的目的地是随机的，致动器移动的频率也是随机的。此外，由于 WSAN 需要快速响应监控区域发生的事件，执行器需要尽可能快地直接移动到目的地，而 WSN 中的节点无法完成上述操作。

由上面的分析中可以看出，不能简单将 WSN 中的数据存储与查询方案直接迁移到 WSAN 中，需要针对 WSAN 研究新的数据存储与查询方案。

2.2.2　关于 WSAN 的现有数据存储与查询方案分析

基于 WSAN 的数据存储与查询是新兴的研究领域，国内外相关研究成果并不是很多。现有的方案主要遵循两种基本模型：查询驱动模型和事件驱动模型。接下来，分别对这两种模型进行了描述，并在此基础上对相关方案进行分析。

1. 基于查询驱动模型的方案

对于查询驱动模型，传感器节点生成的数据在 WSAN 中以分布式的方式存储，并通过网络启动查询搜索用户(传感器节点、执行器或其他网络用户)感兴趣的信息。基于此模型的典型存储方法是以数据为中心的存储，其中分布式存储系统根据数据或事件类型构造。在分布式存储系统中，每个事件类型有一个映射节点，也称为集合节点或主节点。因为单个传感器节点的存储空间有限，映射节点在存储系统中可能有一个或多个副本。当传感器节点生成数据时，数据将发送到映射节点或其副本，并根据数据类型存储。对查询数据感兴趣的消费者需要选择感兴趣的数据类型，采用网络启动查询向映射节点或其副本发送查询请求。

2011 年，Cuevas 等人分析了几种以数据为中心的存储和信息发现方案，发现使用多个集合节点的方案在最大限度地减少网络总流量方面比仅使用单个集合节点的方案要好得多。他们根据分类法主要考虑数据是否聚合、消费流量是否主导生产流量将数据存储与查询的应用程序分为 4 种情况：

① 消费流量主导生产流量，没有数据聚合；

② 生产流量主导消费流量，没有数据聚合；

③ 消费流量主导生产流量，有数据聚合；

④ 生产流量主导消费流量，有数据聚合。

对于每种情况，分别设计一个对应的数据存储与查询方案，具体如图 2-8 所示。具体来说，对于第一种情况，生产者需要将其生成的事件数据向所有的数据存储节点转发，并在每个数据存储节点上保留事件数据的副本。查询者只需要向最靠近自身位置的存储节点上发送查询请求即可；第二种情况与第一种情况相反，生产者只需要将其产生的事件数据在最近的数据存储节点上进行存储即可，而查询者则需要将查询请求向所有数据存储节点发送，并通过遍历所有数据存储节点的方式获取满足查询请求的事件数据；第三种情况与第一种情况类似，不同之处在于，在从一个数据存储节点向另一个数据存储节点转发前，事件数据要与其他事件数据进行聚合；最后一种情况与第二种情况类似，区别在于，在最后一种情况下，查询结果在返回查询用户前，应首先沿着数据汇聚树的路径进行聚合。

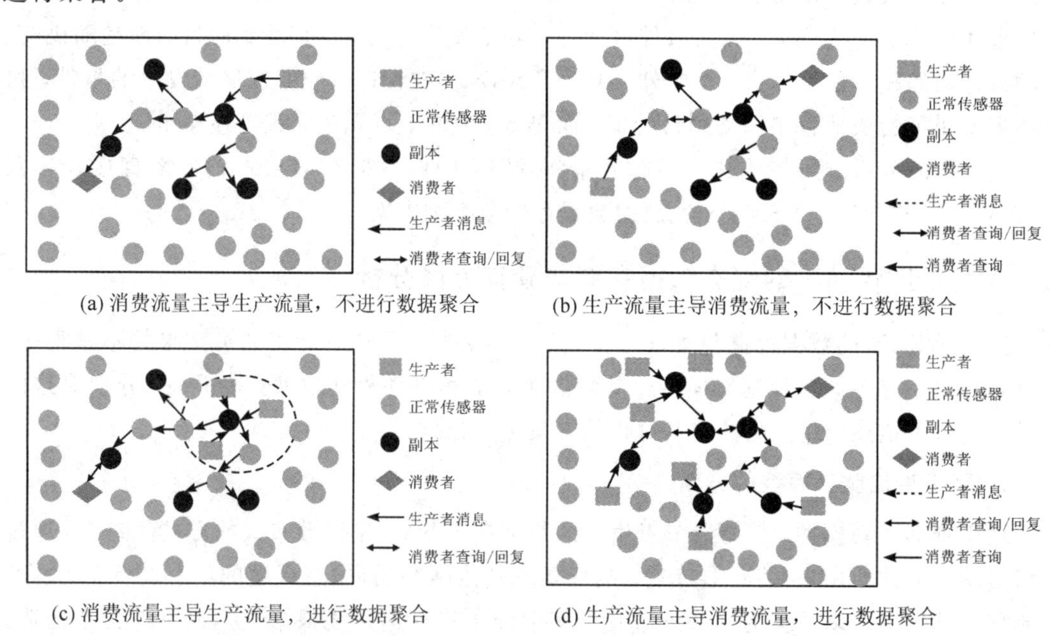

图 2-8　4 种情况的数据存储与查询

尽管 Cuevas 等人在上述方案中考虑了许多场景，以使数据存储与查询方案尽可能完美，他们甚至设计了 4 个分析模型来计算与上述 4 种情形对应的最佳副本数，但在不考虑更新副本的情况下，他们还需要做些其他事情。一般来说，副本的负载比其他正常的传感器节点要重得多。如果副本无法与正常的传感器节点交换角色，它们将更快死亡，网络寿命将大大缩短。此外，如果副本从未被更改过，则存储在副本上的数据将不会持续很长时间，即由于副本的存储容量有限，存储在副本上的数据将在短时间内被覆盖。

2014 年，为了支持长期存储并延长无线传感器的寿命，Cuevas 等人提出了一种新的以

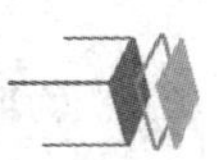

数据为中心的存储框架，其中集合节点根据固定时间段（称为 epoch）定期更新，以便能够通过对以前的集合节点执行时间的查询获得过去的数据信息。该框架的重要贡献在于，它提出了一个模型，能够最大限度地提高数据可用性的最佳副本数量。具体地说，假设 N 个节点中的 r 个传感器节点被选出来作为副本，则 r 的最佳值为 $p(Ai(0,\ t)>S,\ \forall i=1,\ 2,\ \cdots,\ r)$（假设 $N\gg r$）：

$$p(A_i(0,\ t)>S,\ \forall i=1,\ 2,\ \cdots,\ r)=\left(1-\sum_{i=1}^{S}\binom{t}{i}\left(\frac{r}{N}\right)^{i}\left(1-\frac{r}{N}\right)^{t-i}\right)^{r} \tag{2-7}$$

在式(2-7)中，$A_i(0,\ t)$表示第 i 节点在历元 0 之后和历元 t 之前被选择为副本的次数，S 表示副本可以在其存储空间中存储的事件数与传感器节点需要在一个时隙中存储的事件数的比率。

上面提到的方案一般不适用于 WSAN，因为它们与 WSN 中提议的那些方案相似，可以看作 WSN 向 WSAN 的一个直线延伸。这些方案无法有效地利用执行器节点的丰富资源，不考虑执行器节点的移动性。事实上，由于执行器节点的移动性，将执行器节点当作传统的以数据中心的存储方案的数据存储节点进行数据存储和获取是一项有挑战性的工作。此外，这类方案难以实现实时信息发现，因为事件数据不直接送交执行器节点。

2. 基于事件驱动模型的方案

在基于事件驱动模型的方案中，当传感器节点检测到监控字段内发生的事件时，它们将事件直接发送给执行器。这样，执行器就可以在不进行查询的情况下获取事件数据，从而实现实时信息发现。在该模型中，具有挑战性的问题包括：如何确保实时、可靠、安全和轻量级的路由算法，如何改进传感器节点和执行器之间的协调性，以及如何高效地执行执行器的任务等。

2010 年，为了提高从传感器节点到执行器的事件数据传输的可靠性和实时性，Edith Ngai 博士提出了一个面向 WASN 的延迟感知的可靠事件报告框架。这个框架中的整体可靠性指标 R 可以形式化为

$$R=\sum_{\forall e}\left(\frac{\mathrm{Imp}(e)}{\sum_{\forall e}\mathrm{Imp}(e)}\times re\right) \tag{2-8}$$

在式(2-8)中，$\mathrm{Imp}(e)$表示事件 e 的重要程度，re 表示事件 e 的可靠性指标，其中 re 还可以被理解为在给定的延迟范围内，没有经过数据聚合并且传输失败的条件下到达执行器的数据报告的比例。在此框架中，传感器区域被划分为网格。在每个网格中，依次将各个随机传感器节点选为聚合节点，各个节点将来自其他所有传感器节点的事件数据聚合到自己的网格，然后将它们发送到下一个网格中的下一个聚合节点以获得进一步地聚合。最后，聚合结果将由一个从聚合节点中选择的报告程序发送到执行器。该数据聚合和传输过程如图 2-9 所示。

上述框架的核心模型是从事件产生地点到执行器的路由和传输协议。为了使尽可能多的报告在延迟范围内到达执行器，并且使具有较高重要性级别的报告到达执行器的延迟更少，该协议在每个传感器节点中使用优先级队列模型。换句话说，每个传感器节点在其高速缓存中都有多个数据传输队列，每个队列对应于一个重要性级别。具有较高重要性级别

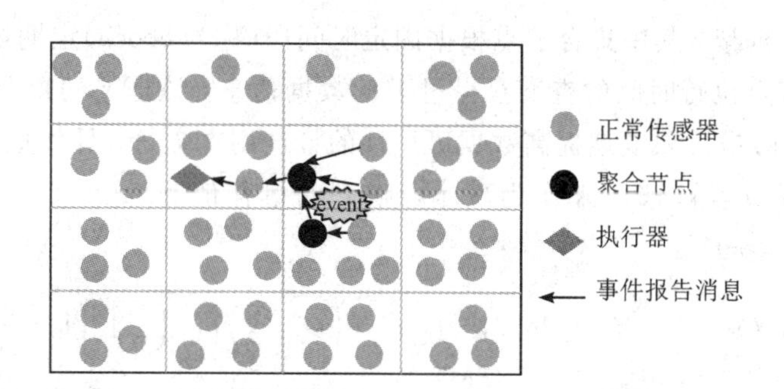

图 2-9　数据聚合和传输(图中“event”表示发生的事件)

的数据包将被放置在相应的较高级别队列中，排在有较低重要性级别的数据包之前传输。此外，优先级队列模型还用于进行路由选择，具体如图 2-10 所示。当节点 S_i 接收到事件报告 e_i 时，由于 j_3 中重要性级别最高的队列为空，所以将事件报告发送给节点 j_3，使得 j_3 可以以更短的延迟进行传输。

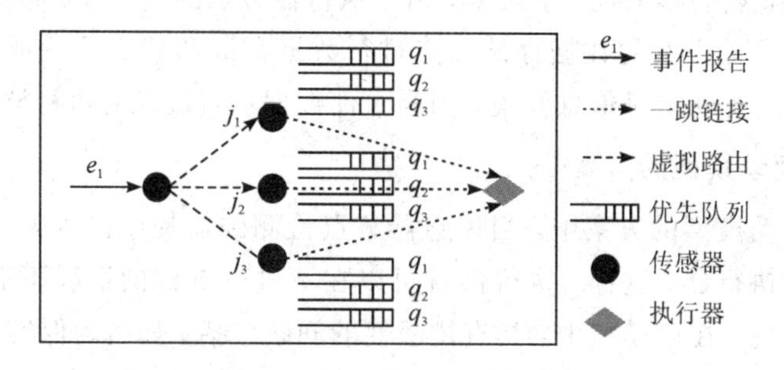

图 2-10　利用优先队列模型进行路由选择(优先权：$q_1 > q_2 > q_3$)

据调研，上述框架是第一个从数据重要性角度研究 WSAN 的方案。但是，该方案只适用于执行器是静态的情况。在执行器可以随机移动的情况下，该方案不包括如何搜索离传感器节点最近的执行器的方法。事实上，由于传感器节点的占空比和执行器节点的移动性，如何在较低延迟的条件下有效地实现将传感器节点的数据转发给移动执行器节点是一个具有挑战性的问题。

2011 年，Xu 等人提出了一种位置搜索策略，即膨胀策略，以找出移动执行器的最新位置。在该策略中，网络区域被划分为网格，并且所有网格被划分为 3 类：清除网格、污染网格和清理网格。通过使清理网格形成以时间源为中心的封闭气球，将所有清除的网格打包，这称为气球化。气球化达到了这样的目的：任何受污染的网格不与任何清除的网格相邻，因为这两种网格会被气球内的清除网格分隔开。随着封闭的气球变得越来越大，一旦它将清理网格覆盖，就会发现最新的执行器。膨胀策略如图 2-11 所示。

虽然使用膨胀策略可以保证在一定的延迟范围内发现执行器，但是由于气球在多个方向的膨胀，在提高能源效率方面仍然有很大的空间。最坏的情况是在网络区域的边界发现执行器，因此在膨胀期间，发现执行器的消息几乎要广播到网络中的每个节点。此外，在膨胀过程中，当一个方向上发现了最新的执行机构时，需要使气球停止在其他方向上的膨胀，这是一个目前需要解决的问题。

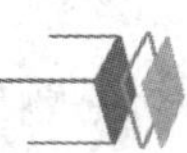

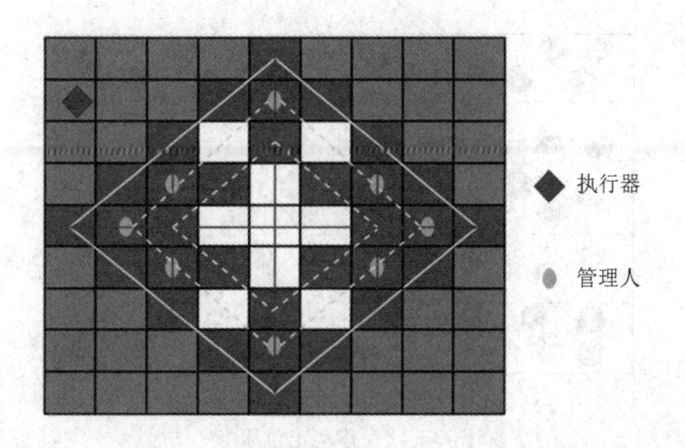

图 2-11　膨胀策略(管理人是接收搜索的传感器节点源生成的消息；白色网格代表清除的网格；深色网格表示受污染的网格；浅蓝色网格代表清理网格)

2012 年，xu 等人提出了另一种位置搜索协议，即 MLS(移动定位服务)。在 MLS 中，网络区域被划分为网格，唯一的执行器在随机航路点模型中运动，没有暂停时间(在随机航路点模型中，执行器重复执行以下两个步骤：随机选择一个目标；沿直线匀速向目标移动)。

每次执行器到达一个目的地(x_0，y_0)时，发送更新包，其中包括：

(1) 当前时间戳 t_0。

(2) 当前位置(x_0，y_0)。

(3) 目的地(x_1，y_1)。

(4) 移动时间 τ：移动到任一节点的时间称为移动时间，在移动时间 τ 内的执行器充当位置服务器。移动时间 τ 可以计算如下。

$$\tau=\frac{\sqrt{(x_1-x_0)^2+(y_1-y_0)^2}}{\nu} \tag{2-9}$$

当传感器节点(源)检测到事件时，它会向西和向东转发事件报告。由于行和列的交叉，其中一个位置服务器必须最终接收事件报告。然后，接收事件报告的位置服务器根据式(2-10)估计执行器的当前位置(x_0，y_0)，(其中 t 是接收事件报告的位置服务器开始估计执行器位置时的时间戳)。最后使用地理路由协议将事件报告转发给执行器。该过程如图 2-12 所示。

$$\begin{cases} x'=x_0+\dfrac{t-t_0}{\tau}\times(x_1-x_0) \\ y'=y_0+\dfrac{t-t_0}{\tau}\times(y_1-y_0) \end{cases} \tag{2-10}$$

虽然仿真结果表明 MLS 在能源效率和可扩展性方面的性能优于 WSAN 中关于定位服务的一些现有方案，但它无法掩盖 MLS 的明显缺点，即它需要完美的时间同步，这很难在 WSAN 中实现。

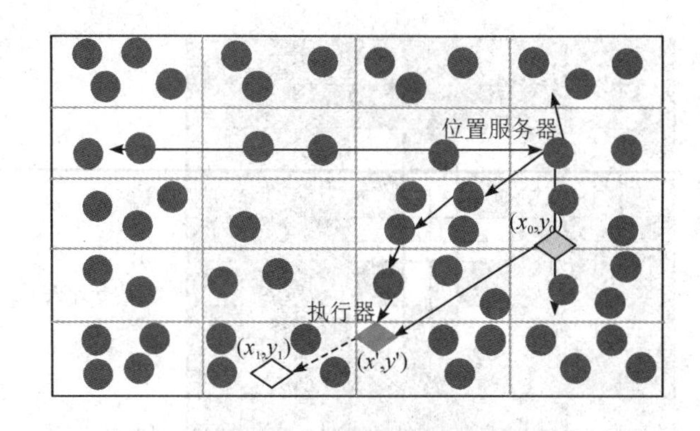

图 2-12 移动定位服务

在数据存储与查询过程中，对于包括接收器的一些 WSAN，由传感器节点检测到致动器或接收器。实际上，为了实现 QoS(服务质量)路由，还应考虑另一个度量：传输率。2013 年，Mustafa 等人提出了一种基于动态兴趣的轻量级路由协议，名为 LRP-QS(支持 QoS 的轻量级路由协议)。在 LRP-QS 中，传感器节点可以评估与兴趣对应的事件报告的重要性，这些事件报告实际上是一种事件数据，并根据事件数据的重要性等级选择合适的数据传输策略将其传播到执行器和其他传感器节点。具体而言，在给定时间段内，具有较高价值波动的事件数据比具有较低价值波动的事件数据具有更高的重要性等级，而具有更高重要性等级的事件数据将被分配更多的资源，以确保其交付质量。有仿真结果表明，与现有的协议相比，LRP-QS 可以实现更高的数据包传输率和更低的内存消耗。这在某种程度上表明，根据数据的重要性排序来区分数据会直接影响路由协议的 QoS 性能，从而影响数据存储的性能和 WSAN 在时间和能效方面的信息发现。

2016 年，为了使传感数据能够可靠而有效地到达执行器，Shen 等人提出了一个基于 Kautz 图(考特斯图)的实时、容错和节能的 WSAN 系统的 REFER[3]。REFER 将 WSAN 字段划分为单元格，并将 Kautz 图嵌入到每个单元格中的 WSAN 的物理拓扑中。然后，它使用分布式哈希表(DHT)连接每个单元中的 Kautz 图，以获得较高的可伸缩性。在该系统中，通信可以分为两类：单元内通信和单元间通信。检测事件的传感器节点首先使用单元间通信将事件报告发送到其所在单元中的执行器之一，然后由执行器使用单元内通信发送事件报告。在理论上研究了 Kautz 图中的路由路径之后，在文献[3]中基于 Kautz 图也提出了一个有效的容错路由协议，如图 2-13 所示。图 2-13 中，源节点 210 想要发送事件报告到节点 201，它沿路线 210→102→020→201 发送报告，其中“→”表示 a 单向链接。在节点 020 断开的情况下，节点 102 可以独立地找出替代路线，即 102→021→212→120→201，将报告发送到目的地，但不要求源节点重新传输报告。该方案对应的仿真结果表明，REFER 在能效、容错、实时通信和可扩展性方面可以胜过许多现有的其他 WSAN 系统。然而，每个单元中的单元划分和基于 Kautz 图的拓扑的维持都取决于执行器的位置。如果执行器随机且频繁地移动，则维持基于 Kautz 图的拓扑将花费很多能量。因此，REFER 更适合用于执行器是静态的情况。

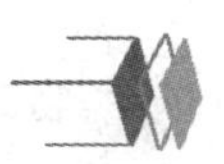

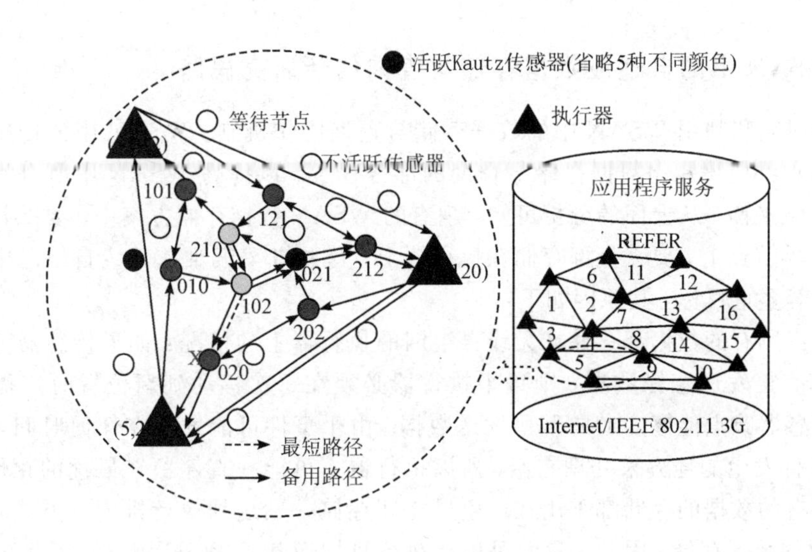

图 2-13　REFER 系统架构

2.2.3　关于 WSAN 的现有数据存储与查询方案的综合比较分析

从上面的描述和分析可以看出，现有的基于查询驱动的数据存储与查询方案主要在传感器节点之间以分布式方式存储数据，难以实现实时信息的发现；对于基于事件驱动的现有方案，尽管直接将数据发送到执行器进行存储可以实现实时信息发现，但如果执行器移动较频繁，则通过网络更新执行器最新位置方面的能耗将会很大。此外，如果传感器节点存储的数据量很大，将其全部发送到执行器将会带来很大的网络开销(因为执行器节点为执行任务而可能无法始终处于最佳的存储位置上)。

为了清楚地说明上述 WSAN 数据存储与查询方案在不同指标上的性能，在表 2-3 中具体进行了各方案的差异比较。

表 2-3　不同 WSAN 数据存储与查询方案的性能差异

方案名称	能源效率	实时处理	负载均衡性	容错性	执行器可支持性
以数据为中心的存储 WSAN	高	×	差	差	√
长期存储 WSAN	高	×	好	好	√
延迟感知 WSAN	高	√	好	好	×
Ballooning	低	√	好	好	√
MLS	低	√	好	好	√
LRP-QS	高	√	好	好	×
REFER	高	√	好	好	×

2.2.4 WSAN中的自适应数据存储与查询的新研究思路

首先，研究和利用WSAN中的数据存储与查询协作机制。WSAN中的传感器节点和执行器(节点)都应该承担数据存储与查询的部分任务，以提高WSAN中所有类型节点的利用率和负载平衡。从上面的分析可知，现有的WSAN数据存储方案中，要么将所有数据存储在传感器节点上，要么全部存储在执行器上。这些方案很难在无线自组网中实现高能效、低延时等多重目标，其原因如下：

(1) 考虑所有的数据都存储在无线自组网的执行器上的情况：如果传感器节点在数据生成后立即直接发送感知数据，则每个执行器必须在每次移动到新位置时广播其最新位置，以便传感器节点能够知道向哪里发送数据。由于事件可能发生在任何时间，执行器必须移动到事件发生的地方来处理它们，所以执行器不可能一直停留在最优的存储位置。因此，如果所有的数据的存储都采用在产生后立即存储并发送到执行机构的方式，那么就很难实现高效的数据存储。因此，我们可以让执行机构像基于WSN中移动元素(如执行器)的数据收集方案一样收集数据。这样做是节能的，但它的实时性能将受到损害，因为执行机构需要花费大量时间来移动和收集所有传感器节点的数据，特别是当网络字段很大时。

(2) 考虑所有数据都以分布式方式存储在传感器节点上的情况：执行器必须启动查询，以搜索它们感兴趣的数据。一方面，如果执行器的查询频率较低，就不可能实现实时的信息发现。另一方面，如果执行器的查询频率很高，能量效率就会很低，特别是在查询不经常发生的情况下。考虑到WSAN的异构性，为了使传感器节点和执行器在数据存储与查询上有效地协作，一个层次化的WSAN模型会更适合用于WSAN。换句话说，传感器节点在一个层次上，而执行器在另一个层次上。

其次，执行器的任务分配中，应以提高WSAN中数据存储与查询方案的负载平衡性能为主要原则。当在一个WSAN中检测到事件时，现有的任务分配方案要求执行器(距离事件发生的地点最近)移动到该位置并处理该事件。此外，从负载平衡的角度来看，随机选择执行器来处理事件可能也是一个更好的选择。这样，可以根据传感器节点的数据生成率自适应地调整执行机构的分布。最终的调整结果应该是，事件发生较多的地区将吸引更多的执行者。因此，在数据生成率较高的地区，让更多具有更高存储容量的节点共享存储负载也是一个解决思路。此外，对于需要将数据存储在执行机构上的传感器节点，它们会沿着不同的路径将数据随机发送到不同的执行机构，随机选择执行机构来存储数据也会提高传感器节点自身的负载平衡。

最后，为了实现上述数据存储与查询的高能效、低延时等多重目标，还需要对WSAN中生成的数据进行研究。通过观察，发现在WSAN中生成的数据在重要性方面是不同的。例如，异常值比正常数据更重要，因为发现异常值的这一紧急情况意味着异常事件的发生；而出现概率小的数据比出现概率大的数据更重要，因为前者包含了更多的信息；满足用户利益的数据比不满足用户利益的数据更重要，因为用户只关心他们感兴趣的数据。此外，还发现，具有不同重要性级别(或优先级)的数据对于WSAN具有不同的特性和要求。例如，具有较高级别重要性的数据通常是以较低的速率生成的，而且这些数据的总量相对较小。它们对无线局域网中的数据存储与查询方案的实时性提出了更高的要求。对于较低重要性级别的数据，它们的生成率相对较高，它们需要在能源效率和负载平衡方面表现得更好的数据存储与查询方案。对于不重要甚至无效的数据，传感器节点甚至可以丢弃它们以节省资源。因此，在分层数据存储模型的基础上，针对不同重要性级别的数据，提出的这个数据存储与查询方案也许可以较好地实现上述多目标。

2.3　TWSN 和 TMWSN 中的分布式数据存储与查询在安全性上的研究进展

在 TWSN 和 TMWSN 中，数据的存储方式是固定的，即分散存储在其网络上层的多个数据存储节点中；数据的查询方式也是确定的，即直接向上层的数据存储节点发送查询请求。因此，关于 TWSN 和 TMWSN 的分布式数据存储与查询问题，目前研究人员的关注重点不是存储在哪里或者在哪里进行数据查询，而是如何确保数据存储与查询的安全性。

在 TWSN 和 TMWSN 中，人们关注最多的查询类型为 Top-k 查询。Top-k 查询是物联网中的一类重要查询，这类查询的目标是从一个大的数据集合中挑选出数值或者数据对应的分值(将数据输入某一公共打分函数而得到的输出结果)最大的前 k 个数据。TWSN 和 TMWSN 中的安全 Top-k 查询协议主要解决的问题是，在数据存储节点妥协的情况下，如何保护 Top-k 查询的数据隐私性，以及如何验证 Top-k 查询结果的真实性和完整性。下文将对已有的一些研究成果进行介绍和分析。

Zhang rui 等人在文献[4]中首次提出了双层传感器网络中的安全 Top-k 查询问题，并提出了 3 种能够验证 Top-k 数据查询结果完整性的方案。第一种方案通过为每个感知数据添加一个 MAC(消息验证码)实现 Top-k 查询结果的完整性验证。对于任意一个数据项 D_i，假设其大小相邻的两个数据项分别为 D_{i-1} 和 D_{i+1}，则传感器节点为数据项 D_i 生成的 MAC 表示为 $h_{ki}(D_{i-1}||D_i||D_{i+1})$，其中，$ki$ 表示传感器节点与 Sink 之间的对称密钥，$h_{ki}(*)$为先哈希再加密的操作函数。虽然这种方法能够实现数据的完整性验证，但是，无论传感器节点是否包含满足 Top-k 查询的数据，数据存储节点都需要向 Sink 节点返回该传感器节点的验证信息，当 k 较小时，即相对于符合查询要求的数据量而言，这种方案所需要的验证信息量太大；第二种方案则是将每个节点产生的最大感知数据所对应的分值(或得分)(Score)以及节点的 ID 嵌入其他节点的验证信息中，数据存储节点仅需要向 Sink 节点返回满足 Top-k 查询要求的数据的验证信息即可实现 Top-k 查询结果的完整性验证。但这种方案需要传感器节点在其所属单元内广播节点 ID 与节点最大感知数据分值信息，增大了传感器节点的通信开销；第三种方案是前两种方案的结合，其主要思想是，将每个单元划分为多个子区域，在每个子区域内运用第二种方案的思想生成验证信息，这样就避免了节点 ID 以及数据分值在整个单元内的广播。如果某个子区域未产生符合查询要求的感知数据，数据存储节点仅需要向 Sink 节点传送部分节点的少量验证信息(可以代表全部子区域)即可实现数据的完整性验证，而不需要向 Sink 节点传输各个被查询节点的验证信息。

文献[4]中提出的三种方案存在一个共同的缺陷，即传感器节点需要为每个数据项生成一个 MAC 作为验证信息，所需要的验证信息量较大。例如，假设一个感知数据需要的存储空间为 6B，那么这个数据的 MAC 需要的存储空间则为 16～20 B，远大于数据本身需要的存储空间。另外，上述三种方案均未考虑数据的隐私性保护问题，而事实上，许多应用都需要考虑数据的隐私性保护。

为了保护双层传感器网络中 Top-k 查询的数据隐私性，Yao Yonglei 等人将数据库加密方案应用到双层无线传感器网络中，提出了一种基于双层传感器网络的方案，即 OPES 方案。OPES 方案的特点是，对于任意两个数值，其加密前后保持大小顺序不变。例如，假设数值 x 和 y 经 OPES 加密后对应的密文为数值 $E_{\mathrm{OPES}}(x)$和 $E_{\mathrm{OPES}}(y)$，并且在加密前有 $x \geqslant y$ 成立，那么在加密后有 $E_{\mathrm{OPES}}(x) \geqslant E_{\mathrm{OPES}}(y)$ 成立。然而，OPES 方案仅对一维数据进行加密时有效，因此，该方案不能为多维 Top-k 查询提供隐私性保护。

为了同时实现双层传感器网络中 Top-k 查询的数据完整性保护和 Top-k 查询的数据隐私性保护，有学者提出了一种可验证隐私保护的 Top-k 查询处理协议——SafeTQ。SafeTQ 要求每个单元内需要部署两个高资源节点（类似于本章所述的数据存储节点），其中一个称为单元头节点，而另外一个称为辅助计算节点。SafeTQ 利用随机数干扰的方法来实现数据的隐私性保护，其基本思想是：首先，每个传感器节点首先产生一个随机数，并将该随机数和传感器节点自身产生的感知数据集中的每个数据分别进行求和运算，得到新的数据集；然后，每个传感器节点将得到的新的数据集发送到其所在单元内的单元头节点，并将随机数本身发送给其所在单元内的辅助计算节点；接着，辅助计算节点和单元头节点利用安全比较和二分查找算法计算门限值 $V_{k\text{-th}}$（在被查询区域内，对所有传感器节点在被查询时隙内产生的所有数据进行由大到小排序，排在第 k 位的感知数据为 $V_{k\text{-th}}$），并将 $V_{k\text{-th}}$ 在本单元内广播；最后，收到 $V_{k\text{-th}}$ 的传感器节点从被查询时隙自身产生的数据中选出大于或者等于 $V_{k\text{-th}}$ 的数据形成一个查询响应数据集，并利用自身与 Sink 节点的对称密钥，对查询响应数据集进行加密，然后经单元头节点发送给 Sink 节点。为了实现 Top-k 查询结果的完整性保护，SafeTQ 还建立了两种数据完整性验证模式，这两种验证模式分别采用大小相邻的数据形成的加密链的方法和空间相邻的节点以一定概率发送验证消息的方法实现 Top-k 查询结果的数据完整性验证。

SafeTQ 虽具有一定的安全性，但其需要在每个单元内增加高资源节点，这不仅使网络拓扑结构更复杂，还增大了网络成本，同时还带来了安全隐患：如果攻击者同时捕获了单元头节点和辅助计算节点，则其所属单元内的所有数据的隐私性都将受到破坏。

此外，还有学者提出了一种基于扰动多项式函数和水印链的安全 Top-k 查询处理方案 SecTQ。在 SecTQ 中，Sink 节点首先根据被查询单元内传感器节点产生的感知数据的个数以及 k 值计算出一个值 V_k。V_k 被视为一个过滤器，所有比 V_k 小的数据都是满足 Top-k 查询的数据。为了保护 Top-k 查询的数据隐私性，SecTQ 利用传感器节点与 Sink 节点之间的对称密钥对感知数据进行加密；为了使数据存储节点能够在加密数据上顺利进行 Top-k 查询处理，SecTQ 利用扰动函数对感知数据以及 Sink 节点在查询请求中提供的比较值 V_k 进行编码处理；为了给 Top-k 查询提供数据完整性保护，SecTQ 建立了一种称之为水印链的新数据完整性验证方法，该方法具有存储开销和通信开销低的特点。虽然 SecTQ 既提供了 Top-k 查询的数据隐私性保护方案又提供了数据的完整性验证方案，但是，SecTQ 仅仅适用于连续 Top-k 查询，不适用于快照式 Top-k 查询，而本书主要关注快照式 Top-k 查询。

为了保护双层传感器网络中 Top-k 查询的数据隐私性，研究人员提出了一种基于前缀编码的 Top-k 查询处理方法，即 PPTQ。为了保护感知数据的隐私性，PPTQ 利用传感器节点与 Sink 节点之间的对称密钥进行加密；为了保证数据存储节点在感知数据被传感器节

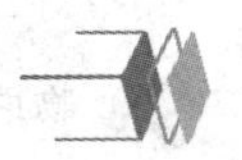

点加密的情况下顺利进行 Top-k 查询处理，PPTQ 采用了一种前缀编码机制。对于任意两个数值 x 和 y，假设数值 x 对应的前缀编码集为 $F(x)$，区间 $[y, d_{max}]$（d_{max} 为感知数据的上限）的前缀编码集为 $SET([y, d_{max}])$，利用前缀，x 和 y 的大小关系的判断方法为

（1）如果 $F(x) \cap SET([y, d_{max}]) = \varnothing$，则 $x < y$；

（2）如果 $F(x) \cap SET([y, d_{max}]) \neq \varnothing$，则 $x \geqslant y$。

利用前缀编码机制，虽然可以对数据值的大小进行判断，但是攻击者容易根据感知数据或者感知数据区间的前缀编码集反推出感知数据本身和感知数据区间的上下界。为了解决这一问题，PPTQ 利用单项哈希函数在传感器节点上对感知数据以及感知数据区间对应的前缀编码集进行哈希操作。对于任意传感器节点 S_i，假设 S_i 在被查询时间段内产生的最大感知数据为 d_{i_max}，为了节约传感器节点的能量，PPTQ 仅对 d_{i_max} 以及区间 $[d_{i\_max}, d_{max}]$ 求解前缀编码集，并对所求得的前缀编码集进行哈希操作。PPTQ 的优点是能较好保护数据的隐私性，能量效率较高；缺点是数据存储节点向 Sink 节点返回的查询结果中包含冗余的感知数据，需要在 Sink 节点进一步处理后才能得到最终的 Top-k 查询结果。另外，PPTQ 仅考虑了 Top-k 查询的数据隐私性问题，未提供数据的完整性保护机制。

本章小结

WSAN 与 WSN 在名称上很相似，其架构上的主要差别仅仅在于 WSAN 比 WSN 多部署了一些执行器节点。但正是这些执行器节点的存在才使得 WSAN 不仅能感知环境还能影响环境，从而能够应用于更多物联网场景。然而，由于执行器的存在，在 WSAN 中建立高效的自适应数据存储与查询处理方案也面临了新的挑战。本章对 WSAN 中的这些新挑战进行了探讨，分析了适用于 WSAN 的分布式数据存储与查询方案不适用于 WSAN 的原因，综述了当前已有的 WSAN 分布式数据存储与查询方案，并给出了有关 WSAN 分布式数据存储与查询处理的新研究思路。感兴趣的读者可以沿着本章给出的新研究思路开展相关研究，预期能够获得不错的研究结果。本章中的部分内容出自本书作者的相关研究成果，具体可参考文献[5]和文献[6]。

第3章 WSN中基于虚拟环的分布式数据存储与查询技术

3.1 技术背景

基于虚拟环的分布式数据存储与查询技术主要适用于物联网中的WSN。当前，WSN的应用越来越广泛。相比传统网络而言，WSN有其固有特点，比如节点数据处理能力低、存储容量小、电池不能更换等，因此，许多传统网络的算法和协议都不能应用到WSN中。在WSN的诸多应用中，存在这样一种应用场景，即传感器网络仅仅由许多传感器节点构成，而不存在Sink节点(基站)。比如在环境比较恶劣的地方无法安置基站，或者在军事应用中，为防止敌方通过控制基站控制整个传感器网络，取消安置基站，士兵通过手持设备选择最近的传感器节点作为和传感器网络的接口来访问网络。在这种应用场景中，每个传感器节点都有双重任务，一方面，传感器节点要感知数据并把感知数据发送到指定地点进行存储；另一方面，传感器节点要作为用户查询的接口，每个传感器节点都可以发出查询请求，并把查询请求发送到数据存储节点，从而为用户获得查询结果。在这种情况下，感知数据在网络内存储，如何确定数据的存储方式以及对应的数据查询方式，以减少数据更新和数据查询的总能耗，尽可能地延长网络的生命期是本章主要解决的问题。本章主要考虑的数据查询类型是基于事件类型的查询和区域查询。基于事件类型的查询关心的是某个类型的事件是否发生，如果发生，则发生的时间、地点是什么，发生次数是多少等信息；区域查询关心的是某个区域都发生了哪些事情。另外，本章讨论的另外一个问题是数据收集，即用户收集WSN内所有传感器节点产生的所有数据。

正如本书第1章中所述，WSN的数据存储技术主要有3种：本地存储、外部存储和以数据为中心的存储。其中，本地存储是指节点将自身感知到的数据存储在节点本身上；外部存储指的是将传感器网络中的所有数据集中存储在某一外部设备上；以数据为中心的存储指将数据命名，属于同一名称的数据存储在同一节点上。如果采用本地存储的方式存储数据，数据更新消耗的能量几乎为零，但每一次数据查询都需要在全网广播查询请求；如

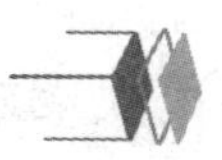

果采用外部存储，则数据查询消耗的能量几乎为零，但网络中所有数据都需要向基站发送，数据更新消耗的能量则很大。以数据为中心的存储方式则采用一种折中的方式，选择网络中的某个或者某些节点来存储数据和响应查询请求。以数据为中心(DCS)的数据存储的基本思想可描述为，如果将数据产生节点称为生产者，将发起查询的节点称为消费者，那么以数据为中心的数据存储方式就是选择合适的节点作为数据存储节点，使得生产者产生的数据和消费者产生的查询请求都能够到达数据存储节点进行存储或者查询，并且使得数据更新和数据查询所消耗的能量尽可能小。以数据为中心的存储与查询机制分为结构化数据存储与查询机制和非结构化的数据存储与查询机制[4]。

关于结构化数据存储与查询问题，目前常用的技术主要包括：基于地理哈希表的数据存储与查询、基于数据产生速率和查询频率变化的自适应数据存储与查询、基于索引层次结构的数据存储与查询、基于“维度”的层次体系数据存储与查询、基于区域共享的数据存储与查询技术等。利用地理哈希表可以将某一事件类型映射到网络中的某个位置，属于该事件类型的数据被发送到距离该位置最近的节点进行存储。在进行数据查询时，也同样利用地理哈希表找到待查询事件类型的映射位置，然后将查询请求发送到距离查询位置最近的节点进行查询。这种数据存储方式存在几个缺陷：第一，会带来热点问题。网络中所有属于同一事件类型的数据都向同一节点发送，同一事件类型的查询请求也发送到该事件类型对应的数据存储节点进行处理。当某一事件类型的数据过多，或者针对某一事件类型的查询过多时，负责存储该事件类型数据的节点负载过重，造成网络能量消耗的不均衡；第二，这种数据存储方式不能高效支持复合事件类型的查询。一个查询包含多种事件类型的复合查询请求需要向多个数据存储节点发送才能够获得最终查询结果，如果这些事件类型对应的数据存储节点之间分布较分散(即距离较远)，则数据查询消耗的能量较多；第三，数据存储节点的选择带有一定的随机性，缺乏最优化选择；第四，由单一节点存储同一类型的事件数据，一旦该节点死亡，则所有该事件类型的数据都会丢失，因而健壮性不好。基于数据产生速率以及查询频率的自适应数据存储与查询是一种可依据事件数据的产生速率以及查询请求的发生频率动态调整数据存储位置的自适应数据存取策略。该策略虽然可通过动态调整数据存储位置来均衡节点的负载，不过，该策略也存在一些问题。其一，该策略仅仅用一个传感器节点来存储全网产生的事件数据，当网络事件数据产生的流量较大时，数据存储节点的存储空间不能满足存储所有数据的要求；其二，基站需要定期收集网络信息，重新计算最优数据存放位置，并把最优数据存放位置信息向全网广播；其三，在网络中各个节点的数据产生速率以及查询请求的发生频率变化不大的情况下，最优数据存放位置变化也不大，这会造成最优数据存放位置周围节点负载过重，影响网络的生命周期。通过数据存储节点向邻居节点转移负载的方式可以解决 DCS 中存在的热点问题，然而，这种方法只是缓解了 DCS 的热点问题，并不能根本解决 DCS 的热点问题，并且这种数据存储机制不能解决 DCS 中存在的其他诸多问题。利用小波自带编码、小波变换以及地理哈希表可设计出一种称为维度(Dimensions)的支持时空查询以及多分辨率查询的层次体系存储结构，基于这种结构可设计数据在节点内长期存储的存储方法，这种存储结构也被称为基于维度的层次体系存储结构。文献[7]提出了一种称为 DIFS 的能够支持范围查询的索引层次存储结构，在这种索引层次存储结构中，索引节点所处的层次越高，其覆盖区域范围越广，但其上所存储数据范围越小，这样可以在有效支持范围查询的同时平衡索引节点的负载。文献[8]给出了一种称为DIM的可支持多维范围查询的分布式多维索引存储结构，该存储结构先将整个网络区域按照某种规则划分成许多矩形区域，然后使传感器节点和这些矩形区域进行关联，建立所有权关系(传感器节点所拥有的矩形区域是唯一包含该传感器节点最大的矩形区域)，节点利用自身保留的地理哈希表以及GPSR路由协议将事件数据传输到要映射的矩形区域，由拥有该矩形区域的节点负责存储该事件数据和响应对应的查询请求。这种数据存储结构存在的问题是，当节点分布不均匀时，部分节点拥有的区域较大，负载也会较大，节点能量消耗的均衡性差。针对这一问题，文献[9]提出了一种称为区域共享(Zone Sharing)的分布式数据存储结构，该存储结构将负载较大的节点所拥有的矩形区域分解，并将分解后的部分区域转交给邻居节点中负载较小的节点，从而均衡了节点的能量消耗。文献[10]也是通过建立事件类型到小矩形区域的映射来完成数据存储和处理查询请求的，与文献[9]不同的是，文献[10]解决节点能量消耗不均衡的方法是重新构造事件类型与矩形区域之间的映射关系来调整节点的负载均衡性的。也有学者提出了一种基于环的多分辨率数据存储机制，这种存储机制的最大问题是每一个事件数据都需要在多个环中围绕网络中心路由一周，数据更新消耗的能量太大。

以上文献中提出的数据存储机制都是结构化的，结构化的数据存储与查询机制的优点是数据存储与查询的路径确定，易于优化；缺点是容易造成节点能量消耗不均衡。结构化的数据存储与查询机制的代表是GHT。另外一种数据存储方式是非结构化的，非结构化的数据存储机制采用PULL和PUSH[11]的方式或者二者结合的方式进行数据存取。所谓PULL，是指节点产生的感知数据在本地存储，通过在网络中广播查询请求来获得查询结果；所谓PUSH是指当节点有感知数据产生时将其向全网广播，查询者在本地就可以获得查询结果。文献[11]较详细地分析了基于PULL和基于PUSH的数据存取机制，并提出了一种拉和推结合的数据存取模型。PULL与PUSH结合的方式的思想是感知数据沿着某条轨迹传输和存储，而查询请求沿着另外一条轨迹路由，只要两条轨迹相交，查询请求就可以获得感知数据。文献[12]提出了一种称为双轨迹相交(Double Ruling)的数据存取模型，Double Ruling利用球面上任意两个大圆必然相交这一特点，将球面上的点映射到平面上，节点的感知数据沿着球面中的一个大圆在平面上的映射轨迹存储，而查询沿着球面上另外一个大圆在平面上的映射轨迹路由，则查询请求必然能找到感知数据。非结构化的数据存储与查询机制优点是节点能量消耗比较均衡，基本不会造成热点(Hot Spot)问题，缺点是数据的传输轨迹带有一定的随机性，不易优化。非结构化的数据存储与查询机制的代表是Double Ruling。

本章阐述了两种基于最优环的分布式数据存储和查询方案，所介绍的两种数据存储与查询方案都是以数据为中心的。与传统的以数据为中心的存储方式不同的是，这两种方案采用了结构化的数据存储与查询机制的形式，结合了非结构化数据存储与查询机制的思想，充分利用了结构化数据存储与查询机制和非结构化的数据存储与查询机制各自的优点，弥补了二者的不足。这两种方案存在的主要差异是最优环的确定方法，一种方法是利用集中式算法确定最优环，这种方法需要基站的协助；另一种方法采用完全分布式的算法确定最优环，这种方法不需要借助基站。基于最优环的分布式数据存储方法的思想来源于双轨迹相交的思想，双轨迹相交的思想是让事件数据沿着某一条轨迹进行传输，沿途所经过的全部或者部分节点存储事件数据，而查询沿着另外一条轨迹传输，只要这两条轨迹能够相交，查询就能够找到事件数据。在保证查询轨迹与事件数据传输轨迹相交的前提下缩短轨迹长度是双轨迹相交思想的关键。基于最优数据存储环的分布式数据存储方法将传感器网络划分成 k 个宽度一致的环形区域，选择其中的一个环形区域作为数据存储环，其他区域内的节点沿向心或者离心方向传输数据就必然会和数据存储环相交，这样可大大减少数据存储过程中数据的传输轨迹长度，减少数据传输的能量消耗。下面两节将对这两种方案进行详细介绍。

3.2　基站协作下的最优环分布式数据存储方案VRS

VRS[13]是一种基于最优环虚拟的分布式数据存储方案，其基本思想是：将整个传感器网络域划分为多个最优环，每个最优环的宽度为 R，这也是传感器节点的通信半径；选择其中一个最优环来负责数据的存储和查询，所选定的最优虚拟环也被称为数据存储环；查询和存储都基于数据存储环进行，也就是说，所有事件数据都将发送到数据存储环进行存储，所有的查询请求也都发送到数据存储环来进行数据查询。下文首先介绍VRS依赖的网络模型和假设，然后介绍VRS中的最优环的确定方法，接着介绍建立在最优环基础上的数据存储与查询方法，最后给出VRS的性能测试结果。

3.2.1　VRS网络模型与假设

顾名思义，基站协作下的最优环分布式数据存储与查询系统离不开基站。假设 N 个传感器节点和一个基站随机部署在一个近似圆形的区域中。所有传感器节点具有相同的通信半径 R，整个传感器网络形成一个连通的无向图 $G=\{V, E\}$，其中 V 是节点集，E 是边集。V 和 E 可以描述如下：

$$V=\{v_0, v_1, \cdots, v_N\}\ (|V|=N+1) \tag{3-1}$$

其中，v_0 表示基站，$v_1, \cdots, v_N$ 表示 N 个传感器节点。

$$E=\{(v_i, v_j)\}\ (\mathrm{DIS}(v_i, v_j)<R) \tag{3-2}$$

其中，$\mathrm{DIS}(v_i, v_j)$表示 v_i、v_j 之间的距离。

其他研究方案在计算数据存储节点的最佳位置时，节点要么只是数据消费者，要么只是数据生产者。在VRS的网络模型中，传感器节点不仅可以扮演数据生产者的角色，还可以在不同的时间点扮演数据消费者的角色。VRS方案还依赖以下假设：

(1) 节点部署后不会移动。假设每个节点都知道自己的位置，并且各个传感器节点也知道传感器网络场(部署区域或区域)的中心位置。这一个假设相对比较合理，因为区域的中心位置可以在部署之前被加载到传感器节点，或者在部署之后由基站广播到传感器节点。

(2) 假设传感器节点的部署密度足以保证网络的连通性。

(3) 假设基站能量无限，计算能力较强。

(4) 在不失一般性的情况下，事件可能发生在传感器网络的部署区域的任何地方，因此，网络中的任何传感器节点都可以产生事件监测数据。

(5) 节点 S_i 的事件数据生成速率和查询生成速率可以分别表示为 r_{id} 和 r_{iq}，假设这两个参数在一个时间段 T 内是固定的。

3.2.2 网络部署区域中虚拟环的形成

VRS 方案中，整个 WSN 被划分为多个以部署区域中心为中心的虚拟环，虚拟环的划分采用完全分布式的方式。具体方法是，每个传感器节点 S 在获取自己的位置后计算到传感器网络场中心的距离 DIS(S, CENTER)，然后判断当 k 取值为多少的时候 DIS(S, CENTER) 才能够满足不等式(3-3)，并最终将使 k 值作为其所在的虚拟环的 ID。

$$R * k < \mathrm{DIS}(\mathrm{S}, \mathrm{CENTER}) \leqslant R * (k+1) \quad (k \geqslant 0, k \in Z) \tag{3-3}$$

如果传感器节点部署在一个正方形区域中，并且正方形的每条边的长度为 L，或者传感器网络场是一个圆环形区域，并且最外层圆的半径为 L，那么整个区域可以划分为 $w = \lfloor L/2R \rfloor$ 个虚拟环。如果 DIS(S, CENTER)使得不等式(3-4)成立，则节点 S 将 w 作为其所在环的 ID。

$$\mathrm{DIS}(\mathrm{S}, \mathrm{CENTER}) > w * R \tag{3-4}$$

在被划分出的多个虚拟环中，有一个虚拟环将被挑选出来作为数据存储环，数据存储环负责存储 WSN 部署区域内所有节点产生的感知数据，并负责响应数据消费者的数据查询请求。因此，VRS 中的数据存储和查询算法执行的前提是，各个节点知道哪一个虚拟环被选出来作为数据存储环。然而，要计算出数据存储环，需要了解给定数据存储环时的数据存储和查询机制。在接下来的部分中，首先介绍所有节点在给定数据存储环下的数据存储和查询机制，然后介绍计算数据存储环的方法。

3.2.3 VRS 方案中的数据存储机制

在 VRS 方案中，数据生产者(产生感知数据的传感器节点)产生的所有事件数据将朝着数据存储环的方向传输，并最终被发送到数据存储环中的某个或某些传感器节点上进行存储。具体而言，任何环 ID 大于数据存储环 ID 的生产者都将基于 GPSR 路由协议沿向心方向传输数据，这里所说的“心”指的是所有虚拟环的中心点，也是整个 WSN 部署区域的中心位置；任何环 ID 小于数据存储环 ID 的生产者都必须沿着离心方向传输数据。假设数据存储环的 ID 为 k，在利用 GPSR 协议进行数据传输的过程中，如果数据生产环的 ID 小于 k，则事件数据包的目的地可以设置为到整个场中心的距离大于 $(k+1) * R$ 的任何位置。

换而言之，只要确保数据包的路由方向正确，则无需关心其实际目的地，因为当它们沿着正确的方向(向心或者离心)传输时，数据存储环终将拦截到它们。尽管如此，科学选择目的地还是有必要的，因为这样可减少和平衡整个网络的能量消耗。为此，除了方向限制以外，VRS 还规定，所在虚拟环的 ID 小于 k 的生产者所选择的目的地位置还应满足如

下两个条件：

Ⅰ：目的地位置应该与数据生产者和整个传感器网络领域的中心保持一致；

Ⅱ：目的地位置、数据生产者位置和网络中心位置在同一条直线上，且数据生产者的位置位于目的地位置和网络中心位置的中间。

下面介绍一个定理，该定理说明了数据存储环能够保证存储网络中产生的所有感知数据的原理。

定理 3－1　假设环 k 是数据存储环，如果环 ID 大于 k 的生产者将数据路由到整个场的中心，或者环 ID 小于 k 的生产者将数据路由到距离中心大于 $(k+1)*R$ 的目的地，则事件数据必将被送到环 k 中的某一个或某些节点上。

证明　根据 GPSR 路由协议的特性，如果网络连接，数据可以通过 GPSR 路由协议到达目的地。在我们的网络模型中，我们假设网络是连接的。因此，每个事件数据都可以到达(自主)其目的地，无需截获手段获取。在定理中提到的情况中，如果事件数据想要到达目的地，它必须穿过环 k。即如果没有环 k 中节点的帮助，数据就不能穿过环 k。因为环 k 的宽度是 R，即传感器节点的通信半径，数据必须通过环 k 中的至少一个节点才能到达其目的地，也就是说事件数据必将被送到环 k 中的某一个或一些节点上。

当数据通过数据存储环时，环内第一个接收到数据的节点将其存储在本地，该节点使数据停止传输；如果数据是由数据存储环中的一个节点生成的，它将被本地存储。下面给出了 VRS 中的数据存储机制，见算法 3－1。

算法 3－1　VRS 中的数据存储

VRS 中的数据存储算法（假设环数据存储环的 ID 是 k）

数据生产者进行的操作：

1：if 生产者所在的虚拟环的 ID 小于 k

2：　根据条件Ⅰ和Ⅱ以及离心运动原则计算目的地位置，并利用 GPSR 路由协议向目的地方向传输数据 /＊目的地位置与整个网络部署区域中心之间的距离必须大于 $(k+1)*R$，并且目的地、整个场地的中心和生产者的位置必须满足条件Ⅰ和Ⅱ＊/

3：end if

4：if 生产者的环 ID 大于 k

5：　它选择网络部署区域中心作为事件数据包的目的地，并利用 GPSR 路由协议向目的地方向传输数据。

6：end if

接收到事件数据包的节点执行的操作：

1：if 节点位于数据存储环中

2：　停止转发事件数据包，并将事件数据存储在自己的缓存中

3：end if

4：if 节点不在数据存储环中

5：　使用 GPSR 路由协议继续转发收到的事件数据包

6：end if

3.2.4 VRS方案中的数据查询策略

根据VRS的数据存储机制，WSN中产生的每个事件数据包都存储在数据存储环中。因此，为了查询到用户感兴趣的事件数据，VRS的数据查询方法是数据消费者(担任用户角色的传感器节点)向数据存储环发送查询，消费者将查询发送到数据存储环的方式与生产者将事件数据发送到数据存储环的方式相同，本节不再重复介绍。根据不同应用的需求，有必要使用不同的数据查询策略。VRS方案给出了以下3种查询策略。

1. 实时事件数据发现

在此类应用中，消费者希望尽快发现传感器网络区域最近发生的事件数据。为了发现所需的事件数据，数据消费者生成一个查询请求数据包并将其发送到数据存储环。查询处理过程主要分为两个阶段：一个是数据存储环外的查询处理阶段，另一个是数据存储环内的查询处理阶段。对于查询处理的第一阶段，接收查询的节点只需检查其自身缓存中是否存在所需的事件数据。如果有，则将事件数据发送回消费者；如果没有，则节点继续路由查询。

查询处理的第二阶段有点复杂。为了有效处理数据存储环中的查询，需要在整个WSN部署区域建立极坐标系。极坐标系以整个场的中心为极点，以从中心点开始水平向右延伸的线为极轴，并以逆时针方向作为极角的正方向。数据存储环中的节点有两个角色。一个角色是主导节点，另一个角色是非主导节点。这两个角色可以互换。主导节点的主要任务是将查询广播到其邻居节点并聚合来自其邻居节点的查询结果，而非主导节点的主要任务是将自己的查询结果发送到主导节点。每个查询请求数据包包含一个类型属性，消费者刚生成查询请求数据包时，查询请求数据包的种类被设置为“Q_PKT”。整个查询处理过程如下：首先，假设数据存储环中的一个节点u接收到一个类型为“Q_PKT”的查询请求数据包，节点u的角色就变成了主导节点。然后，它检查自己的缓存，查看是否存在满足查询要求的事件数据：如果存在满足查询要求的事件数据，则节点u删除查询请求数据包，并将事件数据发送回生成查询的消费者；如果不存在满足查询要求的事件数据，则节点u生成查询副本，并将此副本的类型设置为“SUB_Q_PKT”。接着，节点u将查询副本广播到其邻居节点。下面分两种情况讨论：情况一，如果节点u位于数据存储环中的任何邻居节点接收到类型为“SUB_Q_PKT”的查询，则该邻居节点的角色将变为非主导节点。举例来说，假设节点v正是这样一个邻居节点，节点v将检查自身的缓存，查看是否存在满足查询要求的事件数据：如果存在这样的事件数据，则节点v将事件数据发送给节点u；如果没有此类事件数据，v将向u发送空消息。当节点u收到包含事件数据的查询结果时，节点u检查类型为“Q_PKT”的查询是否仍保留在自身中：如果仍存在这样的查询，则节点u删除该查询，并将事件数据发送回生成该查询的消费者；如果没有这样的查询，则节点u删除该事件数据包。情况二，如果节点u未接收到任何包含所需事件数据的消息，它将继续选择它的某个邻居节点作为类型为“Q_PKT”的查询的下一个目的地，并将查询发送到下一个目的地。假设查询数据包的下一个目的地是节点w。w除了是u的邻居节点外，还需要满足以下两个要求：第一，位于在数据存储环内；第二，在逆时针方向上距离节点u的距离尽可能

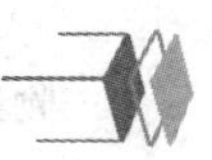

远。第二个要求用于减少类型为“Q_PKT”的查询请求数据包在数据存储环中传输的总跳数，可以借助每个节点的极角来选择满足第二个要求的节点。此过程将继续，直到发现所需的事件数据或访问了数据存储环中的所有节点。图 3-1 展示了 VRS 方案在实时事件数据发现中的查询处理过程。

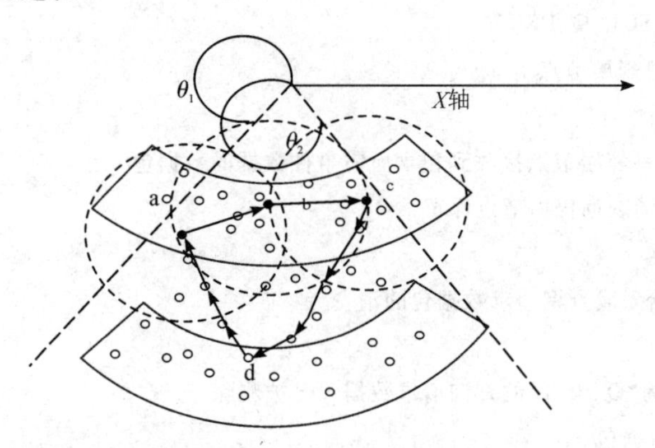

图 3-1　VRS 关于实时事件数据发现的查询处理过程

2. 聚合数据查询

聚合数据查询是指消费者搜索类型为$\{T_i, i=1, \cdots, m\}$的所有数据。针对此类查询，VRS 的处理方法是让类型为“Q_PKT”的查询请求数据包在数据存储环中被逆时针或顺时针转发。在数据存储环中接收到类型为“Q_PKT”查询的每个节点都将成为主导节点。每个主导节点都从其一跳邻居节点收集和汇聚类型为$\{T_i, i=1, \cdots, m\}$的所有事件数据，并将聚合结果和类型为“Q_PKT”的查询请求一起沿逆时针方向转发，其被转发的下一跳节点为当前主导节点沿逆时针方向距离自己最远的邻居节点。此过程将继续，直到类型为“Q_PKT”的查询数据包在数据存储环内被转发的逆时针旋转角度大于或者等于 360°，最后，查询汇聚结果将以发出对应查询请求的数据消费者的位置为目的地进行转发，并最终被对应的消费者收到。

3. 全体数据查询

当消费者对存储在传感器网络中的所有事件数据感兴趣时，就会发起全体数据查询，即收集网络中产生的所有感知数据。对于这类查询，VRS 方案采用与聚合数据查询类似的数据查询方法来收集所有的事件数据。与后者的唯一的区别是，全体数据查询不需要聚合事件数据。

对于聚合数据查询和全体数据查询，还可以利用可移动数据收集车来进行。可移动数据收集车可以通过在数据存储环中的移动来收集和聚合事件数据。下面算法 3-2 给出了 VRS 针对实时事件数据发现应用的查询处理过程。

算法 3-2　VRS 实时事件数据发现策略下的数据查询处理算法

在数据存储环中接收到类型为“Q_PKT”的查询请求的主导节点执行的操作：

1：if 主导节点中存在所需的事件数据

2：　删除查询；

3：　将事件数据发送给发出查询的消费者
4：end if
5：if 主导节点中没有所需的事件数据
6：　生成查询的副本
7：　将副本类型设置为“SUB_Q_PKT”
8：　将副本广播到其一跳邻居节点
9：end if
10：if 主导节点从其某一跳邻居节点接收到包含所需事件数据的数据包
11：　if 类型为“Q_PKT”的查询仍由节点保留
12：　　删除查询请求数据
13：　　将事件数据发送给生成查询请求数据包的消费者
14：　end if
15：　if 主导节点中类型为“Q_PKT”的查询请求数据包已被删除
16：　　丢弃收到的事件数据包
17：　end if
18：end if
19：if 主导节点没有从其一跳邻节点接收到任何包含所需事件数据的数据包
20：　确定数据存储环中沿逆时针方向距离当前主导节点最远的邻居节点
21：　将类型为“Q_PKT”的查询请求数据包发送到该邻居节点
22：end if
在数据存储环中接收到类型为“SUB_Q_PKT”的查询请求的非主导节点执行的操作：
1：if 缓存中包含查询所需的事件数据
2：　将事件数据发送给主导节点
3：　删除查询请求
4：end if
5：if 缓存中没有查询请求所需的事件数据
6：　向主导节点发送空消息
7：　删除查询请求
8：end if

3.2.5 最优环的确定方法

前面介绍了在确定数据存储环的情况下 VRS 方案如何进行数据存储与查询，本小节将介绍 VRS 方案如何从多个虚拟环中确定数据存储环(即确定最优环)的方法。在从所有虚拟环中选择数据存储环时，应考虑两个因素：总能耗和负载平衡。对于一个 ID 为 k 的数据存储环，其被 VRS 确定为数据存储环的条件是它满足以下等式：

$$E^k_{\text{total}}/n^k = \min\{E^i_{\text{total}}/n^i,\ 0 \leqslant i < \lfloor L/2R \rfloor\} \tag{3-5}$$

在式(3-5)中，E^i_{total} 表示选择环 i 作为数据存储环时，单位时间内所有节点进行数据存储和查询的总能量开销。n_i 表示环 i 中的节点数。E^i_{total} 可根据式(3-6)计算得到。

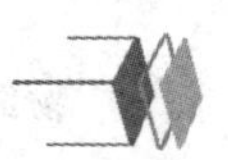

$$E_{\text{total}}^{i}=\sum_{j=1}^{N}E_{j}^{i}\quad(-1<i<\lfloor L/2R\rfloor)\tag{3-6}$$

在式(3-6)中，E_j^i 表示选择环 i 作为数据存储环时，节点 j 每单位时间的数据存储和查询能耗。因此，计算 E_{total}^i 的主要工作是计算 $E_j^i(-1<i<\lfloor L/2R\rfloor,0<j<N+1)$。

不同的数据查询策略中，E_j^i 的计算方法也不同。在本书中，我们仅给出用于实时事件数据发现的 E_j^i 的计算方法，根据用于实时事件数据发现的 E_j^i 计算方法很容易推导出用于聚合数据查询和全体数据查询的 E_j^i 计算方法。对于实时事件数据发现，我们假设传感器网络提供相同类型的事件数据，并且这些数据存储在一个节点上的时间不超过 τ。根据前面提到的实时事件数据发现的数据存储和查询过程，有

$$E_j^i=E_{j\text{-storage}}^i+E_{j\text{-query}}^i+E_{j\text{-result}}^i\tag{3-7}$$

在式(3-7)中，$E_{j\text{-storage}}^i$ 表示单位时间内 ID 为 j 的节点把自身产生的事件数据发送到 ID 为 i 的数据存储环所消耗的传输总能耗；$E_{j\text{-query}}^i$ 表示单位时间内 ID 为 j 的节点把自身发出的查询请求发送到 ID 为 i 的数据存储环所消耗的传输能耗与查询请求在数据存储环中被处理过程中所消耗的能耗之和；$E_{j\text{-result}}^i$ 表示查询结果从数据存储环发送到 ID 为 i 的节点所消耗的总能量。其中，$E_{j\text{-storage}}^i$ 可以根据式(3-8)计算而得：

$$E_{j\text{-storage}}^i=R_d^j\times s_d\times abs(\text{ID}_{\text{ring}}^j-i)\times(\delta_{\text{send}}+\delta_{\text{receive}})\tag{3-8}$$

在式(3-8)中，$\text{ID}_{\text{ring}}^j$ 表示 ID 为 j 的节点所在虚拟环的环 ID，δ_{send} 和 δ_{receive} 分别表示传感器节点每发送和接收一个比特数据所消耗的通信开销。

为了获得 $E_{j\text{-query}}^i$ 的值，需要计算查询请求在数据存储环中被转发的平均跳数 H_{query}，而 H_{query} 的值取决于被查询的事件数据何时被发现，即查询请求在数据存储环中经过几跳传输才能获得感兴趣的事件数据。用 θ 表示查询请求从进入数据存储环到最后获得满足查询要求的事件数据而围绕 WSN 部署区域中心所旋转的角度，H_{query} 可以通过式(3-9)计算获得：

$$H_{\text{query}}=\theta\times(i+1/2)\times R/R=\theta\times(i+1/2)\tag{3-9}$$

用 P^j 表示 ID 为 j 的节点中包含有满足查询要求的事件数据，则 P^j 可以通过式(3-10)获得：

$$P^i=\begin{cases}R_d^i\times\tau & (R_d^i\times\tau<1)\\1 & (R_d^i\times\tau\geqslant1)\end{cases}\tag{3-10}$$

每个节点内包含被查询事件数据的平均概率可以通过式(3-11)获得：

$$P_{\text{average}}=\sum_{i=1}^{N}P^i/N\tag{3-11}$$

如果用 P 表示 n 个节点内至少有一个节点包含满足查询要求的事件数据的概率，那么 P 可以通过式(3-12)获得：

$$P=1-(1-P_{\text{average}})^n\tag{3-12}$$

因此，有式(3-13)成立：

$$n=\lceil\log_{1-P_{\text{average}}}^{1-P}\rceil\tag{3-13}$$

令 $P=P'$，$1-P'<\varepsilon$（ε 是一个任意小的正整数)，并将其代入式(3-13)，可得到一个

整数 n'：

$$n' = \lceil \log_{1-P_{\text{average}}}^{1-P'} \rceil \tag{3-14}$$

如此，θ 的值可近似通过式(3-15)获得：

$$\theta \approx 2\pi n'/N \tag{3-15}$$

这样一来，可以联合式(3-9)和式(3-15)计算出 H_{query} 值。接着，可以根据下式计算出 $E^i_{j\text{-query}}$：

$$E^i_{j\text{-query}} = r^j_q \times s_q \times [abs(\mathrm{ID}^j_{\text{ring}} - i) + H_{\text{query}}] \times (\delta_{\text{send}} + \delta_{\text{receive}}) + (H_{\text{query}} + 1) \times R^j_q \times s_q \times (\delta_{\text{send}} + nb_{\text{avg}} \times \delta_{\text{receive}}) \tag{3-16}$$

假设 ID 为 j 的传感器节点的极角为 θ_j，令在数据存储环中找到满足查询要求的事件数据所在节点的极坐标近似为$(\theta_{mt}, (i+1/2)R)$，那么 θ_{mt} 的值可通过下式获得：

$$\theta_{mt} = \begin{cases} \theta_j + \theta & (\theta_j + \theta < 2\pi) \\ \theta_j + \theta - 2\pi & (\theta_j + \theta \geqslant 2\pi) \end{cases} \tag{3-17}$$

令(x_{mt}, y_{mt})表示在数据存储环中获得满足查询要求的事件数据的节点的笛卡尔坐标，那么其值可通过式(3-18)和式(3-19)获得：

$$x_{mt} = (i + 1/2) \times R \times \cos(\theta_{mt}) + CT_x \tag{3-18}$$

$$y_{mt} = (i + 1/2) \times R \times \sin(\theta_{mt}) + CT_y \tag{3-19}$$

式(3-18)和式(3-19)中，CT_x 和 CT_y 分别表示 WSN 部署区域中心的笛卡尔坐标的横坐标和纵坐标。因此，满足查询要求的节点与查询请求的发出者(即 ID 为 j 的节点)之间的跳数可近似表示为

$$H_{\text{result}} = \frac{\sqrt{(x_{mt} - x_i)^2 + (y_{mt} - y_i)^2}}{R} \tag{3-20}$$

其中，x_j 和 y_j 分别表示节点 j 的笛卡尔坐标的横坐标和纵坐标。接着，将 H_{result} 的值代入式(3-21)便可以计算出 $E^i_{j\text{-result}}$ 的值。

$$E^i_{j\text{-result}} = r^j_q \times s_d \times \alpha \times (H_{\text{result}} + 1) \times (\delta_{\text{send}} + \delta_{\text{receive}}) \tag{3-21}$$

式(3-21)中，α 表示数据压缩率。

最后，可以利用式(3-7)、式(3-8)、式(3-16)和式(3-21)计算出 E^i_j。当数据存储环被计算出来后，基站会将其 ID 在全网中广播，如此，所有节点都将知道数据存储环的 ID。

3.2.6 VRS 方案的性能效果

VRS 方案除了总能耗更低外，其最大的优势是整个网络的能量消耗更加均衡。图 3-2 展示了 VRS 方案和 ODS 方案[6]在节点能耗方面的对比结果。其中 ODS 是 Z. Yu 等人提出的基于最优数据存储位置的数据存储与查询方案，其特点是在网络中选择一个最优数据存储位置，并将全网的感知数据存储在离最优存储位置最近的节点上。这一方案的主要缺陷是，节点能耗均衡性较差。如果网络中各个节点的数据产生速率和数据查询频率相对稳定，那么整个网络的最优存储位置(即使整个网络总的数据存取代价最小的点)也相对稳定，这就造成位于最优数据存储位置附近的节点长期承担数据存储的责任，其负载肯定要

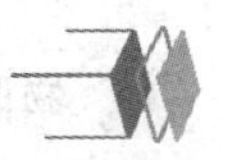

远大于其他节点；同时，数据存储节点的邻居节点的能量开销也会远大于距离数据存储节点较远的节点。由图 3-2 可以看出，VRS 方案的负载均衡性明显优于 ODS 方案。

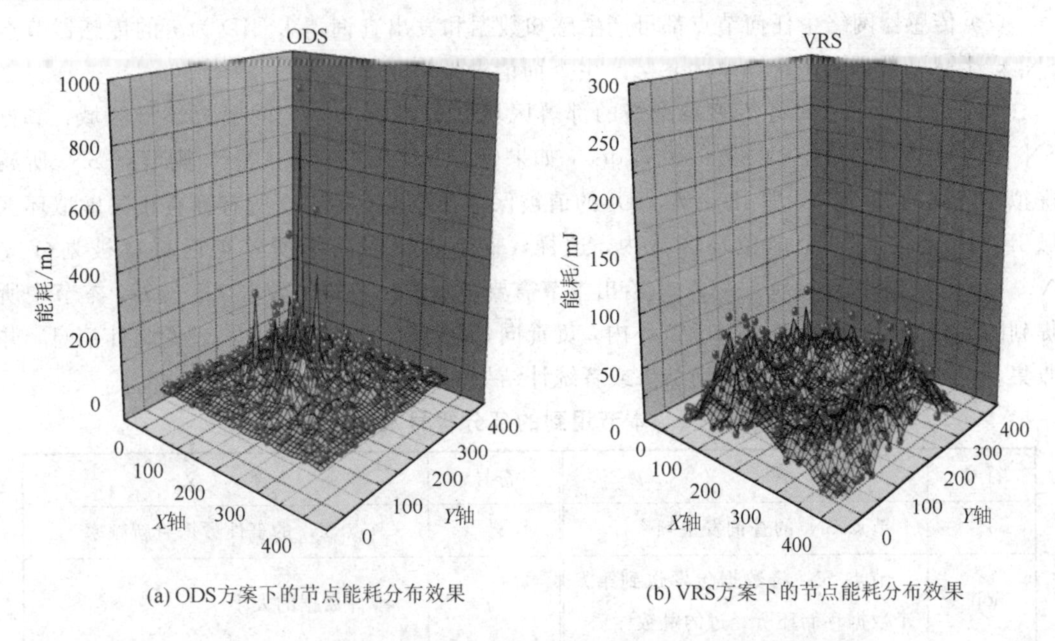

(a) ODS方案下的节点能耗分布效果　　(b) VRS方案下的节点能耗分布效果

图 3-2　ODS 方案和 VRS 方案在节点能耗分布方面的性能比较

3.3　无基站协作下的最优环分布式数据存储

在上一小节介绍的基站协作下的最优环分布式数据存储方案 VRS 中，最优数据存储环的确定需要采用集中式的方法借助基站来完成。因此，VRS 并不适用于没有部署基站的 WSN 应用。本小节介绍了另外一种无基站协作下的最优环分布式数据存储方案 SVSR (Sink-free Virtual-ring-based Storage and Retrieval)。SVSR 采用完全分布式的算法由传感器节点相互间共同确定最优虚拟环，并将其作为数据存储环来存储网络中的所有感知数据以及响应来自全网的所有数据消费者的查询请求。概括而言，本小节主要介绍内容包括：(1) 数据在某个虚拟环形区域存储时全网能量消耗的统计算法；(2) 完全分布式的最优环(最优数据存储环)选择算法；(3) 基于最优环的分布式数据存储和查询算法。

3.3.1　预备知识

假设 N 个传感器节点随机部署在半径为 R 的圆形区域内，圆心的近似位置为 (x_0, y_0)，并且对每个节点而言，圆心的近似位置为已知信息。节点随机均匀分布，任意传感器节点与其邻居节点之间的平均距离为 r_{avg}，节点的通信半径为 $r(r>r_{avg})$。另外，本章还有如下几个假设：

(1) 每个节点都有一个唯一标识其身份的 ID，所有节点的最大 ID 为 MAX_{ID}。节点自身 ID 以及所有节点的最大 ID(即 MAX_{ID})对每个节点而言为已知信息。

(2) 节点可以完成自身定位，并通过信息交换获得邻居节点的位置信息。

(3) 传感器网络为静态网络，即节点在部署完成后不发生移动。

(4) 整个 WSN 部署区域不存在 Sink 节点(基站)。

(5) 传感器网络中任何节点都可产生感知数据和发出查询请求。ID 为 i 的传感器节点 SN_i 产生感知数据的平均速率为 r_d^i，产生查询请求平均速率为 r_q^i。

本节通过以下方式将传感器网络的部署区域划分成宽度为 r 的虚拟环形区域：节点 SN_i 首先计算到网络中心位置的距离 dis_i，如果 $(k-1)\times r<dis_i\leqslant k\times r$，则节点 SN_i 所属虚拟环区域的 ID 为 k，即 $ID_i^r=k$，ID_i^r 的值被保存在节点 SN_i 中。所有拥有相同虚拟环区域 ID 的节点在同一个虚拟环区域内，这样，整个传感器网络所覆盖区域就被划分成 $N_{ring}=R/r$ 个虚拟环区域。表 3-1 给出本节需要用到的一些符号及含义。另外，本节中所提到的汇聚节点是指，在一个虚拟环内，负责向邻居节点发送查询请求或者统计消息，并收集、汇聚邻居节点返回的查询结果或者统计结果的节点。

表 3-1　本节用到的部分符号及其含义

符号	含　义	符号	含　义
r_q^i	节点 SN_i 的查询发生频率	r_e^i	节点 SN_i 的事件数据更新频率
hop_i^k	节点 SN_i 将数据包发送到第 k 个数据存储环所经过的跳数	s_d	事件数据的大小
s_q	查询请求的大小	$s_{k\_nbr\_rpl}^j$	第 k 个环内的第 j 个汇聚节点向邻居节点发出查询请求后收到的查询结果在本地进一步汇聚之前的数据量大小
s_{total}	数据量的总和	msg_type	消息类型
M_{rpl}^j	第 j 个汇聚节点在向邻居节点发送查询请求后收到的查询结果数据包的个数	$s_{k\_nbr\_aggr}^j$	第 k 个环内的第 j 个汇聚节点收到邻居节点的查询结果后在本地进一步汇聚后的数据量的大小
E_{total}^i	第 i 个环作为数据存储环时数据更新和查询所消耗的总能量	M_k	第 k 个虚拟环区域内的汇聚节点的个数
α	查询结果中感知事件数据量占节点本身保存感知事件数据量的比例	β	汇聚节点在收集完邻居节点发来的查询结果之后，进行汇聚的汇聚因子
λ	汇聚节点之间进行数据汇聚的汇聚因子	M_{rpl}^j	环内第 j 个汇聚节点收到邻居节点返回的查询结果数
N_u^j	在向第 j 个汇聚节点返回查询结果的第 u 个邻居节点上存储数据的源节点个数	SN_i	ID 为 i 的无线传感器节点
ID_i^r	表示第 i 个节点所在环的环 ID	N_{ring}	虚拟环区域的总个数

3.3.2　问题描述与总体方案设计思路

本节介绍的关于分布式数据存储与查询问题的具体描述是，在无基站的 WSN 中，建立同时满足以下几方面要求的 WSN 分布式数据存储与查询机制：

(1) 能够提高 WSN 内传感器节点的数据存储效率。

(2) 能够高效支持实时事件数据查询和特定区域数据查询。

(3) 能够高效支持 WSN 全体数据收集。

(4) 数据总存取代价最小化，节点能量消耗均衡化。

针对上述问题，本节的解决思路是采用结构化的形式和非结构化的思想，首先将网络视为 f 个围绕网络部署区域中心的虚拟环区域，并从中选择一个虚拟环区域来存储全网数据和响应查询请求，被选出来的虚拟环区域称为数据存储环。位于该数据存储环外侧的节点按照 GPSR 路由协议向网络中心位置发送数据包，而位于数据存储环内侧的节点按 GPSR 路由协议向自身计算的虚拟目标地址发送数据包，这些数据包的传输轨迹必然与数据存储环相交。因此，感知数据能够被数据存储环内的节点拦截并被存储在数据存储环内。关于这种解决方案如何满足以上几点要求，该问题会在后面几节进行较详细的阐述。

于是，前面的问题便被转化为，如何选择数据存储环，使数据在该数据存储环中存储时数据存储和数据查询消耗的能量最小这样一个问题，即最优数据存储环选择问题。下面给出数学模型来量化在解决这个问题的过程中需要用到的各种能量消耗代价：如果选择第 k 个虚拟环区域作为数据存储环，数据更新消耗的能量代价是指，在一段时间内，网络中所有节点将新产生的数据发送到数据存储环进行存储所消耗的总能量，记为 C^k_{update}；返回查询结果所消耗的总能量代价是指，在一定时间内，所有查询结果从在数据存储环中产生到被返回给查询发出节点所消耗的总能量，记为 C^k_{reply}；发送查询请求消耗的总能量是指，在一定时间内，网络中所有节点将查询请求发送到数据存储环所消耗的能量以及查询请求在数据存储环中传输所消耗的总能量，记为 C^k_{query}。数据存取总代价 C^m_{total} 为以上三者之和。

$$C^k_{\text{query}} \approx \sum_{i=1}^{N} r^i_q \times s_q \times (\text{hop}^k_i + M_k) \tag{3-22}$$

$$C_{\text{reply}} \approx \sum_{i=1}^{N} r^i_q \times s_{\text{total}} \times \alpha + s^1_{k\_\text{nbr\_aggr}} \times \sum_{t=0}^{M_k-1} \lambda^t + \sum_{j=2}^{M_k} s^j_{k\_\text{nbr\_aggr}} \times \sum_{t=1}^{M_k-j+1} \lambda^t + \sum_{i=1}^{N} r^i_q \times \left(s^1_{k\_\text{nbr\_aggr}} \times \lambda^{M_k-1} + \sum_{j=2}^{M_k} s^j_{k\_\text{nbr\_aggr}} \lambda^{M_k-j+1}\right) \times \text{hop}^k_i \tag{3-23}$$

$$C^k_{\text{update}} = \sum_{i=1}^{N} r^i_d \times s_d \times \text{hop}^k_i \tag{3-24}$$

$$C^k_{\text{total}} = C^k_{\text{query}} + C^k_{\text{reply}} + C^k_{\text{update}} \tag{3-25}$$

因此，选择最优数据存储环 m 的问题就是在 f 个全部虚拟环区域中找出代价最小的一个虚拟环区域，即

$$C^m_{\text{total}} = \min_{1 \leqslant i \leqslant f} (C^i_{\text{total}}) \quad (1 \leqslant m \leqslant f) \tag{3-26}$$

由于没有 sink 节点，最优数据存储环的选择算法只能采用分布式实现，本书将在 3.3.3 小节详细介绍确定最优数据存储环的算法。除了确定最优数据存储环外，还需要确

定基于最优数据存储环的数据存储方法和数据查询方法，因此，本章后面几个小节也将对其进行详细介绍。

3.3.3 确定最优数据存储环的分布式算法

本节借助SVSR方案来确定最优数据存储环的分布式计算方法。下文提到的虚拟目的位置是指，在节点所在位置与网络中心位置的连线上，以网络中心位置为分界点，与网络中心的距离为R的另一侧即为该节点的虚拟目的位置。该算法一共分为六步，具体内容如下：

第一步：网络中每一个节点都产生一个数据包，称该数据包为存储和查询数据包。对于任意一个传感器节点SN_i，其产生的存储和查询数据包的格式为

$$\{ID_i, r_e^i, r_q^i, hop_i, last\_ring\_id, msg\_type, ID_{next\_hop}, dest\_location\}$$

其中，last_ring_id表示转发存储和查询数据包的上一跳节点所在的环ID，dest_location表示该数据包要转发的最终目的位置，初始值为节点SN_i的坐标；hop_i表示该数据包所经历的跳数。ID_{next_hop}表示下一跳节点ID。

第二步：产生存储和查询数据包的节点根据其所在环的环ID判断其所在的虚拟环区域在所有虚拟环区域中的相对位置，并根据其所在的虚拟环区域在所有虚拟环区域中的相对位置来转发存储和查询数据包。如果ID_i^r等于1，说明节点所在环处于所有环的最内层，此时节点计算虚拟目的位置，并将存储和查询数据包中的dest_location的值设置为该节点的虚拟目的位置，然后按照GPSR路由算法该数据包；如果ID_i^r等于f，说明节点所在环处于所有环的最外层，将存储和查询数据包中的dest_location的值设置为(x_0, y_0)，并按照GPSR路由协议转发该数据包；否则，节点需要为已有的存储和查询数据包生成一个拷贝，然后计算节点的虚拟目的位置，并将这两个存储和查询数据包中的一个的dest_location的值设置为(x_0, y_0)，而把另外一个存储和查询数据包中的dest_location的值设置为该节点的虚拟目的位置，最后利用GPSR路由协议让这两个数据包向两个不同方向转发。

第三步：存储和查询数据包在转发过程中由各个环中第一个收到该数据包的节点存储，然后判断其所在虚拟环区域相对于所有虚拟环区域是否在最内层或者最外层，如果是，则丢弃该数据包；如果不是，则继续转发该数据包。节点SN_i可以通过比较ID_i^r与存储和查询数据包中的last_ring_id的值是否一致来判断节点SN_i是否是其所在环中第一个收到该数据包的节点。同时，节点SN_i可以根据$ID_i^r=1$或者$ID_i^r=N_{ring}$是否成立来判断其所在的虚拟环形区域是否在最内层或者最外层。

第四步：网络中ID等于MAX_{ID}的节点生成一条消息，为了方便叙述和体现其用途，称该消息为总能耗收集消息。

总能耗收集消息格式为

$$\{last\_ring\_id, msg\_type, ID_{next\_hop}, dest\_location\}$$

其中，last_ring_id表示转发该总能耗收集消息的上一跳节点所在的环ID。ID_{next_hop}表示下一跳节点ID，dest_location表示目的位置。dest_location的初始值为节点SN_i的坐标。ID为MAX_{ID}的节点产生总能耗收集消息后，按照与第二步中相同的方式确定dest_location

的值，然后按照与第二步中转发存储和查询数据包相同的方式转发该消息。

第五步：各个环中第1个收到总能耗收集消息的节点启动数据存储和查询总能耗统计算法。与第三步相同，节点SN_i可以通过比较ID_i^r和总能耗收集消息中的last_ring_id的值是否一致来判断节点SN_i是否为其所在环中第一个收到该数据包的节点。当某一虚拟环区域执行完数据存储与查询总能耗统计算法后，由最后执行统计工作的汇聚节点将统计结果发送到ID为MAX_{ID}的节点。

第六步：ID为MAX_{ID}的节点在收集完所有环发来的统计结果消息后，选择能耗最小的环作为最优数据存储环，并将该环的ID向全网广播。网络中所有节点保存最优数据存储环的ID信息。

需要补充说明的是，汇聚节点的概念是相对于查询请求或者总能耗收集消息而言的，某个节点相对于某一个查询请求或者总能耗收集消息而言是汇聚节点，与此同时，该节点相对于另外某个查询请求或者总能耗收集消息而言可能就不能被称为汇聚节点。另外，上述第五步需要启动数据存储与查询总能耗统计算法，而这一算法也是一个完全分布式算法，它由各个环中第一个收到总能耗收集消息的节点执行。假设该节点为F，则数据存储和查询总能耗统计算法的执行过程如下：

① F节点生成一条类型为C_BEGIN_Q的消息，并将该消息向下一跳环内数据汇聚节点传输。选择下一跳汇聚节点的方式为，从与节点F在同一层的邻居节点中选择沿逆时针方向偏离F节点最远的节点，将该节点作为下一跳汇聚节点。然后节点F生成类型为C_SUB_Q的消息，并将该消息向邻居节点广播。C_BEGIN_Q消息和C_SUB_Q消息的格式分别表示如下。

类型为“C_BEGIN_Q”的消息格式为

$$\{C\_BEGIN\_Q,\ ID_{sender},\ ID_{receiver},\ ID_{sender}^{r}\}$$

类型为“C_SUB_Q”的消息格式为

$$\{C\_SUB\_Q,\ ID_{sender},\ ID_{sender}^{r}\}$$

② 类型为C_BEGIN_Q的消息的接收者收到类型为C_BEGIN_Q的消息后，首先检查此消息的发送者是否是F节点，如果是，则从与其在同一层的邻居节点中选择沿逆时针方向偏离该节点最远的节点，将其作为下一跳汇聚节点，并将其所收到的类型为C_BEGIN_Q的消息转发给下一跳汇聚节点；如果不是，则检查其邻居节点中是否有F节点，如果有，则将F节点作为该节点的下一跳汇聚节点，并且丢弃类型为C_BEGIN_Q的消息；如果没有，则从与其在同一层的邻居节点中选择沿逆时针方向偏离该节点最远的节点，将其作为下一跳汇聚节点，并将类型为C_BEGIN_Q的消息转发给下一跳汇聚节点。

③ 每一个汇聚节点在转发或者丢弃了类型为C_BEGIN_Q的消息后，首先建立变量q_h、d_h、N_q、M_k、s_{total}以及s_{tempor}。假设其中的一个汇聚节点为y，这些变量的初始值为

$$q\_h=\sum_{i=1}^{x_y} r_q^{ID_i}\times hop_i \tag{3-27}$$

$$N\_q=\sum_{i=1}^{x_y+1} r_q^{ID_i} \tag{3-28}$$

$$M_k = 1 \tag{3-29}$$

$$\text{d\_h} = \sum_{i=1}^{x_y} r_d^{\text{ID}_i} \times \text{hop}_i \tag{3-30}$$

$$s_{\text{total}} = \sum_{i=1}^{x_y+1} r_d^{\text{ID}_i} \times s_d \tag{3-31}$$

其中，x_y 为节点 y 收到的存储和查询数据包的数量。节点 y 收到数据包后生成一条类型为 C_SUB_Q 的消息，并将该消息向其邻居节点广播。

④ 汇聚节点的邻居节点收到类型为 C_SUB_Q 的消息后，检查是否收到过类型为 C_SUB Q 的消息，如果收到过，则丢弃该消息；否则判断自身所在环 ID 是否与消息发送者所在环的 ID 相同，如果相同，则生成一条类型为 C_SUB_RESULT 的消息返回给类型为 C_SUB_Q 的消息的发送者；否则丢弃类型为 C_SUB_Q 的消息。类型为 C_SUB_RESULT 的消息格式为

$$\{\text{ID}_{\text{sender}},\ \text{C\_SUB\_RESULT},\ \text{SUB}_{\text{q\_h}},\ \text{SUB}_{\text{N\_q}},\ s_{\text{sub\_total}},\ \text{ID}_{\text{receiver}}\}$$

假设生成类型为 C_SUB_RESULT 的消息的节点为 a，有

$$\text{SUB}_{\text{q\_h}} = \sum_{i=1}^{x_a} r_q^{\text{ID}_i} \times \text{hop}_i \tag{3-32}$$

$$\text{SUB}_{\text{N\_q}} = \sum_{i=1}^{x_a+1} r_q^{\text{ID}_i} \tag{3-33}$$

$$\text{SUB}_{\text{d\_h}} = \sum_{i=1}^{x_a} r_d^{\text{ID}_i} \times \text{hop}_i \tag{3-34}$$

$$s_{\text{sub\_total}} = \sum_{i=1}^{x_a+1} r_d^{\text{ID}_i} \times s_d \tag{3-35}$$

其中，x_a 表示数据存储和查询数据包在节点 a 所在的环中传输时遇到的第一个节点是节点 a 本身的数据包的个数。

⑤ 每一个汇聚节点每收到一个类型为 C_SUB_RESULT 的消息都要按照如下方法重新计算变量 q_h、d_h、N_q、s_{total} 的值：

$$\text{q\_h} = \text{q\_h} + \text{SUB}_{\text{q\_h}} \tag{3-36}$$

$$\text{N\_q} = \text{N\_q} + \text{SUB}_{\text{N\_q}} \tag{3-37}$$

$$\text{d\_h} = \text{d\_h} + \text{SUB}_{\text{d\_h}} \tag{3-38}$$

$$s_{\text{total}} = s_{\text{total}} + s_{\text{sub\_total}} \tag{3-39}$$

⑥ 节点 F 在收集完所有与其在同一层的邻居节点发来的类型为 C_SUB_RESULT 的消息后，新建变量 $s_{k\_\text{nbr\_aggr}}^1$，并对其赋值：$s_{k\_\text{nbr\_aggr}}^1 = s_{\text{total}} \times \alpha \times \beta$；然后，新建一个类型为 C_MID_RESULT 的消息，并将该消息向下一跳汇聚节点转发。

$\{\text{C\_MID\_RESULT},\ \text{q\_h}_{\text{msg}},\ \text{d\_h}_{\text{msg}},\ \text{N\_q}_{\text{msg}},\ M_k,\ s_{\text{total\_msg}},\ s_{k\_\text{nbr\_aggr}}^j j \in [1,\ M_k],$ $\text{ID}_{\text{sender}},\ \text{ID}_{\text{receiver}}\}$

其中，q_h_{msg}、d_h_{msg}、N_q_{msg} 和 $s_{\text{total\_msg}}$ 的值可分别设置为公式(3-36)～式(3-39)中 q_h、N_q、d_h 和 s_{total} 等的计算值。对于其他汇聚节点，在计算完 s_{tempor} 之后，首先判断其是否

收到了类型为 C_MID_RESULT 的消息，如果没有收到，则继续等待；如果收到了类型为 C_MID_RESULT 的消息，则按照如下方法重新计算消息中变量 q_h_{msg}、d_h_{msg}、N_q_{msg}、M_k 和 s_{total_msg} 的值：

$$q_{h_{msg}} = q\_h_{msg} + q\_h \tag{3-40}$$

$$d\_h_{msg} = d\_h_{msg} + d\_h \tag{3-41}$$

$$N\_q_{msg} = N\_q_{msg} + N\_q \tag{3-42}$$

$$s_{total\_msg} = s_{total\_msg} + s_{total} \tag{3-43}$$

$$M_k = M_k + 1 \tag{3-44}$$

接着，新建变量 $s^P_{k\_nbr\_aggr}$(其中的 $P = M_k$)，并对其赋值：$s^P_{k\_nbr\_aggr} = s_{total} \times \alpha \times \beta$。最后，将变量 $s^P_{k\_nbr\_aggr}$ 及其对应值加入类型为 C_MID_RESULT 的消息，并将该消息向下一跳汇聚节点转发。

⑦ 节点 F 收到类型为 C_MID_RESULT 的消息后进行最后的统计工作，计算当数据在该汇聚节点所在环存储时数据存储和查询所消耗的总能量：

$$C_{total} \approx (s_q + s^1_{k\_nbr\_aggr} \times \lambda^{M_k - 1} + \sum_{j=2}^{M_k} s^j_{k\_nbr\_aggr} \lambda^{M_k - j + 1}) \times q\_h + (M_k \times s_q + s_{total} \times \alpha) \times$$

$$N\_q + s^1_{k\_nbr\_aggr} \times \sum_{t=0}^{M_k - 1} \lambda^t + \sum_{j=2}^{M_k} s^j_{k\_nbr\_aggr} \times \sum_{t=1}^{M_k - j + 1} \lambda^t + s_d \times d\_h \tag{3-45}$$

3.3.4　SVSR 方案中的数据存储算法

当某节点 SN_i 有事件的感知数据产生时，首先判断其所在的虚拟形区域是否为最优数据存储环，如果是，则在本地保存事件数据；如果不是，则节点 SN_i 生成一个包含感知事件数据的数据包，SVSR 方案中待存储数据的数据包格式为

{DATA，DEST_LOCATION，LAST_RING_ID}

其中，DATA 表示事件数据，DEST_LOCATION 表示目的位置，LAST_RING_ID 表示最近一次发送该数据包的节点所在的虚拟环区域 ID。然后，节点 SN_i 判断其所在的虚拟环区域在最优数据存储环的外侧还是内侧。如果节点 SN_i 所在的虚拟环区域在最优数据存储环的外侧，则将事件数据包的目的位置设置为网络中心位置，然后按 GPSR 路由协议转发该数据包；如果节点 SN_i 所在的虚拟环区域在最优数据存储环的内侧，则节点 SN_i 将事件数据包的目的位置设置为该节点的虚拟目的位置，然后按 GPSR 路由协议转发该数据包。在事件数据包的转发过程中，收到该事件数据包的节点首先判断其所在的虚拟环区域是否为最优数据存储环，如果是，则保存该事件数据包中的事件数据，并停止继续转发该事件数据包；如果不是，则根据其所在的虚拟环区域的 ID 以及数据包中 LAST_RING_ID 的值来判断该节点是否为其所在的虚拟环形区域中首次收到该事件数据包的节点，如果是，则保存该数据包中的事件数据并按照 GPSR 路由协议继续转发该数据包；否则，不保存事件数据，只是按照 GPSR 路由协议继续转发该数据包。

3.3.5　SVSR 方案中的数据查询算法

SVSR 方案共支持 3 类数据查询：基于事件的查询请求、基于区域的查询请求和对所

有事件数据的查询请求。基于事件的查询是对某一类事件数据的查询，基于区域的查询是对某一区域所产生的事件数据的查询，对所有事件数据的查询请求(即数据收集)指对全网所有类型事件的查询。这 3 类查询都是以事件数据为中心的。我们用一个四元组(θ_1，θ_2，r_1，r_2)来描述基于区域的查询请求中待查询的区域，其中 θ_1 表示以网络区域的圆心为固定点，沿逆时针方向旋转得到圆，当圆的半径与待查询区域相交时圆的半径与水平方向的夹角；θ_2 表示以网络区域的圆心为固定点，从圆的半径沿逆时针方向与水平方向的夹角为 θ_1 的位置开始沿逆时针旋转，当圆的半径将要离开待查询区域时圆的半径与水平方向的夹角。r_1 表示网络中心位置到待查询区域的最短距离，r_2 表示网络中心位置到待查询区域的最长距离。这 3 类查询请求对应的查询请求数据包分别如下所示：

基于事件的查询请求的数据包格式为

$$\{VENT\_QUERY, event\_type, LOC_{src}\}$$

基于区域的查询请求的数据包格式为

$$\{ZONE\_QUERY, \theta_1, \theta_2, r_1, r_2, LOC_{src}\}$$

对所有事件数据的查询请求的数据包格式为

$$\{DATA\_COLLECTION, LOC_{src}\}$$

在 SVSR 方案中，当一个节点收到消息类型为 EVENT_QUERY 或 ZONE_QUERY 的查询请求时，节点首先判断其自身是否处于最优数据存储环中，如果该节点处于最优数据存储环，则可以直接在最优数据存储环中进行数据查询；如果节点不处于最优数据存储环中，则需要首先将查询请求发送到最优数据存储环，然后再在最优数据存储环中进行查找。

查询请求在最优数据存储环的查找过程：由最优数据存储环中第一个收到查询请求的节点开始，假设该节点为 F，F 首先在最优数据存储环中选择一个沿逆时针方向偏离自己最远的节点作为下一跳汇聚节点 F_1，并将查询请求发送给 F_1，然后将查询请求向邻居节点广播；F_1 采用与节点 F 相同的方法寻找下一跳汇聚节点和处理查询请求；其余汇聚节点处理查询请求的方式与节点 F 以及节点 F_1 相同，与节点 F 以及节点 F_1 不同的是，其余汇聚节点在寻找下一跳汇聚节点时首先检查其邻居节点中是否有节点 F，如果有，则选择节点 F 作为下一跳汇聚节点。汇聚节点的邻居节点在收到查询请求后首先检查查询请求的类型，如果类型为 EVENT_QUERY，则检查自身是否包含查询请求中 event_type 对应的事件类型：如果包含，则将该事件类型的数据返回给汇聚节点；如果不包含，则返回空消息。如果查询请求的消息类型为 DATA_COLLECTION，节点将存储在其上的所有数据返回给汇聚节点。当节点 F 收到一个邻居节点发来的查询结果时首先和本地的查询结果进行汇聚，以后每收到一个邻居节点发来的查询结果都要进行一次数据汇聚，并将最终的查询结果发送到下一跳汇聚节点。其余汇聚节点在将最优数据存储环内所有邻居节点发来的查询结果与本地的查询结果进行汇聚后，检查是否收到了来自上一跳汇聚节点的汇聚结果，如果没收到，则等待；如果收到，则将上一跳汇聚节点发来的查询结果与本节点的汇聚结果再进行一次汇聚，并将最终汇聚结果发送到下一跳汇聚节点。除节点 F 外的其余所有汇聚节点在收到上一跳汇聚结果后检查自身是否将其在最优数据存储环内的所有邻居节点发来的查询结果与本地查询结果进行了汇聚，如果没有，则等待；如果已经进行了汇聚，则将其邻居节点发来的查询结果的汇聚结果和上一跳汇聚节点发来的查询结果再进行一次汇聚，并将汇聚结果向下一跳汇聚节点发送。节点F收到来自上一跳汇聚节点的汇聚结果后，采用最短路径路由或者GPSR路由协议将汇聚结果发送给查询请求的发起节点。

对于区域查询，可以将查询请求发送到保存感知数据的待查区域的某个虚拟环区域的部分环中进行查询，而这段部分环区域不一定存在于最优数据存储环中，这取决于待查区域与最优数据存储环是否相交。如果相交，则一定要在最优数据存储环内的某段部分环区域内进行查询；如果不相交，则查询请求可以发送到存储了所有待查区域内数据的其他虚拟环区域的部分环中进行查询，这样做的目的是均衡负载。下面描述这一个查询过程。

当某一节点B收到一个msg_type为ZONE_QUERY的查询请求时，首先计算哪一个虚拟环区域中的哪一段环在靠近最优数据存储环的一侧距离待查区域最近并且保存了所有待查区域内节点产生的感知数据。假设从内到外的第k个虚拟环区域为最优数据存储环，最优数据存储环的内侧圆半径为r_1^k，外侧圆的半径为r_2^k，另外，假设收到msg_type为ZONE_QUERY的查询请求的节点为B，从内到外的第p个虚拟环区域在靠近最优数据存储环的一侧距离待查区域最近并且保存了所有待查区域内节点产生的感知数据，则有

$$\begin{cases} r\times p\leqslant r_1,\ (r+1)\times p>r_1,\ r_2^k<r_1 \\ r\times p\geqslant r_2,\ (r-1)\times p<r_2,\ r_1^k>r_2 \\ \qquad p=k,\ 其他 \end{cases} \tag{3-46}$$

由于节点分布较均匀，可认为感知数据在向最优数据存储环方向传输的过程中是沿产生感知数据的节点位置与网络中心位置所在的直线传输的，因此，待查区域内的感知数据可近似认为存储在第p个虚拟环区域中位于θ_1和θ_2之间的一段环区域内。节点B将查询请求数据包的格式改为如表3-12所示的格式。区域查询请求数据包修改后的格式为

$$\{\text{ZONE\_QUERY},\ p,\ \text{LOC}_{src},\ \text{LOC}_{dest}^1,\ \text{LOC}_{dest}^2\}$$

其中，LOC_{src}表示发出类型为ZONE_QUERY的查询请求数据包的节点位置，ID_{dest}^1表示长度为$\left(p-\frac{1}{2}\right)\times r$的一个线段，线段的其中一个端点为网络中心，另外一个端点为绕网络中心从水平方向开始沿逆时针旋转θ_1后的位置，LOC_{dest}^2表示长度为$\left(p-\frac{1}{2}\right)\times r$的一个线段，线段的其中一个端点为网络中心，另一个端点为绕网络中心从水平方向开始沿逆时针旋转θ_2后的位置。节点B将新建立的查询请求数据包中的msg_type设置为RING_QUERY，并将LOC_{dest}^1的值设置为$\left(\left(p-\frac{1}{2}\right)\times r\times\cos\theta_1+x_0,\ \left(p-\frac{1}{2}\right)\times r\times\sin\theta_1+y_0\right)$，将$\text{LOC}_{dest}^2$的值设置为$\left(\left(p-\frac{1}{2}\right)\times r\times\cos\theta_2+x_0,\ \left(p-\frac{1}{2}\right)\times r\times\sin\theta_2+y_0\right)$，然后节点B将该查询请求数据包按照GPSR路由协议路由到距离LOC_{dest}^1最近的节点。距离LOC_{dest}^1最近的节点发起在第p个虚拟存储环中位于(θ_1,θ_2)的部分环的查询，其查询过程类似于基于事件的查询在虚拟存储环中的查询过程。不同的地方是，汇聚节点在选择下一跳汇聚节点时首先判断它到LOC_{dest}^2的距离是否小于r，如果大于r，则选择沿逆时针方向距离自身最远的节点作

为下一跳汇聚节点；否则该节点不再选择下一跳汇聚节点，而是直接将最终的汇聚结果按照 GPSR 路由协议发送给发出类型为 ZONE_QUERY 的查询请求的节点。

综上，SVRS 方案与 VRS 方案虽然都是基于最优环的分布式数据存储方法，但是两者确定最优环的方法不同，前者为完全分布式的计算方法，后者则是集中式的计算方法。显然，前者的计算效率低于后者，但后者需要借助基站，缩小了其应用范围；而前者则适用于任意 WSN 应用场景。

本章小结

本章介绍了两种基于虚拟环的 WSN 分布式数据存储与查询处理方案，即 VRS 和 SVRS。二者都是分布式数据存储与查询处理技术，不同的是，VRS 方案需要借助基站来计算最优环的位置，其包含的算法既有集中式算法又有分布式算法；而 SVRS 方案中的算法全部是分布式算法，不需要基站的协助。在应用上，二者各有优缺点，VRS 方案在确定最优数据存储环方面不需要节点交换过多信息，因此更加高效；而 SVRS 方案不需要在网络中部署基站，成本更低。

第 4 章　WSN 中基于虚拟云的分布式数据存储与查询技术

4.1　技术背景

正如前面章节所述，目前 WSN 数据存储方式主要分为外部存储、本地存储、以数据为中心存储[1]和以位置为中心存储 4 种。外部存储是指所有节点把感应数据传输到基站，基站再把数据传输到外部数据库进行存储。这种外部存储方式方便数据查询，当查询频率远远大于数据产生频率时，一般选择这种数据存储方式；但当查询频率低于数据产生频率时，数据传输消耗的能量太大，此时不推荐使用外部查询方式。本地存储是指节点把感知到的数据在本地进行存储，自身响应数据查询请求，只有当数据产生频率远远大于数据查询频率时，这种存储方式才相对比较高效，否则，节点会因为泛洪查询请求而消耗大量的能量。以数据为中心的存储方式是指将数据命名，利用地理哈希函数将某一类型的数据映射到网络中的某一位置进行存储，这样，只需要将查询请求发送到属性数据对应的存储节点，即可进行数据查询。典型的以数据为中心的存储方法的主要技术特点是：GHT。这种数据存储方式虽然便于查询，但它有以下几个缺点：

① 数据存储开销比较大。

② 对距离不敏感，即有时候数据产生位置与数据查询请求发出位置十分接近，但数据还必须先发送到距离该数据产生位置很远的对应节点进行存储。

③ 可靠性不好，数据存储节点更易因能量消耗过多而失效。

④ 不能高效支持复合数据类型汇聚，比如查询“查找侦测到的动物和运输工具信息”。

本章提出了一种基于虚拟云的 WSN 分布式数据存储与查询技术方案。所谓虚拟云是指围绕网络中心的一组传感器节点，这组传感器节点拥有一定的网络拓扑结构，能够吸收和处理网络中其他非虚拟云中的节点发来的数据，并能够响应网络中任何地方的数据查询请求。虚拟云中节点的拓扑结构能够根据实际情况动态调整，云中的节点与非云中的节点能够实现动态转换。非虚拟云中的节点要进行数据存储或者发送查询请求，只需要作向心、离心或者绕心运动，简化了路由算法。与第3章介绍的基于虚拟环的分布式数据存储与查询方法相比，本章提出的方案具有一些新特点：建立虚拟云，由虚拟云来存储网络中产生的所有感知数据并响应网络中任何节点发起的查询请求。在初始阶段，本方案将虚拟云设定为节点以及其邻居节点组成的节点群(该节点群的中心节点位于到网络区域中心距离为整个网络最大距离的一半的圆的圆周所在的区域)。在应用过程中，虚拟云可根据节点的实际数据产生速率和查询频率进行动态调整。

之所以提出本章这样一个新方案，是因为前面章节中提到的虚拟环是一个形状固定的区域，即环形，区域形状无法自适应调整。由上文描述可知，WSN分布式数据存储方案中，一般选择网络中的若干节点作为数据存储节点，其余非数据存储节点我们称之为普通节点。由于一般情况下每个节点的数据产生率不是一成不变的，我们希望在方便数据查询的前提下尽可能地让数据存储节点靠近数据产生率高的节点或者区域，以减少数据转发的能量开销，即WSN在方便数据查询的前提下能够动态调整数据存储节点的位置；同时，考虑能量均衡性要求，网络中能量高的节点应共同承担数据存储和查询请求处理方面的任务。在数据量少的区域设置较少的数据存储节点，以减少数据查询消耗的能量和时延；而在数据量多的区域增加数据存储节点，分担节点存储负载以防止数据溢出。概括而言，本章提出方案的优点包括：

(1) 降低数据存储以及数据查询消耗的能量；

(2) 实现无基站情况下的数据存储和查询响应(基站的存储增加了网络成本以及网络的安全隐患，比如在军事应用领域，敌方很容易发现并破坏基站)；

(3) 简化数据存储和数据查询的路由算法；

(4) 根据区域数据产生率的变化动态调整存储节点的位置，使之接近数据产生率高的区域，以减少数据存储的能量开销；

(5) 使得节点能量消耗更加均匀，避免出现过热节点；

(6) 查询可以从网络中的任意区域发起。

下文将介绍基于虚拟云的WSN分布式数据存储与查询方案的具体内容，主要包括：① 相关概念和定义；② 虚拟云的初始构建方法；③ 虚拟云的动态调整方法；④ 虚拟云的自我修复方法；⑤ 基于虚拟云的WSN分布式数据存储与查询方法。

4.2 相关概念和定义

在基于虚拟云的WSN分布式数据存储与查询方案中，所有的WSN节点被分为两类：云内节点和云外节点。云内节点是指，组成虚拟云的所有传感器节点，而其他的节点都被称为云外节点。云内节点又被分为主链路节点和路标节点。在虚拟云中存在一条由多个链路首尾相连形成的围绕部署区域中心位置的闭合环路，主链路节点即为这条闭合环路上的节点，虚拟云中除主链路节点以外的节点都被称为路标节点。其中，主链路节点又被分为两类：数据存储节点和连接节点。顾名思义，数据存储节点即指负责感知数据存储的节点，

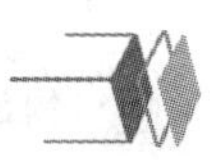

而主链路上不负责数据存储的节点则被称为连接节点。云外节点是指，在整个 WSN 中除云内节点以外的节点。云外节点也被分为两类：向心节点和离心节点。其中，向心节点指向着靠近网络中心位置的方向转发感知数据的节点；相反，离心节点指朝着远离网络中心位置的方向转发感知数据的节点。为方便区分离心节点和向心节点，我们为每个节点设置了一个标志变量 rout_tag，当其值为 0 时，该节点为向心节点；当其值为 1 时，该节点为离心节点。此外，为便于描述，本章还给出了如下定义：

定义 4－1　节点的传输半径： 节点以适当的功率发射的信号所能传输到达的最大距离。

定义 4－2　节点的旋转半径： 数据存储节点在进行扩展的过程中，即新加入的数据存储节点在寻找下一个新的数据存储节点的加入时，需要以一定的长度绕该节点从该节点与原需要扩展的数据存储节点的连线开始，沿逆时针或者顺时针旋转。在这个过程中旋转的长度就称为节点的旋转半径。

定义 4－3　数据存储节点的扩展圆： 以需要进行扩展的数据存储节点为圆心，以传感器节点的传输半径为半径的圆。

定义 4－4　扩展圆启动节点： 虚拟云主链路上，在需要进行扩展的数据存储节点两侧分别距离该数据存储节点对应扩展圆最近的节点。

定义 4－5　物理相邻节点： 如果两个节点彼此都在对方的通信范围之内，我们称这两个节点物理相邻。

定义 4－6　逻辑相邻节点： 对于两个数据存储节点，如果在主链路上数据可以不经过任何其他数据存储节点就从一个数据存储节点传输到另外一个数据存储节点，我们就称这两个数据存储节点为逻辑相邻。

定义 4－7　动态收缩冲突： 对于任意一对逻辑相邻的数据存储节点来说，如果这两个数据存储节点之间在进行虚拟云动态收缩调整时，这两个数据存储节点或者其中的一个在这两个数据存储节点之间又发起新一轮的虚拟云动态收缩调整，我们就称这种现象为动态收缩冲突。

定义 4－8　传感器节点的旋转角： 对于传感器网络中的任意一个节点 A，如果射线 $\overrightarrow{OF}$（水平向右的一条射线）绕 O 点沿逆时针旋转 α 角后与射线 $\overrightarrow{OA}$ 重合，我们就称 α 为节点 A 的旋转角。

4.3　虚拟云的初始构建方法

假设传感器网络中心位置已知，并且部署完成后的节点分布比较均匀。首先节点完成自我定位工作，并互相交换邻居节点位置信息；然后寻找网络中距离网络中心位置最近的节点。虚拟云的初始构建由距离网络中心位置最近的节点发起，为便于描述，我们称这一节点为 C 节点。寻找 C 节点的方法是：在传感器节点布置完成后，由网络中任意一个节点采用 GPSR 路由协议向网络中心位置发送寻找距离网络中心位置最近的节点的请求消息。这一消息的目的地节点便是 C 节点。C 节点在确定自己是距离网络中心位置最近的节点后向全网广播其位置信息。此后，所有节点都以 C 节点的位置作为网络中心位置，下文所述的网络中心位置也是指 C 节点的位置。

由 C 节点发起的虚拟云的初始构建方法是：C 节点选择一个距离以 C 节点所在位置为圆心、以传感器节点的通信半径 r 为半径的圆的圆周最近的节点 B，并向该节点发送虚拟云构建消息。收到该消息后，B 节点沿着以 C 为圆心，以 r 为半径的圆作圆周运动，途中经过的节点作为数据存储节点，每一个数据存储节点都要向其一跳邻居节点广播新数据存储节点建立的消息，收到该消息的邻居节点把自己的节点类型改为路标节点，同时记录新建立的数据存储节点的 ID。

4.4 虚拟云的动态调整方法

4.4.1 虚拟云动态调整时需要考虑的因素

在大部分时间里，虚拟云都处于一种稳定状态。只有在一定条件下虚拟云才会进行动态调整。虚拟云的动态调整包括虚拟云的扩张、收缩、节点的替换、处理云内部节点类型的转换以及云内云外节点类型的转换等。决定虚拟云动态调整的因素主要有下述 4 个。

第一个因素是虚拟云主链路上节点的数据接收率。虚拟云主链路上的节点分为两种，一种是数据存储节点，另一种是连接节点。对于数据存储节点而言，其处于稳定状态的条件之一是数据存储节点的数据接收率要在上门限值和下门限值之间。上门限值是指数据存储节点所能允许的最大数据接收率，下门限值是指数据存储节点所能允许的最小数据接收率。当数据存储节点的数据接收率大于上门限值时，虚拟云要么将该节点的邻居节点中处于虚拟云主链路上的连接节点变为数据存储节点(主链路上属于该节点的邻居节点的部分节点中存在连接节点时)，要么在节点附近进行动态扩展，即顺着节点对应扩展圆的轨迹寻找新的数据存储节点，通过在原数据存储节点附近增加新的数据存储节点来分担原数据存储节点的负荷，通过选择更靠近数据产生位置的节点作为数据存储节点来减少数据存储所需的能量开销。当数据存储节点的数据接收率小于下门限值时，数据存储节点要进行节点类型的转换，把自己的节点类型变为连接节点，同时将这一转变通知其邻居节点。

第二个因素是虚拟云主链路上节点的剩余能量。当虚拟云主链路上某节点的剩余能量低于某给定门限值时，该节点计算最近一个数据采集周期内该节点收集到数据时其产生位置的中心点，然后在其邻居节点当中选择距离这一中心点较近且剩余能量最大的节点作为新的主链路节点来代替该节点。

第三个因素是虚拟云主链路上的数据存储节点所存储的数据量。当虚拟云主链路上某个数据存储节点所存储的数据量小于某给定门限值时，虚拟云是否需要在该节点处进行调整由其他因素决定。当虚拟云主链路上某个数据存储节点所存储的数据量大于某给定门限值时，虚拟云必须在该点处进行调整。

第四个因素是虚拟云主链路上两个相邻的数据存储节点之间连接节点的个数。当主链路上两个相邻的数据存储节点之间的连接节点的个数小于某给定门限值时，虚拟云不需要

作收缩调整；当主链路上两个相邻的数据存储节点之间的连接节点的个数大于某给定门限值时，虚拟云必须作收缩调整。

4.4.2　虚拟云中主链路节点能量不足时的调整策略

前一小节提到，当主链路上节点剩余能量不足时，需要寻找一个新的剩余能量较大且距离数据产生位置中心较近的节点代替它，本节我们将详细地叙述一下该替代过程。为了叙述方便，我们称被代替的主链路节点为原主链路节点，代替者为替代节点。在进行替代工作之前，原主链路节点首先向其主链路上的上下跳节点组播一个节点替换消息，当原主链路节点在主链路上的上下跳节点收到这一消息后，即使剩余能量低于门限值 T_e，也要等到发送这一消息的原主链路节点替代工作完成后才进行自身的替代工作。这样做的目的是避免相邻的两个主链路节点同时进行替代工作。

替代工作开始时，原主链路节点首先计算最近一个数据采集周期内收集到数据时其所在的平均位置，然后询问其邻居节点的剩余能量情况，并在其邻居节点当中选择距离这一位置较近且剩余能量最大的节点作为新的主链路节点。为了使替代节点加入主链路，原主链路节点计算自己在主链路上的上下跳节点到替代节点之间的距离，如果替代节点与原主链路节点所在的主链路上的上下跳节点之间的距离小于传感器节点的传输半径，则原主链路节点直接把自己所在的主链路上的上下跳节点 ID 告诉新的数据存储节点；如果替代节点与原主链路节点所在的主链路上的上下跳节点中的一种节点间的距离小于传感器节点的传输半径，而与另一种节点间的距离大于节点的传输半径，则原主链路节点需要在大于传感器节点的传输半径的两个节点之间选择一个桥梁节点作为中介；如果替代节点与原主链路节点所在的主链路上的上下跳节点之间的距离都大于传感器节点的传输半径，则原主链路节点需要分别在替代节点与原主链路节点所在的主链路上的上一跳主链路节点之间以及替代节点与原主链路节点所在的主链路上的下一跳节点之间各选择一个桥梁节点。桥梁节点从满足以下两个条件的节点中选取能量最大的：

① 同时和替代节点以及原主链路节点所在的主链路上的上一跳主链路节点或者下一跳主链路节点相邻。

② 剩余能量值大于 T_e。

选择了替代节点以及桥梁节点之后，原主链路需要向替代节点发送一条消息，消息的内容包含原主链路节点所在的主链路上的上下跳节点 ID、对应桥梁节点 ID 以及消息类型。如图 4-1 所示，假设节点 A 为原节点，B 节点为 A 节点选择的替代节点。A 向 B 发送的消息格式为

$$A \rightarrow B: \{ID_A, ID_B, ID_{UP}, ID_{U-B}, ID_{DOWN}, ID_{D-B}, NTP, MTP\} \qquad (4-1)$$

其中，ID_{UP} 表示原主链路节点的上一跳主链路节点的 ID，ID_{U-B} 表示替代节点与原主链路节点的上一跳主链路节点之间桥梁节点的 ID，ID_{DOWN} 表示原主链路节点的下一跳主链路节点，ID_{D-B} 表示替代节点与原主链路节点的下一跳主链路节点之间桥梁节点的 ID，NTP 表示节点 A 在原主链路上的节点类型（连接节点或是数据存储节点），MTP 表示消息类型。当替代节点与原主链路所在的主链路上的上下跳节点中的一个或者全部互为邻居节点时，

对应桥梁节点的 ID 为空值。

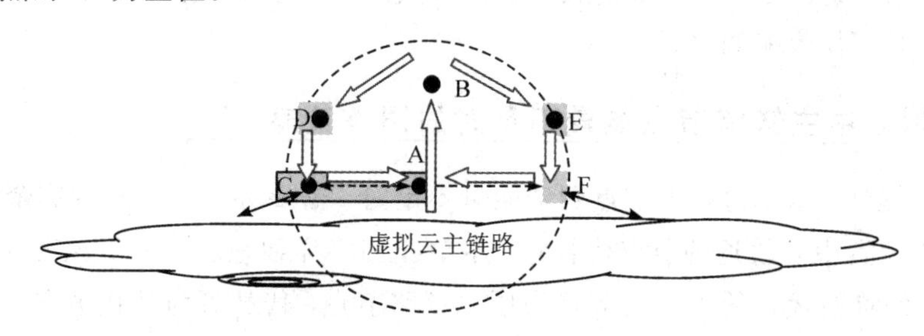

图 4-1　能量不足的主链路节点的替换

当没有满足上述两个条件的桥梁节点时，替代节点需要利用经过修改的 GPSR 路由协议寻找能够到达原主链路节点的上下跳主链路节点的桥梁节点，修改后的 GPSR 路由协议在寻找主链路上的下一跳节点时会考虑节点的剩余能量情况。修改后的 GPSR 路由协议在选择下一跳节点时需要作以下工作：

(1) 选出距离目标位置更近的节点集合；

(2) 询问这个集合中的节点的剩余能量情况；

(3) 选择剩余能量最高的节点作为下一跳；

(4) 按照修改过的 GPSR 路由协议选出的每一个下一跳节点都作为连接替代节点与原主链路节点之间的桥梁节点。

在此过程中，节点之间转发的消息中包含消息发送节点的 ID、接收节点的 ID、目标节点位置、原主链路节点类型和消息类型等信息。图 4-1 中节点 B 向节点 E 发送的消息格式可写作：

$$B \rightarrow E: \{ID_B, ID_E, LC_{TARGET}, NTP, MTP\} \tag{4-2}$$

在此消息转发的过程中，替代节点以及每一个桥梁节点都要把自身的节点类型改为消息中的 NTP 类型。当原主链路节点所在的主链路上的上一跳节点或者下一跳节点与桥梁节点或者替代节点成功建立连接时，向原主链路节点发送替代成功消息。图 4-1 中 F 节点在与 E 节点成功建立连接后，F 节点向 A 节点发送替代成功消息，消息的格式为

$$F \rightarrow A: \{ID_F, ID_A, MTP\} \tag{4-3}$$

原主链路节点收到其所在的主链路上的上一跳节点以及下一跳节点发来的替代成功消息后，向邻居节点广播主链路节点删除消息。图 4-1 中 A 节点广播的主链路节点删除消息的格式为

$$A \rightarrow *: \{ID_A, LC_{REPLACER}, MTP\} \tag{4-4}$$

其中，$LC_{REPLACER}$ 表示替代节点的位置。收到主链路节点删除消息的云内节点将原主链路节点从对应的数据存储节点表(集)或者连接节点表(集)中删除。当云内节点将一个主链路节点信息从其数据存储节点集或者连接节点集中删除时，需要检查这两个集合是否同时为空，如果同时为空，则该节点将其节点类型改为云外节点，同时将这两个集合从存储空间中删除，然后根据原主链路节点发送过来的主链路节点删除消息中替代节点的地理位置，判断节点是向心节点还是离心节点。假设节点 H 收到一条来自节点 A 的主链路节点删除消息，节点 H 将节点 A 的信息从连接节点集或者数据存储节点集中删除之后，这两个集合

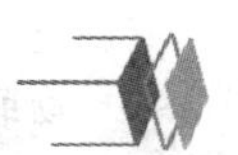

都变为空集合，则节点 H 将自身节点类型改为云外节点，同时将这两个集合从存储空间中删除；然后按照如下方法判断是向心节点还是离心节点：当替代节点到网络中心位置的距离大于 H 节点到网络中心位置的距离时，节点 H 为离心节点；当替代节点到网络中心位置的距离小于 H 节点到网络中心位置的距离时，节点 H 为向心节点。

原主链路节点所在的主链路上的上下跳节点收到原主链路节点发来的主链路节点删除消息时，向替代节点方向转发删除成功消息，收到该消息的每一个新加入的主链路节点(替代节点以及桥梁节点)都要向其邻居节点广播新的主链路节点加入消息。图 4－1 中节点 D 向其邻居节点广播的新主链路节点加入消息的消息格式为

$$D \to * : \{ID_D, NTP, MTP\} \tag{4-5}$$

收到该消息的云内节点将消息中的节点号放入对应的数据存储节点集或者连接节点集；收到该消息的云外节点首先建立数据存储节点集和连接节点集，然后将消息中的节点号放入对应的数据存储节点集或者连接节点集，并将自身的节点类型改为云内节点，同时作为虚拟云的路标节点。

4.4.3　虚拟云的动态扩展方法

在虚拟云中，数据存储节点的数据接收率不能太高，太高将会导致该数据存储节点的负荷过重；同时，数据存储节点的数据接收率也不能太低，太低就会降低数据查询的效率。我们为数据存储节点设定了数据接收率的上限 T_{rt_up} 和下限 T_{rt_dw}，当数据存储节点的数据接收率低于其下限时，将其(节点类型)改为连接节点；当数据存储节点的数据接收率高于其上限时，数据存储节点首先检查它在虚拟云主链路上的邻居节点有没有连接节点：如果有，则通知该节点将其改为数据存储节点，然后由该节点向其一跳邻节点发送新的数据存储节点成立消息；如果没有，则虚拟云在该点附近进行扩展。

扩展的方法是：高于数据接收率上限的节点首先向其两跳邻居节点广播扩展消息，扩展消息中包含要进行动态扩展的数据存储节点位置和 ID 信息。假设节点从开始发送扩展消息到目的节点完全接收扩展消息所消耗的时间为 t，则扩展消息发送节点在发送完扩展消息后的等待时间为 $3t$；如果在这段时间内收到邻居节点的数据取消扩展信息，则该节点等待一个数据收集周期 T 后再发送扩展消息。

一个节点收到来自两个不同节点的扩展消息时，先比较这两个节点的 ID 的大小，然后向 ID 较小的节点发送数据取消扩展消息。当扩展消息发出节点在等待 $3t$ 时间后没有收到邻居节点发来的数据取消扩展消息时，计算上一个周期内接收到数据的来源节点的平均位置 lc，如果 lc 在该数据存储节点所覆盖的范围内，则该数据存储节点选择邻居节点中数据产生率较大的几个节点来代替自身(作为新的数据存储节点)加入虚拟云主链路中。否则比较 lc 与该数据存储节点位置到网络中心位置的距离间的大小，如果 lc 到网络中心位置的距离大于该数据存储节点到网络中心位置的距离，则虚拟云在该数据存储节点处向外扩张，否则向内扩张。

综上，可将虚拟云在该数据存储节点上的扩展方法简述为：首先，该数据存储节点向其对应的扩展圆的启动节点中的一个节点发送扩展启动消息。扩展启动消息中包含另外一

个扩展圆启动节点的ID和节点的初始旋转半径。节点的初始旋转半径由需要进行扩展的数据存储节点根据本地信息进行计算，计算公式如下：

$$R_t=\min\left\{\frac{\pi R_c}{\left(\frac{r_T*(N_c-2)}{r_{normal}}\right)},R_c\right\} \tag{4-6}$$

式(4-6)中，R_t 表示节点的旋转半径，R_c 表示节点的传输半径，r_T 表示需要扩展的数据存储节点在上一个时间周期内的数据接收率，N_c 表示扩展圆中主链路上节点的个数，r_{normal} 表示数据存储节点所允许的数据接收率的最大值。

当数据存储节点的扩展圆的启动节点(也称扩展启动节点)收到该数据存储节点的扩展圆启动消息后，该扩展圆的启动节点以 R_t 为半径，从该启动节点指向扩展圆所对应的数据存储节点的方向沿顺时针或者逆时针(如果从扩展圆的启动节点指向扩展圆所对应的数据存储节点方向开始，绕扩展圆的启动节点沿顺时针旋转可到达扩展圆的启动节点指向数据中心位置所代表的向量的方向，则沿顺时针绕扩展圆的启动节点旋转，否则沿逆时针旋转)旋转，直到到达旋转开始时旋转方向的反方向。这一过程我们称之为一个扫描过程，在一次扫描过程中被扫描到的区域我们称之为发起扫描的节点的扫描区域。扩展圆的启动节点在经过一次扫描之后，选择扫描区域中距离扩展圆最近且到扩展圆的距离小于$\frac{R_c}{k_1}(k_1>1)$的节点作为新的下一跳数据存储节点，并向该节点转发扩展启动消息。如果在节点的扫描区域内不存在满足上述条件的节点，则节点调节自己的扫描半径，重新进行扫描。第 $k_2(k_2=1, 2, \cdots)$ 次扫描的扫描半径为

$$k_2R_t=\min\left\{\frac{k_2*\pi R_c}{\left(\frac{r_T*(N_c-2)}{r_{normal}}\right)},R_c\right\} \tag{4-7}$$

收到该扩展启动消息的下一跳数据存储节点用同样的方法寻找自己的新的下一跳数据存储节点，这一过程一直持续到某一新加入的数据存储节点在其扫描区域内发现扩展启动消息中包含另外一个启动节点。此时，新的数据存储节点(该节点为发现扩展启动消息中包含另外一个扩展启动节点的节点)向该扩展启动节点发送扩展成功消息，当该扩展启动节点收到此扩展成功消息后，将其发送给扩展圆对应的数据存储节点，然后由扩展圆对应的数据存储节点将该扩展成功消息向其两跳邻居节点广播。

当扩展圆内的主链路节点(两个扩展启动节点除外)收到该扩展成功消息时，向其邻居节点广播主链路节点删除信息。主链路节点删除信息包含该消息的发布者信息和一个扩展标志 EXPEND_TAG(EXPEND_TAG 的值为 0 时表示虚拟云主链路在该节点处向外扩展，而当 EXPEND_TAG 的值为 1 时表示虚拟云的节点向内扩展)。收到主链路节点删除信息的节点将这些主链路节点的信息从该节点的数据存储节点集或者连接节点集中删除。当存在一个节点而该节点的数据存储节点集以及连接节点集都为空值时，该节点检查使这两个集合由至少一个非空到都为空值的主链路节点删除消息中的 EXPEND_TAG 的值。如果 EXPEND_TAG 的值为 0，则该节点将自身的节点类型设置为离心节点；如果 EXPEND_TAG 的值为 1，则该节点将自身的节点类型设置为向心节点。

当新成立的数据存储节点收到该扩展成功消息时，向其邻居节点广播新数据存储节点成立的消息。当这些新成立的数据存储节点的邻居节点收到新数据存储节点成立的消息时，如果该邻居节点为云内节点，则这类邻居节点将该新成立的数据存储节点的 ID 存入自己的数据存储节点集中；如果该邻居节点为云外节点，则这类邻居节点将自己的节点类型改为路标节点，然后生成一个空的数据存储节点集，将该新成立的数据存储节点加入这个数据存储节点集中。

4.4.4　虚拟云的动态收缩方法

如果虚拟云只执行扩展操作，虚拟云主链路将会变得越来越长。这样，当网络感知数据产生量减少时，主链路上会出现大量的连接节点，查询请求在这些节点上得不到需要的数据但又必须经过这些节点，这样在数据查询时会浪费大量的能量。为了减少这样的能量浪费，虚拟云需要进行动态收缩来减少虚拟云主链路上的连接节点的个数。当虚拟云主链路上两个数据存储节点之间的主链路上没有其他数据存储节点，并且这两个数据存储节点之间的连接节点的个数大于某一预定门限值 $N_{\text{link\_node}}$ 时，为了节约数据查询所消耗的能量开销，虚拟云可能需要在这两个数据存储节点进行收缩调整。两个数据存储节点之间是否进行收缩调整，除了上面所说的一个条件外，还需要另外一个条件，即两个数据存储节点之间的连接节点的个数大于这两个数据存储节点之间的距离与传感器节点传输半径比值的 $k_3(k_3>1)$ 倍。在某些情况下，两个数据存储节点之间的连接节点的个数 $N_{\text{real\_link}}$ 会超过某一预定门限值 $N_{\text{link\_node}}$，但也可能存在 $N_{\text{real\_link}}$ 的值很接近 A 与 B 之间最短路径上的节点数的情况，此时就不需要进行收缩调整了，因为调整的结果并不能使 A 与 B 之间连接节点的个数减少很多。如果用 $N_{\text{real\_link}}$ 表示在主链路上这两个数据存储节点之间连接节点的实际个数，A 和 B 分别表示这两个数据存储节点，$D_{\text{A\_B}}$ 表示这两个节点之间的距离，R_{c} 表示节点的传输半径，则虚拟云在节点 A、B 之间需要进行收缩调整的条件可归结为：

(1) 在主链路上 A、B 之间只有连接节点；

(2) $N_{\text{real\_link}}$ 的值大于$(k_3 * D_{\text{A_B}})/R_{\text{c}}$ 与 $N_{\text{link\_node}}$ 之间距离的最大值。

对于任意两个满足虚拟云动态收缩条件的数据存储节点 A 和 B，最佳的收缩方法是把 A、B 之间最短路径上的主链路节点变为新的虚拟云主链路节点，而把原来处于节点 A 和节点 B 之间且不在 A、B 之间的最短路径上的主链路节点变为云外节点或者云内的路标节点，这样会大大减少数据查询的开销。不过，我们仍需要解决两个问题，第一个问题是如何避免在虚拟云动态收缩的过程中使网络中心位置排斥到主链路包围的区域之外，一旦网络中心位置被排斥到主链路包围的区域之外，许多节点产生的数据都会发送到距离网络中心位置最近的节点无法被主链路接收到，这样会加重网络中心位置附近节点的负担，同时，查询请求也无法通过访问主链路上的数据存储节点而获得存储在这些节点上的数据；第二个问题是，虚拟云进行动态收缩调整后，许多节点的节点类型需要转变，例如部分处于原虚拟云所包围区域内的节点将会被排斥到新虚拟云所包围区域之外，即节点的类型需要从离心节点转换为向心节点。关于第二个问题的解决方案我们将会在本章后续小节中讨论，本小节主要解决第一个问题。

在传感器节点部署之前，节点设置服务器在每个传感器节点中下载两个位置信息，一个是网络中心位置的坐标(这个中心位置坐标可能与传感器节点网络的实际中心位置有偏差，但在偏差不大的情况下对我们的技术方案影响不大，下文提到的网络中心点都是指节点设置服务器下载的网络中心位置的坐标)，另外一个是参考点的位置坐标，这个坐标可以随意指定，但不能与前面的网络中心位置坐标相同。传感器节点部署完成后，根据已有的无线传感器网络中的定位算法确定自身位置，然后计算旋转角。旋转角的定义见式(4－8)，网络中心点用字母 O 表示，参考点用字母 F 表示。

我们采用的节点定位算法以网络中心点的位置为坐标原点，以原点指向参考点的方向为横坐标的正方向，则网络中心点的位置坐标为(0，0)，参考点位置坐标为($L_{F,x}$，0)。如果用($L_{A,x}$，$L_{A,y}$)表示网络中任意节点 A 的坐标，则节点 A 的旋转角 α_A 的计算公式为

$$\alpha_A=\begin{cases}\arctan\dfrac{|L_{A,y}|}{|L_{A,x}|} & (L_{A,x}>0,\ L_{A,y}>0)\\[2ex] \pi-\arctan\dfrac{|L_{A,y}|}{|L_{A,x}|} & (L_{A,x}<0,\ L_{A,y}>0)\\[2ex] \pi+\arctan\dfrac{|L_{A,y}|}{|L_{A,x}|} & (L_{A,x}<0,\ L_{A,y}<0)\\[2ex] 2\pi-\arctan\dfrac{|L_{A,y}|}{|L_{A,x}|} & (L_{A,x}>0,\ L_{A,y}<0)\end{cases} \tag{4-8}$$

每个节点都要保存计算出来的旋转角，以备在动态收缩算法中使用。下面我们给出满足收缩条件的两个数据存储节点之间的动态收缩算法。

假设主链路上某一数据存储节点 B 收到了一个满足动态收缩条件的查询请求，该查询请求所经过的上一个数据存储节点为节点 A。为了简化动态收缩算法，我们规定，所有的查询请求都是按逆时针方向沿虚拟云主链路进行传播的，则节点 A 与节点 B 之间动态收缩算法的基本思想是，节点 B 首先沿顺时针方向沿原虚拟云主链路向节点 A 发送一条虚拟云收缩调整消息，途中收到该消息的每一个虚拟云主链路节点都在本地生成一个标识符 Old_Connect_Node，并将该标识符的值设定为 1，然后将这一改变通知与其相邻的路标节点。每一个路标节点都维护一个连接节点表。如果路标节点发现与其相邻的连接节点设立了 Old_Connect_Node 标识，则路标节点在其连接节点表中将该连接节点对应的 Old_Connect_Node 设置为 1。当节点 A 成功接收到虚拟云动态收缩调整消息后，新建一条从 A 到 B 的尽可能短的路径。为了避免新建路径与不拥有 Old_Connect_Node 标识符的原虚拟云主链路相交(有公共节点)，在选择新路径节点的时候要避免选择一种类型节点(即该类型节点为连接节点或者数据存储节点，同时没有 Old_Connect_Node 标识符)。为了避免将网络中心节点排斥到处理云主链路所包围区域之外，在构建这条新路径时，对于下一跳的选择，要按照顺时针贪婪的方式，即下一跳节点要尽可能地靠近节点 A，同时，该节点一定要在射线 OB 沿顺时针旋转到达射线 OA 所扫描过的区域之内。每一个新加入新路径的节点都要新建一个 New_Route 标识符，并设置初始值为 1。

新路径建成后，节点 B 沿新路径向节点 A 发送新路径建成消息，路径上的每一个节点都建立一个 New_Cloud 标识符，设置该标识符的值为 1，并将该节点的节点类型变为连接

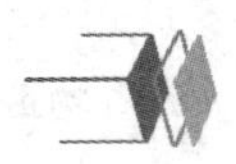

节点，同时保存节点的原始节点类型，删除 New_Route 标识符。如果新路径上某节点的原始节点类型为路标节点并且该节点的连接节点集中存在 Old_Connect_Node 的值为 1 的节点，或者新路径上某节点的原始节点类型为连接节点并拥有 Old_Connect_Node 标识符时，该节点新建标识符 Cross_Node，并设置其初始值为 1。然后，新路径上的节点向其邻居节点广播新路径建成消息，消息的格式如下：

$$NODE_{new\_route} \rightarrow * : \{MessageType, NodeID, NodeType, New\_Cloud\} \quad (4-9)$$

收到该消息的节点如果具有 New_Route 标识符，则该节点重复执行广播该消息的节点在收到同类消息后所执行的操作；如果收到该消息的节点当前为路标节点，则该节点将消息发送者的节点 ID 保存到连接节点表中：如果该路标节点还未建立 New_Cloud 标识符，则新建 New_Cloud 标识符，并设置初始值为 1。如果收到该消息的节点为连接节点或者数据存储节点，同时节点上没有维护 Old_Connect_Node 标识符，则丢弃该消息；如果收到该消息的节点是连接节点，同时拥有 Old_Connect_Node 标识符，则该节点建立一个名为 Future_Type 的新标识符，并将该标识符的值设置为 Land_Mark_Node，即路标节点；如果收到该消息的节点为向心节点或者离心节点，则该节点将自身的节点类型变为路标节点，并新建连接节点表，同时将消息中的节点 ID 保存在该连接节点表中。连接节点表主要包含“Connect_Node_ID”和“Old_Connect_Node”两个字段。

当节点 A 收到新路径建成消息后，表明虚拟云已经从 A 到 B 沿逆时针建立了新的区域部分，此时我们需要更改虚拟云从 A 到 B 沿逆时针建立的区域部分的节点以及新旧两部分所包围区域内节点的类型。处于 A 与 B 之间虚拟云新旧两部分所包围区域内的新节点的类型应该是原节点类型的反类型，即如果原节点类型为向心节点，则新节点类型为离心节点；反之，如果原节点类型为离心节点，则新节点类型为向心节点。问题是，如何让原节点改变其类型。另外，确定信息在 A 到 B 之间沿逆时针建立的原虚拟云区域部分的节点类型也是一个需要解决的问题。为了解决这些问题，本节提出了动态收缩过程中的节点类型改变算法，其内容描述如下：

第一步，节点 A 沿 A 与 B 之间新建的虚拟云主链路向节点 B 发送节点类型改变消息，节点类型改变消息包含消息的发送者、接收者 ID，消息发送者的节点类型，消息类型，Need_Find_Node 标志符。其中的消息类型为 Node_Type_Shrinkage。Need_Find_Node 标志符为 0 时表示新建主链路上的节点不需要发送节点查找消息，其为 1 时表示需要发送节点查找消息，初始值为 1。下面介绍节点查找消息。

第二步，新建主链路上的节点收到节点类型调整消息后，首先检查自身是否存在 Cross_Node 标识符，如果存在，检查 Need_Find_Node 标识符是否为 1，如果不为 1，则将 Need_Find_Node 的值改为 1，同时更改消息中消息发送者以及消息接收者的 ID 信息并沿新建主链路向下一跳转发该消息；如果为 1，则更改消息中消息发送者以及消息接收者的 ID 信息并沿新建主链路向下一跳转发该消息。如果新路径上的节点不存在 Cross_Node 标识符，则检查该节点的邻居节点是否存在连接节点表中 Old_Connect_Node 项为 1 的节点，如果存在，对该节点所做的操作与 Cross_Node 标识符为 1 时的操作相同；如果邻居节点中不存在连接节点表中 Old_Connect_Node 项为 1 的节点，检查 Need_Find_Node 标志符的

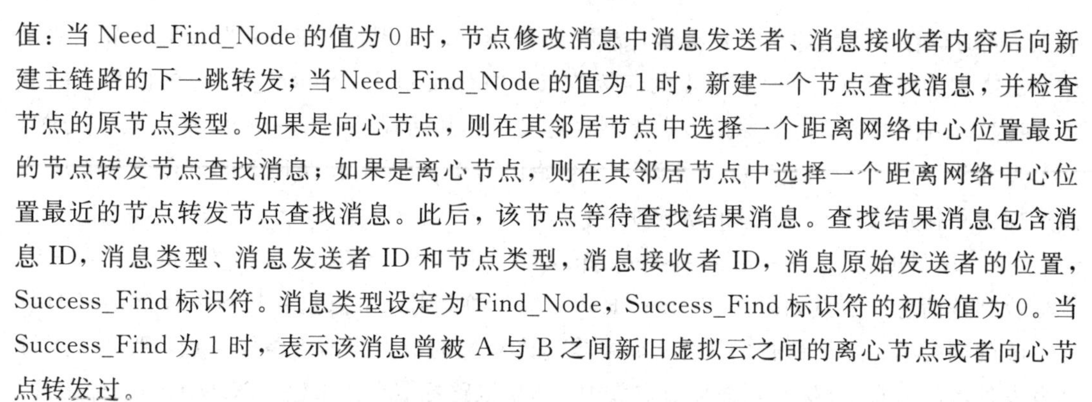

值：当 Need_Find_Node 的值为 0 时，节点修改消息中消息发送者、消息接收者内容后向新建主链路的下一跳转发；当 Need_Find_Node 的值为 1 时，新建一个节点查找消息，并检查节点的原节点类型。如果是向心节点，则在其邻居节点中选择一个距离网络中心位置最近的节点转发节点查找消息；如果是离心节点，则在其邻居节点中选择一个距离网络中心位置最近的节点转发节点查找消息。此后，该节点等待查找结果消息。查找结果消息包含消息 ID，消息类型、消息发送者 ID 和节点类型，消息接收者 ID，消息原始发送者的位置，Success_Find 标识符。消息类型设定为 Find_Node，Success_Find 标识符的初始值为 0。当 Success_Find 为 1 时，表示该消息曾被 A 与 B 之间新旧虚拟云之间的离心节点或者向心节点转发过。

第三步，当一个节点收到查找结果消息后，首先检查该节点的当前类型，如果是离心节点，则在邻居节点中选择距离网络中心位置最远的节点作为下一跳节点，修改消息中消息发送者 ID 和节点类型，并将 Success_Find 的值设置为 1，然后继续转发该消息；如果是向心节点，则在邻居节点中选择距离网络中心位置最近的节点作为下一跳，修改消息中消息发送者 ID 和节点类型，并将 Success_Find 的值设置为 1，然后继续转发该消息；如果是数据存储节点，则生成一条查找结果消息，返回给查找结果消息的原始发送者，即新建虚拟云主链路上的某个节点，返回的过程可以采用最短路径算法计算。查找结果消息包含消息的最终目标节点位置、下一跳节点 ID、消息 ID 和 Success_Find 标识符。查找结果消息中的消息 ID 设置为该数据存储节点收到的查找结果消息的 ID，Success_Find 标识符值设置为 0；如果收到查找结果消息的节点的类型为连接节点，则检查该节点是否具有 Old_Connect_Node 标识符，如果没有 Old_Connect_Node 标识符，则采用和数据存储节点收到查找结果消息时相同的操作；如果有 Old_Connect_Node 标识符，则检查消息发送者是否为离心节点或向心节点，如果不是，则生成一条查找结果消息，返回给查找结果消息的原始发送者。如果消息的发送者是向心节点或离心节点，则一方面生成一条查找结果消息，将其中 Success_Find 的标识符置为 1，并返回给查找结果消息的原始发送者；另一方面，生成一条类型改变消息，发回上一跳发出查找结果消息的节点。类型改变消息包含消息类型、发送者 ID、发送节点类型、接收节点的 ID 以及消息 ID，改变消息节点的类型为 Type_Change_Shrinkage。如果收到节点查找消息的节点是路标节点，则检查其连接节点表中是否存在 Old_Connect_Node 项为 1 的节点：如果没有 Old_Connect_Node 项为 1 的节点，或者有 Old_Connect_Node 标识符但消息发送者的节点类型既不是离心节点也不是向心节点，则生成一条查找结果消息，将其中 Success_Find 的标识符置为 0，返回给查找结果消息的原始发送者；如果该节点的连接节点表中存在 Old_Connect_Node 项为 1 的节点，同时消息的发送者是离心节点或向心节点：则一方面生成一条查找结果消息，将其中 Success_Find 的标识符置为 1，并返回给查找结果消息的原始发送者；另一方面，生成一条类型改变消息，发回给上一跳发送查找结果消息的节点。

第四步，当一个节点收到一条类型改变消息时，首先检查节点中是否保存变量 Last_TypeChange_ID，如果保存该变量，则检查 Last_TypeChange_ID 的值是否与类型改变消息的 ID 相等：如果相等，则丢弃类型改变消息；如果不相等，则将类型改变消息的 ID 赋给变

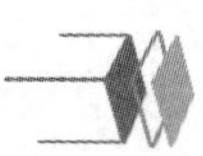

量 Last_TypeChange_ID。如果节点中没有保存该变量，则新建变量 Last_TypeChange_ID 并将类型改变消息的 ID 值赋给它。然后，节点检查自身的类型：

(1) 如果节点的类型为离心节点，则将其类型改为向心节点，然后将类型消息中的发送者 ID 和类型改成该节点的 ID 和类型，并将消息接收者的 ID 设置为 *，广播该消息。

(2) 如果节点的类型为向心节点，则节点将其类型改为向心节点，然后将类型消息中发送者的类型改为离心节点，将消息接收者的 ID 设置为标识符"*"，广播该消息。

(3) 如果节点的类型为路标节点，则检查消息发送者的节点 ID 是否存在于其连接节点表中：如果存在，则将连接节点表中消息发送者所对应的一行数据删除；如果此时节点的连接节点表为空，则新建变量 Future_Type，将 Future_Type 的值设定为消息发送者的类型，同时启动计时器(如果节点已经启动了计时器则不必重新启动)，待计时器计时结束，将本节点的类型改为变量 Future_Type 对应的类型，同时清除变量 Future_Type；如果此时节点的连接节点表不为空，则丢弃该消息。如果类型改变消息发送者的 ID 不在其连接节点表中，则将该类型改变消息转发给其连接节点表中 Old_Connect_Node 项为 1 的节点(如果其连接节点表中不存在 Old_Connect_Node 项为 1 的节点，则丢弃该消息)。

(4) 如果收到类型改变消息的节点为连接节点，首先检查是否有变量 Future_Type，如果没有变量 Future_Type，则新建变量 Future_Type，将类型改变消息中发送者的节点类型赋给 Future_Type。节点启动计时器(如果之前已经启动了计时器，则不必重新启动)，待计时器计时结束后将节点类型改为 Future_Type 对应的类型。然后，节点将类型改变消息中消息发送者的 ID 改为自身的 ID，将消息接收者的 ID 设置为"*"，并向邻居节点广播该消息。

(5) 如果收到类型改变消息的节点的类型为数据存储节点，则直接丢弃该消息。

第五步，当新建主链路上的节点收到查找结果消息时，检查消息中的 Success_Find 标识符的值，如果 Success_Find 标识符的值为 0，则将节点类型调整消息中 Need_Find_Node 的标识符的值置为 1，并沿新建主链路向节点 B 所在方向的下一跳节点转发节点类型调整消息；如果 Success_Find 标识符的值为 1，则将节点类型调整消息中 Need_Find_Node 的标识符置为 0，并沿新建主链路向节点 B 所在方向的下一跳节点转发节点类型调整消息。

在上述算法中，涉及节点类型的改变。将图 4-2 中的斜线覆盖区域内的节点类型改为云外节点的算法思想是，节点 A 在原虚拟云主链路沿逆时针向节点 B 发送动态收缩成功消

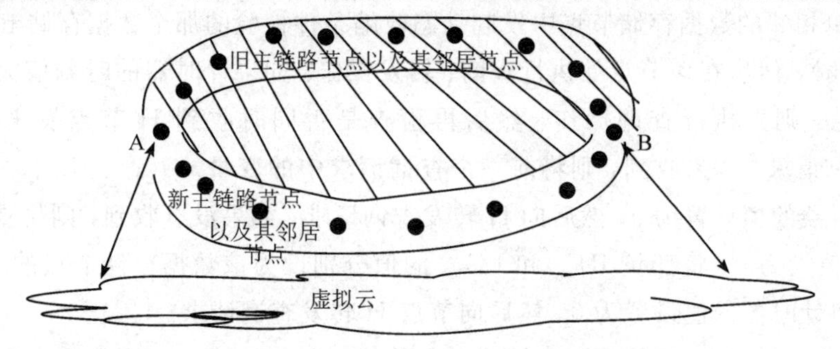

图 4-2　动态收缩过程中节点类型的变化(图中的斜线覆盖区域为需要修改为云外节点的区域)

息，路径上每一个收到该消息的节点都要向其邻居节点广播动态收缩成功消息。动态收缩成功消息在某节点处继续被转发的条件是：

（1）动态收缩成功消息当前所在节点与消息的原始广播者相比，更靠近网络中心位置节点；

（2）该节点不是云内节点；

（3）该消息被广播的次数小于指定阈值。

收到动态收缩成功消息的节点后，A 与 B 之间的新旧主链路所夹区域内节点（除新主链路节点的一跳邻居节点外）、旧主链路节点以及旧主链路节点的邻居节点将自身的节点类型改为云外节点。新主链路上的节点向外广播的消息内容包括消息类型、消息发送者的节点类型和广播标识符。假设某一新主链路节点为 M，则 M 向周围广播的消息可表示为

$$M \rightarrow * : \{TP_{sender}, ID_{sender}, BTG, MTP\} \tag{4-10}$$

其中，令 TP_{sender} 表示消息发送者的节点类型，ID_{sender} 表示消息发送者的 ID，BTG 为广播允许标识符，BTG 为 0 时表示禁止广播，为 1 时表示允许广播，MTP 为消息类型。在 A 与 B 之间的原主链路节点收到该消息后，将广播允许标识符设置为 0 后再广播该消息，可以阻止该消息继续向外广播。

4.4.5 虚拟云动态收缩的实现方法

上一小节介绍了虚拟云的动态收缩算法，但未说明如何在实际应用中实现这一算法。本小节将对虚拟云的动态收缩的实现方法进行详细说明。在虚拟云中，每一个数据存储节点都保存一个收缩周期 T_{shrink} 和一个计时器的值。为了避免频繁收缩带来的能量浪费，虚拟云主链路上的数据存储节点只有在查询请求到来，且计时器的时间值大于该节点所保存的收缩周期值时才进行收缩条件检查的预备工作。为方便叙述，我们假设该查询请求来自 E 节点，经过该数据存储节点，将要向 H 节点转发。当主链路上的数据存储节点收到查询请求时，首先检查该查询请求里面是否有变量 n_{real_link}，如果有变量 n_{real_link}，则查看 n_{real_link} 的值与连接节点个数的门限值 n_{link_node} 的大小比较：

情况 1：如果 n_{real_link} 的值小于连接节点个数的门限值 n_{link_node}，则查看该节点的计时器的时刻值与自身保存的 T_{shrink} 值的大小比较。如果其小于 T_{shrink} 的值，则该节点将变量 n_{real_link}、ID_{last}、LC_{last} 和 α_{last} 从查询请求中删除（ID_{last}、LC_{last} 和 α_{last} 分别表示虚拟云主链路上的两个逻辑相邻的数据存储节点中发起动态收缩条件检验的那个数据存储节点的 ID、位置以及旋转角），然后在该节点处执行查询、转发操作；如果计时器的时刻值大于自身保存的 T_{shrink} 的值，则先执行查询操作，然后再检查是否同时收到 H 节点发来的带有变量 n_{real_link} 的查询请求。如果收到，则将前一个查询请求中的变量 n_{real_link}、ID_{last}、LC_{last} 和 α_{last} 删除，将计时器的值设置为 0，然后向 H 转发查询请求；如果没有收到，则将查询请求中变量 n_{real_link} 的值设为 0，将变量 ID_{last} 和 LC_{last} 的值分别设为该数据存储节点的 ID 值和坐标位置，同时将计时器的值设置为 0，然后向节点 H 转发查询请求。

情况 2：如果 n_{real_link} 的值大于连接节点个数的门限值 n_{link_node}，则收到查询请求的那个数据存储节点计算 $(k_3 * D_{A\_B})/R_c$ 的值并与 n_{real_link} 的值作比较。如果 $(k_3 * D_{A\_B})/R_c$ 的值

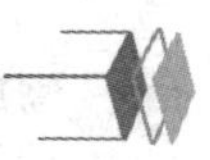

大于 n_{real_link} 的值，则重复当 n_{real_link} 的值小于 n_{link} 的值时的操作；如果$(k_3 * D_{A_B})/R_c$ 的值小于 n_{real_link} 的值，则该节点首先将计时器的值设置为 0，然后执行虚拟云收缩操作。同时，该节点对这个查询请求执行当 n_{real_link} 的值小于门限值 n_{link_node} 时的操作。

如果主链路上的数据存储节点收到的查询请求里面不包含变量 n_{real_link}，则该数据存储节点查看计时器的时间值与自身保存的 T_{shrink} 的值的大小并进行比较：如果其小于 T_{shrink} 的值，则该节点直接执行查询、转发操作；如果计时器的时间值大于 T_{shrink} 的值，则该节点在查询请求里面加入四个变量：n_{real_link}、ID_{last}、LC_{last} 和 α_{last}，并设置变量 n_{real_link} 的初始值为 0，变量 ID_{last} 和 LC_{last} 的值分别为该数据存储节点的 ID 值和坐标位置，将变量 α_{last} 的值设置为节点的旋转角，然后执行查询、转发操作。当一个连接节点收到一个查询请求时，首先检查该查询请求里面是否有变量 n_{real_link}。如果有，则先将变量 n_{real_link} 的值加 1，然后再转发该查询请求；当一个连接节点同时收到两个都包含变量 n_{real_link} 的查询请求时，该节点比较两个查询请求里面变量 n_{real_link} 的大小，将 n_{real_link} 值较小的那个查询请求中的变量 ID_{last}、n_{real_link}、LC_{last} 和 α_{last} 去掉，然后将 n_{real_link} 值较大的那个查询请求中的变量 n_{real_link} 加 1，再分别转发这两个查询请求。

定理 4-1：如果任意两个逻辑上相邻且满足动态收缩条件的数据存储节点进行动态收缩所消耗的时间为 T_{real_shrink}，我们假设 $T_{real\_shrink} \ll T_{shrink}$，则任意两个查询请求在任意两个逻辑上相邻且满足动态收缩条件的数据存储节点之间转发时不会造成动态收缩冲突。

证明　对于任意两个查询请求而言，当它们在任意两个逻辑上相邻且满足动态收缩条件的数据存储节点之间转发时，如果转发它们的数据存储节点(可能是这两个数据存储节点中的一个，也可能是两个)在这两个查询请求到来时计时器的值都还没有超过收缩周期 T_{shrink}，则这两个查询请求不会被加上 n_{real_link}、ID_{last} 和 LC_{last} 这三个变量域，虚拟云不会在这两个数据存储节点之间进行收缩调整，因此就不会产生动态收缩冲突；如果转发其中一个查询请求的数据存储节点的计时器的值超过了收缩周期 T_{shrink}，而转发另外一个查询请求的数据存储节点(可能跟转发前一个查询请求的数据存储节点是同一个节点)的计时器的值没有超过收缩周期 T_{shrink}，则前一个查询请求会引起虚拟云在这两个数据存储节点之间的动态收缩调整，而另外一个不会引起虚拟云在这两个数据存储节点之间的动态收缩调整，此时这两个查询请求也不会造成动态收缩冲突；如果转发它们的数据存储节点(可能是这两个逻辑相邻的数据存储节点中的一个或者两个)在这两个查询请求到来时计时器的值都超过了收缩周期 T_{shrink}，此时我们分下面两种情况来证明：

(1) 第一种情况是，这两个查询请求都从同一个数据存储节点转发。在这种情况下，这两个查询请求在这个数据存储节点上转发的时间差 $T_{query\_interval}$ 一定大于收缩周期 T_{shrink}，根据我们的假设，$T_{real\_shrink} \ll T_{shrink}$，因此 $T_{real\_shrink} \ll T_{query\_interval}$，也就是说第二个查询请求在这两个数据存储节点转发时第一个查询请求造成的虚拟云在这两个节点之间的动态收缩调整已经结束，因此，在这种情况下也不会造成动态收缩冲突。

(2) 第二种情况是，这两个查询请求分别从这两个数据存储节点中的一个开始转发。如图 4-3 所示，假设这两个逻辑相邻的数据存储节点分别为 A 和 B，查询请求 Q_1 从节点 A 处转发，查询请求 Q_2 从节点 B 处转发。这种情况下，这两个查询请求可能在节点 A 和

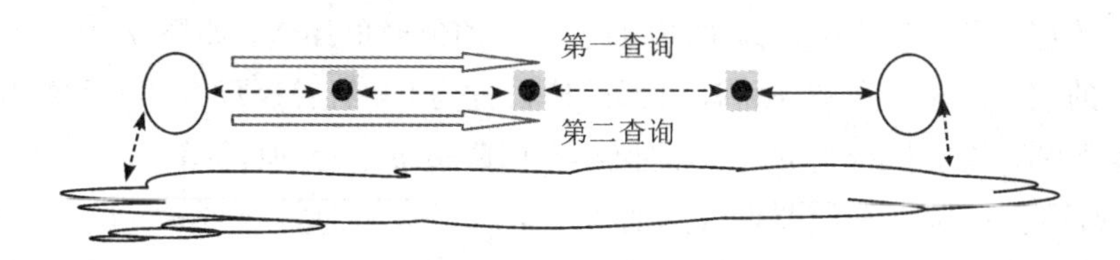

图 4-3　从两个逻辑相邻的数据存储节点转发两个查询请求示意图

节点B之间(包含节点A和节点B)相遇也可能不相遇。如果它们没有在节点A和节点B之间相遇，因为Q_1到达节点B时将节点B的计时器设置为0，Q_2必然要经过大于一个收缩周期的时间才开始从节点B处转发，这样就有$T_{real_shrink} \ll T_{shrink} \ll T_{query_interval}$，因此，如果这两个查询请求没有在节点A和节点B之间(包含节点A和节点B)相遇，这不会造成动态收缩冲突。如果查询请求Q_1和Q_2在节点A和节点B之间相遇，则相遇地点可能为节点A或者节点B或者节点A与节点B之间的任何一个连接节点。当它们在节点A处相遇时，查询请求Q_2必然包含变量n_{real_link}、ID_{last}和LC_{last}，根据存储节点的协议，节点A向节点B方向转发查询请求Q_1一定不包含变量n_{real_link}、ID_{last}和LC_{last}，因此，这两个查询请求就不会在节点A和节点B之间造成动态收缩冲突。同理，当它们在节点B处相遇时也不会造成动态收缩冲突。如果这两个查询请求在节点A与节点B之间的某个连接节点相遇，根据连接节点的协议，连接节点会把n_{real_link}值较小的那个查询请求中的变量ID_{last}、n_{real_link}和LC_{last}去掉，这两个查询请求中只剩下一个含有变量ID_{last}、n_{real_link}和LC_{last}的查询请求，如此，也不会造成动态收缩冲突。证毕。

4.4.6　节点类型的判断以及更新策略

WSN中所有节点的类型都在云内节点与云外节点之间转换。节点是云内节点还是云外节点这一点比较容易判断，因为每一个加入主链路的节点都会向其邻居节点广播新主链路节点加入消息，所有主链路节点以及与主链路节点相邻的节点都是云内节点，其余节点为云外节点。比较难判断的是，当节点类型是云外节点时，该节点是向心节点还是离心节点。这一层判断也是最重要的，因为这直接决定了在此节点上产生的数据或者经过此节点的数据的传输方向。当虚拟云进行动态扩展调整或者主链路节点进行替代调整时，新加入虚拟云主链路的节点一般是某一个原主链路节点两跳以内的邻居节点，节点在向心节点与离心节点之间进行转换时，一般要经过向云内节点这一类型的过渡。

在这种情况下，节点由云内节点向云外节点转换时，一定是由于该节点收到了来自某一主链路节点发来的主链路节点删除消息。该节点只需要根据主链路节点删除消息中包含的新主链路节点的位置信息就可以判断自身是向心节点还是离心节点。判断的方法是比较新主链路节点到网络中心位置的距离的大小情况。如果该节点到网络中心位置的距离大，则该节点为向心节点，反之，该节点为离心节点。

在某些情况下，节点在向心节点与离心节点间进行类型转换时可能不需要经过向云内节点这一类型的过渡。例如，当虚拟云进行动态收缩调整时，节点可能直接由离心节点变为向心节点。此时，节点可能无法立刻察觉到这一状态的改变，为此，我们的应对措施是：当最外层节点收到数据时，通知数据发送节点将其自身的节点类型改为向心节点，并重新

向向心节点转发上次数据；当最内层节点即最靠近网络中心的邻居节点收到数据包时，通知该数据包的源节点将自身的节点类型改为离心节点，该数据包的源节点改变自身节点类型后重新离心节点发送数据包。这样，对于那些节点类型与自身节点状态不一致的节点来说，只允许一次向错误方向数据发送，而后就可以及时调整节点类型使之与自身状态一致。

4.5　虚拟云的自我修复方法

当虚拟云中虚拟云主链路节点遭到破坏或者虚拟云中包含数据存储节点或者连接节点的某一区域节点都被破坏的时候，虚拟云启动自我修复功能。可通过监听的方法监测虚拟云主链路上的上下跳节点是否受到破坏。

虚拟云实现自我修复的主要思想是，首先由发现断点的虚拟云主链路节点生成一条虚拟云恢复消息，该消息沿着断点发生之前该区域的虚拟云的延伸方向传播，直到遇到虚拟云主链路的另外一个断点为止。虚拟云主链路上另外一个发现断点的虚拟云主链路节点收到虚拟云恢复消息后生成一条连接建立成功消息，表明该消息将沿原路返回发送，收到该消息的节点将自身的消息类型设置为数据存储节点，并向其邻居节点发送新数据存储节点成立消息。

下面详细介绍虚拟云的恢复过程。

首先，发现断路的虚拟云主链路节点生成一条虚拟云恢复消息，该消息中包含一个含有节点 ID 以及位置信息的不能成功建立连接的虚拟云主链路节点集(显然，开始时这个集合中只有一个节点信息)。

然后，该消息的产生节点选择一个合适的节点将该消息发送出去。这个合适的节点满足：

① 它与消息产生节点所构成的链路由消息产生节点与其所发现的不能建立连接的下一跳虚拟云主链路节点构成的链路绕消息产生节点沿逆时针方向旋转得到。

② 它的剩余能量大于某一个阀值。收到虚拟云恢复消息的节点首先检查自己的节点类型，看是不是路标节点，如果该节点不是路标节点，或者该节点是路标节点，但其所对应的数据存储节点集中的节点都包含在虚拟云恢复消息所带节点集中，则以该节点以及上次未成功建立连接的虚拟云主链路节点构成的链路绕该节点逆时针旋转，寻找一个能量值大于虚拟云主链路节点最低能量阀值的节点，并将虚拟云恢复消息发送到该节点：如果该节点是路标节点，并且其所对应的数据存储节点集中包含一种节点，这种节点是虚拟云恢复消息所带节点集中不包含的节点(这些节点所组成的集合记为 S)，则该节点检查集合 S 中是否存在一个是虚拟云主链路的一个断点处的节点，如果不存在，则沿以该节点为一端、以集合 S 中左右两端节点中距离该节点的上一跳节点最远的节点为另外一个端点的链路绕该节点逆时针旋转，寻找一个剩余能量大于虚拟云主链路节点最低阀值的节点作为自己的下一跳，并将虚拟云恢复消息发送出去；如果存在，则该节点与集合 S 中包含的位于虚拟云主链路上的那个断点处的节点建立连接，同时将自身节点类型变为数据存储节点并通知其一跳邻节点，然后原路返回链路成功建立的消息，收到该消息的节点将自身节点类型变为

数据存储节点并通知其一跳邻节点。

若允许虚拟云主链路的任意两个节点之间存在多条主链路，这会造成一些问题：一方面重复建立主链路连接会造成能量的浪费；另一方面，这两个节点之间的数据存储节点在因数据接收率过大进行扩张时的算法更加复杂，增加了节点的计算量，降低了节点的效率。同时，也为数据的查询带来了麻烦，查询必须要层层深入到每一个子链路进行，再将子链路的查询结果在上一级链路进行汇聚，增加了查询的能量消耗，增长了查询延时。因此，我们必须保证虚拟云主链路的任意两个节点之间有且只有一条负责数据存储和查询的主链路。

然而，当虚拟云主链路节点之间存在断点需要进行链路修复时，处于破坏区域边缘的两个断点，可能在一个断点进行虚拟云主链路修复的过程中另一个断点也启动虚拟云主链路修复程序，这样会造成虚拟云主链路的重复建立。

虚拟云主链路的修复示意图如图 4-4 所示，图中，A 和 B 分别为位于破坏区域两侧的两个断点，节点 A 首先发现自己在主链路上的上下跳节点中的一个遭到破坏，于是 A 启动虚拟云主链路修复程序，而当 A 将虚拟云主链路修复消息发送给节点 D 时，节点 B 也发现自己上下跳节点中的一个被破坏，于是 B 将主链路恢复消息发送给节点 E，沿另外一个方向对虚拟云进行修复。这样就会在节点 A 与节点 B 之间建立两条链路。

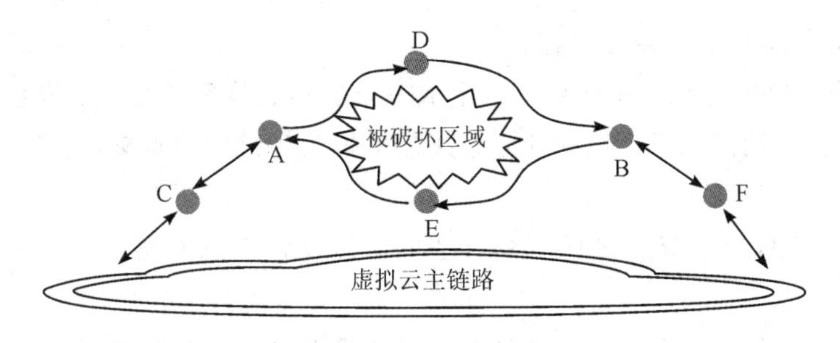

图 4-4　虚拟云主链路的修复

解决这个问题的办法是，选择 A、B 两个节点中节点 ID 较大的那个节点建立的链路，而拆除节点 ID 较小的那个节点建立的链路(或者选择 ID 较小的链路而拆除 ID 较大的链路)。假设 A>B，则 A 节点收到由 B 节点发起的主链路修复消息时，A 节点生成一条链路拆除消息返回给向 A 转发的由 B 节点发起的主链路修复消息的节点，该节点取消由 B 节点发起的主链路修复过程。

4.6　基于虚拟云的 WSN 分布式数据存储与查询方法

4.6.1　基于虚拟云的 WSN 分布式数据存储

在进行数据存储时，数据都向虚拟云发送。具体方法为，向心节点有感知数据产生时，向心节点使用 GPSR 路由协议向网络中心位置发送；离心节点有感知数据产生时，节点使用经过 GPSR 路由协议的变化版本向网络中心位置的反方向发送数据。当虚拟云内节点有数据产生时，如果节点类型是数据存储节点，则直接将数据存储在本地；如果节点类型是

连接节点，则节点将数据转发到附近的数据存储节点进行存储。如果节点类型是路标节点，则节点先检查自己的邻居节点中是否有数据存储节点，如果有一个或者多个数据存储节点，选择一个数据接收率较小的数据存储节点将数据发送过去；如果没有，则将数据发送到连接节点上。旧数据存储节点需要向新数据存储节点转发数据，如果数据量大，可以向其转发指针。

4.6.2　基于虚拟云的 WSN 分布式数据查询

基于虚拟云的数据查询不需要在网络中设置 Sink 节点，查询者可以在网络中的任何位置发送查询请求。查询者可以利用手持无线通信设备将查询请求发送到邻近的节点，邻近节点收到查询请求后依据节点类型转发查询请求。向心节点沿向心方向发送查询请求；离心节点沿离心方向发送查询请求；云内节点可以直接将查询请求发送到主链路节点上。当查询请求被发送到主链路节点上后，查询请求在主链路上沿逆时针转发。查询请求中包含查询请求原始发送者的节点位置，这样当查询结束后，即主链路上收到查询请求的第一个节点得到查询结果后，经由 GPSR 路由协议将查询结果转发给查询原始发起者。

本 章 小 结

本章主要介绍了一种基于虚拟云的 WSN 分布式数据存储与查询处理方法。首先，介绍了技术背景以及相关概念和定义；然后，介绍了虚拟云的构建方法；接着，介绍了虚拟云的动态调整方法和自我修复方法，其中，虚拟云的动态调整方法主要包括：虚拟云的动态扩展方法和虚拟云的动态收缩方法；最后，针对如何在上述虚拟云架构模型下进行高效的 WSN 数据存储和查询处理这一问题，给出了具体解决方法。

第5章 WSN中的距离约束Top-k查询技术

5.1 技术背景

在WSN中，当异常数据产生节点密集分布在若干区域并且在不同区域内节点产生的感知数据大小差异较大时，利用传统Top-k查询方法得到的查询结果往往只能反映某一个区域内对数据信息的监测状况，而未包含其他异常区域的数据信息。为了在不增加网络通信代价的条件下获得更多异常区域的监测数据，需要采用新的Top-k查询规则。本章主要研究距离约束的Top-k查询问题，即LAP(D，k)问题，并针对这一问题提出了一种新的启发式算法LAPDK。LAPDK首先采用区域分割的方法将整个无线传感器网络部署区域划分成多个正六边形单元。然后，择优选择k个单元，并收集这k个单元内节点产生的部分数据。最后，根据收集到的数据利用动态规划的方法来求LAP(D，k)的近似解。实验结果表明，LAPDK不仅能提高LAP(D，k)的近似解的近似率，还能够明显降低传感器节点的能量消耗。

Top-k查询是WSN中的一类重要查询，近几年已成为人们的研究热点，许多关于WSN的Top-k查询处理算法相继出现。然而，这些Top-k查询处理算法仅仅考虑了节点产生的感知数据的大小，而没考虑这些数据之间的位置关系。事实上，在许多有关Top-k查询的应用中，节点之间的位置关系同样需要考虑。由于传感器节点之间存在空间关联关系，若某些传感器节点距离较近，这些节点产生的感知数据大小也相近。在实际的应用环境中，采用传统的Top-k查询处理算法往往会降低查询结果的信息含量。例如，在图5-1所示的监测土壤污染状况的无线传感器网络应用中，被监测区域内总共有A、B、C、D四个污染子区域，其中A区域是重度污染区域，B区域是中度污染区域，C和D区域是轻度污染区域。如果在此应用中采用传统的Top-k查询处理算法，当k<16时，查询结果中的数据都来自A区域，用户便无法获得B、C、D这3个被污染区域的监测数据。

另外，在进行Top-k查询时如果不考虑数据之间的位置关系，会造成节点能量的浪费。

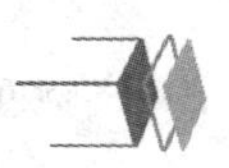

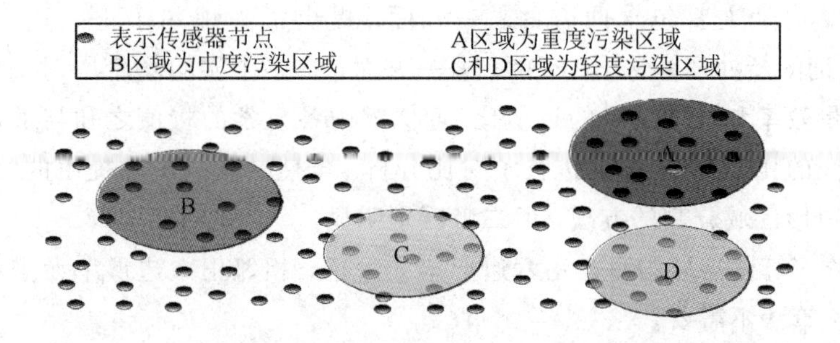

图 5-1　土地污染监测传感器网络部署及土地污染分布情况

由节点产生的感知数据与节点位置之间的关联关系可知，当不同节点的位置较近时，其产生的感知数据大小也相近。因此，当某一个节点产生的感知数据被放入 Top-*k* 查询结果中时，则与该节点位置较近的节点所产生的感知数据可排除在 Top-*k* 查询结果之外，以降低节点的能量开销。例如，在图 5-1 所示的重度污染区域内，少数几个传感器节点产生的感知数据便可揭示该区域属于重度污染区，没必要为了响应 Top-*k* 的查询要求(此时 $k=15$)而将该区域内的所有节点产生的感知数据一同发送给 Sink 节点。

针对传统的 Top-*k* 查询的上述不足，文献[14]中提出了一种新的 Top-*k* 查询，即 LAP(D, k)查询。LAP(D, k)查询要求返回的感知数据的个数不大于 k，并且任意一对感知数据所对应的位置(即产生感知数据的传感器节点所在的位置)之间的距离应大于 D，同时要求查询结果中所有感知数据的数值之和尽可能大。文献[14]证明了 LAP(D, k)查询处理问题是 NP 难问题，并提出了几种近似算法。不过，文献[14]中采用近似算法得到的近似解与 LAP(D, k)的最优解之间还有较大的距离，仍然有可提升空间。

查阅相关文献，文献[14]与本章所作的工作最为接近。针对 WSN 中的 LAP(D, k)查询问题，文献[14]提出了多种解决方法，其中效果最好的是“*R*-based”算法。“*R*-based”算法将整个被监测区域划分为多个正六边形单元，然后用红、黄、蓝 3 种颜色按照相邻单元颜色不同的原则对各个单元涂色（如图 5-2 所示），最后分别求出每一种颜色对应区域的 LAP(D, k)最优解，并从这 3 个解中选出最好的一个作为整个区域的 LAP(D, k)近似解。事实上，只有当整个区域的 LAP(D, k)的最优解中的元素集中分布在同一颜色区域时，“*R*-based”算法所求得的 LAP(D, k)的近似解才能获得较好的近似比；而当整个区域的 LAP(D, k)的最优解中的元素分散在不同颜色区域时，“*R*-based”算法的效果较差，最坏时所求得的 LAP(D, k)的近似解的近似比只有 1/3。

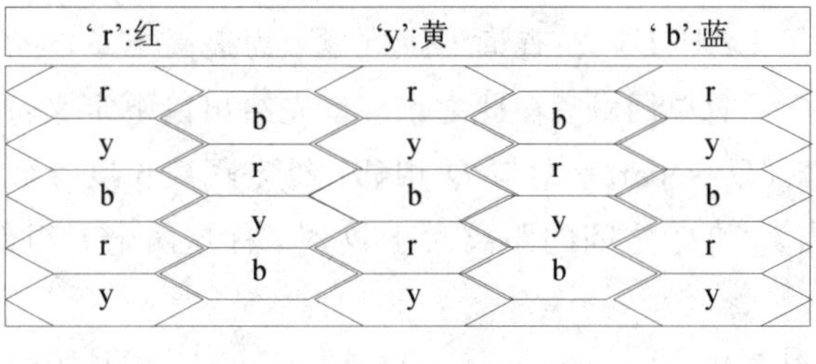

‘r’:红　　‘y’:黄　　‘b’:蓝

r		r		r
	b		b	
y		y		y
	r		r	
b		b		b
	y		y	
r		r		r
	b		b	
y		y		y

图 5-2　“*R*-based”算法中的正六边形区域划分

本章的主要贡献主要包含两方面。一方面，提出了一种基于正六边形区域分割的LAP(D, k)查询的新处理算法LAPDK；另一方面，在多个实验场景中对LAPDK算法和已有算法在能量效率和查询结果的近似比(近似解中各元素的权值之和与最优解中各元素的权值之和之间的比值)两个方面进行了对比分析。虽然文献[14]中提出的“R based”算法也采用了正六边形区域分割的方法，但二者区别明显：

① “R-based”算法需要为每个正六边形单元涂色，相邻正六边形单元需要涂不同的颜色，而LAPDK算法不需要。

② “R-based”算法在每次查询时需要为每一种颜色对应区域建立一棵包含该区域内所有单元头节点的生成树，而LAPDK不需要。

③ “R-based”算法在每次查询时都需要将各个子查询结果沿生成树自底向上进行汇聚，而LAPDK不需要。

LAPDK根据每个正六边形单元内节点产生感知数据的最大值，从中选出k个单元，并收集这k个单元内的部分感知数据，通过减少数据传输量的方式降低网络的通信开销。同时，LAPDK利用动态规划技术来求LAP(D, k)问题的近似解，并利用所有已收集到的数据对求得的近似解进行进一步优化，有效提高了所得近似解的近似比。

5.2 网络模型和LAP(D, k)问题回顾

5.2.1 网络模型

本章假设整个被监测区域是一个正方形区域，n个传感器节点$S=\{s_1, s_2, \cdots, s_N\}$随机部署在被监测区域内。另外，假设整个网络是一个静态网络，各个节点能够通过已有的定位算法确定自身的位置信息。在节点部署前，被监测区域的边长信息被下载到各个传感器节点上。令l_i和v_{it}分别表示节点s_i的位置坐标和在t时刻各节点对应的感知数据，则$V_t=\{(l_1, v_{1t}), (l_2, v_{2t}), \cdots, (l_N, v_{nt})\}$表示所有传感器节点的位置坐标和在$t$时刻各节点对应的感知数据。简单起见，本章用$v_i$和$V$分别代替$v_{it}$和$V_t$。另外，本章称$(l_i, v_i)$为一个元组($0<i\leqslant n$)。对于任意两个元组$(l_i, v_i)$和$(l_j, v_j)$，它们之间的距离定义为$l_i$和$l_j$的欧式距离。

5.2.2 LAP(D, k)问题回顾

文献[1]首先定义了LAP(D, k)查询处理问题，为提高本章的可读性，本小节对LAP(D, k)问题的定义进行了简单回顾。在此之前，首先给出以下定义：

定义5-1 **D分割(D-separated)与D相邻：** 给定距离长度参数D以及任意两个元组(l_i, v_i)和(l_j, v_j)，当l_i和l_j之间的距离大于D时，称这两个元组是D分割的；否则，称这两个元组是D相邻。

定义5-2 **D分割子集**(D-separated subset)：给定距离长度参数D以及集合U(有$U\subseteq V$)，当U中的任意两个元组是D分割时，称集合U为D分割子集。

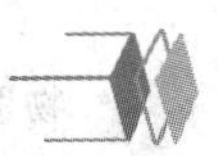

定义 5－3　集合的权重：对于任意一个集合 $T(T\subseteq V)$，其权重为 T 内所有元组中的感知数据项之和。令 $w(*)$为求权值函数，有：

$$w(T)=\sum_{(l_i,v_i)\in T} v_i \tag{5-1}$$

定义 5－4　近似比：对于任意一个 LAP(D，k)问题的近似解 R，其近似比为 $w(R)/w(R_{D,k})$，其中 $R_{D,k}$ 为 LAP(D，k)问题的最优解。

LAP(D，k)问题可描述为，给定集合 $V=\{(l_1,v_1),(l_2,v_2),\cdots,(l_N,v_N)\}$以及参数 k 和 D，找出满足以下三个条件的一个集合，该集合是 V 的一个子集，用 $R_{D,k}$ 表示，此时有：

(1) $R_{D,k}$ 中任意两个元素之间是 D 分割的；

(2) $R_{D,k}$ 中的元素个数不大于 k；

(3)对于任意一个满足条件(1)和(2)的集合 T $(T\subseteq V)$来说，有 $w(T)\leqslant w(R_{D,k})$。

LAP(D，k)查询问题是一个 NP 难问题[14]，下面给出一种高效的启发式算法 LAPDK[15]。

5.3　LAP(D，k)查询下的 LAPDK 算法

5.3.1　LAPDK 算法

LAPDK 算法的主要思想是，择优收集被监测区域的部分区域中的数据，并利用这些数据采用动态规划的方法求解 LAP(D，k)问题的近似解。LAPDK 算法主要包含 5 个步骤：

(1) 对整个无线传感器网络部署区域进行区域划分，形成多个正六边形单元，并从每个单元内选出一个传感器节点作为本单元的头节点。

(2) 各个单元内的头节点收集本单元内节点产生的感知数据，计算本单元的 LAP(D，k)的最优解，并从本单元内节点产生的所有感知数据中选出最大值发送给 Sink 节点。

(3) Sink 节点从感知数据的最大值中选出最大的前 k 个单元，并收集这 k 个单元的 LAP(D，k)的最优解。

(4) Sink 节点根据收集到的 LAP(D，k) 的最优解，利用动态规划的方法计算 LAP(D，k)问题的初步近似解。

(5) Sink 节点利用已收集到的所有感知数据对求得的 LAP(D，k)问题的初步近似解进行进一步优化，得到 LAP(D，k)问题的最优解。算法 5－1 中给出了 LAPDK 算法的具体内容。

在算法 5－1 中，前 8 步可得到 LAP(D，k)问题的初步解，第 9 步利用已收集到的数据对初步解进行优化，第 10、11 步表明优化结束，返回优化解。当算法执行第 12～15 步时，表明已得到的 LAP(D，k)问题的最优解还可进一步优化，算法再执行进一步的优化过程。

算法 5-1 LAPDK 算法

输入：参数 k 和 D

输出：LAP(D, k)的最优解

1. 为每个传感器节点与 Sink 节点之间建立一条路径
2. 将整个被监测区域划分为多个边长为 D 的正六边形单元
3. 每个单元内的节点选择一个节点作为该单元的簇头
4. 各个簇头收集本单元内节点产生的感知数据，并计算本单元内数据的 LAP(D, 1)，LAP(D, 2)，LAP(D, 3)，LAP(D, 4) 和 LAP(D, 5)的最优解
5. 各个簇头将计算出的 LAP(D, 1)发送给 Sink 节点
6. Sink 节点选出 LAP(D, 1)最大的前 k 个单元，并向这些单元对应的簇头节点(其对应的节点 ID 分别为 x_1, x_2, …, x_k)发送数据索取请求；同时，设置 $C_{selected}=\{x_1, x_2, \cdots, x_k\}$
7. 对应簇头节点收到数据索取请求后，将其单元内的 LAP(D, 2)，LAP(D, 3)，LAP(D, 4) 和 LAP(D, 5) 的最优解发送给 Sink 节点
8. 令 $V_k=\bigcup_{y\in C_{selected}}\{LAP_y(D, 1)\cup LAP_y(D, 2)\cup\cdots\cup LAP_y(D, 5)\}$，Sink 节点对 V_k 中的数据进行计算，利用动态规划的方法求解整个被监测区域 LAP(D, k)的初步解；// $LAP_y(D, k)$ $(1\leqslant k\leqslant 5)$为 ID 为 y 的簇头节点所对应单元的 LAP(D, k)的最优解
9. Sink 节点利用已收集到的所有数据对 LAP(D, k)的初步解进行优化得到最优解 $R'_{D,k}$
10. if $((|R'_{D,k}|=k)||(C-C_{selected}=\varnothing))${
    // C 为所有簇头的 ID 组成的集合
11.   return $R'_{D,k}$
12. }else{
13. 令 $C_{left}=C-C_{selected}$，假设在 C_{left} 对应的所有簇头中，LAP(D, 1)最大的簇头 ID 为 u，Sink 节点向 ID 为 u 的簇头发送数据索取请求
14. $C_{selected}=C_{selected}\cup u$；重新从第 7 行开始执行算法 5-1
15. }

5.3.2 LAPDK 算法中的路由

在 LAPDK 算法的初始阶段，每个传感器节点需要在自身与 Sink 节点(基站)之间建立一条路径。路径的建立可通过构建一棵包含所有传感器节点并以 Sink 节点为根节点的生成树来实现。虽然 Sink 节点主要与簇头节点间进行数据传输，但随着查询请求中参数 D 的变化，被监测区域内的单元划分也会发生变化，任何一个节点在未来的某一次查询中都有可能成为簇头节点。因此，需要在每个传感器节点与 Sink 节点之间建立一条路径。

事实上，直接使用地理路由算法也可以达到数据传输的目的。但是，如果每次都使用地理路由算法，一方面，与在消息中添加节点的 ID 这一方法相比，在消息中添加目标节点的位置坐标会带来更大的通信开销；另一方面，地理路由需要在每个节点上重新计算路径的下一跳节点，增大了网络时延。

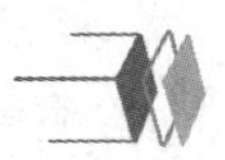

5.3.3　正六边形单元的划分和簇头的选择

在本章的网络模型下，当节点收到查询请求并获得参数 D 的具体数值后，便可独自计算其所在的单元 ID。换句话说，正六边形单元的划分可分布式进行。当正六边形单元划分完成后(如图 5-3 所示)，各个单元内的节点可通过协商的方式选出其所在单元的簇头节点。相对于非簇头节点，簇头节点消耗的能量更大。为了提高能量均衡性，LAPDK 选择单元内能量最大的节点作为簇头节点。

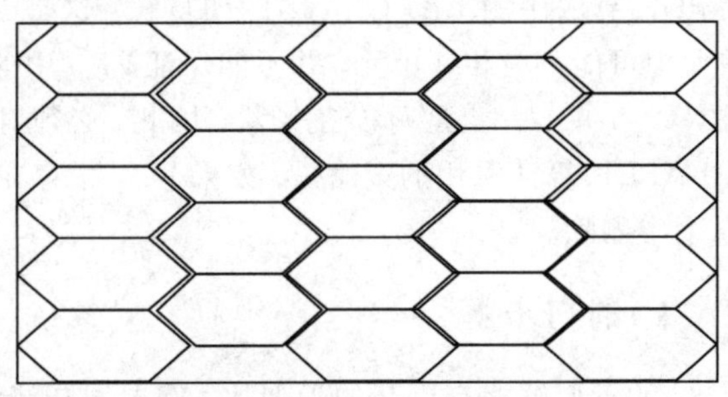

图 5-3　正六边形单元划分

5.3.4　单元内部 LAP(D, k)问题

对于边长为 D 的正六边形单元，其内部数据组成的 D 分割子集中元素的最大个数为 5。因此，每个单元可通过枚举法求 LAP(D, k) ($1 \leqslant k \leqslant 5$)的最优解。

5.3.5　LAPDK 算法中的动态规划算法

令 $C_{\text{selected}} = \{x_1, x_2, \cdots, x_k\}$，其中 $x_1, x_2, \cdots, x_k$ 分别表示所有单元中 LAP(D, 1)有最大解时前 k 个单元的 ID，Sink 节点收到的来自这 k 个单元的所有元组所组成的集合 V_k 可表示为

$$V_k = \bigcup_{y \in C_{\text{selected}}} \{\text{LAP}_y(D, 1) \cup \text{LAP}_y(D, 2) \cup \cdots \cup \text{LAP}_y(D, 5)\} \tag{5-2}$$

LAPDK 算法中的动态规划算法主要是用来找出 V_k 的一个子集 $V_{k,k}$，使得以下两个条件成立：

(1) $|V_{k,k}| = k$；

(2) 对于任意一个满足条件(1)的 V_k 的任何一个子集 P，有 $w(P) \leqslant w(V_{k,k})$。

令 V_j 表示 j 个单元 LAP(D, k)的解中所有元组组成的集合，即

$$V_j = \bigcup_{y=1,2,\cdots,j} \{\text{LAP}_y(D, 1) \cup \text{LAP}_y(D, 2) \cup \cdots \cup \text{LAP}_y(D, 5)\} \tag{5-3}$$

同时，令 $V_{j,h}$ ($0 < j, h \leqslant k$) 表示 V_j 的一个子集，且满足以下两个特性：

(1) $|V_{j,h}| = h$

(2) 对于 V_j 的任何一个满足特性(1)的子集 P，有 $w(P) \leqslant w(V_{j,h})$

则 $V_{j,h}$ 可以通过如下动态规划函数求得：

$$V_{j,h} = \begin{cases} \varnothing & (h = 0 \text{ 或者 } j = 0) \\ V_{j-1,h-l_0} \cup \text{LAP}_j(D, l_0) & (h > 0 \text{ 并且 } j > 0) \end{cases} \tag{5-4}$$

其中，$LAP_j(D, l_0)$ $(0 \leqslant l_0 \leqslant \min(h, 5))$表示第 j 个单元的 $LAP(D, l_0)$解，当 $l_0 = 0$ 时 $LAP_j(D, l_0) = \varnothing$；另外，公式(5-4)中的 l_0 还必须满足等式(5-5)：

$$w(V_{j-1, h-l_0}) + w(LAP(D, l_0)) = \underset{l=0}{\overset{\min(h, 5)}{\mathrm{MAX}}} \{w(V_{j-1, h-1}) + w(LAP(D, l))\} \tag{5-5}$$

令 $j=k$，$h=k$，便可用上述动态规划的方法求出 $V_{k,k}$。然而，用动态规划的方法求出的 $V_{k,k}$ 并不一定是 LAPDK 算法中的 LAP(D, k)的初步解。这是因为，在进行动态规划运算之前所选的 k 个单元中可能存在相邻单元，并不能保证 $V_{k,k}$ 中的任意一对元素之间都是 D 分割的。换句话说，$V_{k,k}$ 并不一定是 D 分割子集。因此，必须对 $V_{k,k}$ 进行处理，使之成为一个 D 分割子集。LAPDK 算法采用的策略是，如果 $V_{k,k}$ 中存在一对元组不是 D 分割的，则将二者同时从 $V_{k,k}$ 中删除。

5.3.6 优化 LAP(D, k)的初步解

为了确保 LAP(D, k)的近似解拥有更高的近似比，需要对初步解进行优化。LAPDK 算法中包含了一个初步解的优化算法，其主要思想是，从 Sink 节点收到的所有元组中选出一些能够提高 LAP(D, k)现有近似解权重的元组，然后将这些元组加入现有近似解中或者代替现有近似解中的某些元组。在优化的过程中，必须保证所得的最优解仍是 D 分割子集。算法 5-2 中给出了优化算法的具体步骤。在算法 5-2 中，第 6～12 行执行的结果是找出 R_0 中与 tpl_0 之间的距离小于 D 的所有元组所组成的集合 V_{nbr}。

算法 5-2　针对 LAP(D, k)初步解的优化算法

输入：参数 k 和 D，LAP(D, k)的初步解 R_0

输出：LAP(D, k)的优化解

1. 设置 $V_{collected}$ 为 Sink 节点当前已收集到的所有元组组成的集合
2. $V_{collected} = V_{collected} - R_0$
3. while($V_{collected}$! $= \varnothing$){
4. 从 $V_{collected}$ 中取出任意一个元组 tpl_0
5. $V_{nbr} = \varnothing$，$R_1 = R_0$
6. while(R_1 ! $= \varnothing$){
7. 从 R_1 中取出任意一个元组 tpl_1
8. if(dis(tpl_0, tpl_1)$<D$){　　　　// dis(*)为距离函数
9. $V_{nbr} = V_{nbr} \cup tpl_1$
10. }
11. $R_1 = R_1 - tpl_1$
12. }
13. if ($V_{nbr} = \varnothing$){
14. $R_0 = R_0 \cup tpl_0$
15. } else{
16. if ($w(V_{nbr}) < w(tpl_0)$){
17. $R_0 = R_0 - V_{nbr}$

```
18. R₀=R₀∪tpl₀
19. }
20. }
21. V_[illegible]=V_[illegible]− tpl₀
22. }
23. return R₀
```

5.4　实验结果与分析

5.4.1　实验场景与参数设置

实验采用的仿真工具为 OMNET++，所选取的 LAPDK 算法的对比对象为"R-based"算法[1]。实验环境中各参数的默认设置如表 5-1 所示。

表 5-1　各参数的默认设置

参数名	默认值	参数名	默认值
n	500	被监测区域大小	400×400 m^2
k	10	通信半径	40 m
D	20 m	单个感知数据长度	8 b
各类 ID 长度	2 b	消息类型长度	2 b
"color"长度	2 b	位置坐标长度	16 b
接收 1 b 的能耗	0.0057 mJ	发送 1 b 的能耗	0.0144 mJ

假设传感器节点产生的感知数据的正常数值区间为[0, 50]，异常数值区间为[51, 100]。如果某个区域内所有传感器节点产生的数据均为异常数据，则称该区域为异常区域。为了充分验证 LAPDK 算法的性能，在以下 3 个场景分别对 LAPDK 算法和"R-based"算法进行了对比：

场景 1：被监测区域内并没有明显的异常区域，各个传感器节点在区间[0, 100]内随机选取一个数值作为自己的感知数据值；

场景 2：被监测区域内存在一个异常区域，如图 5-4 所示。该异常区域为以网络中心为中心半径为 L(可变参数)的圆形区域。在异常区域内，每个传感器节点从区间[51, 100]

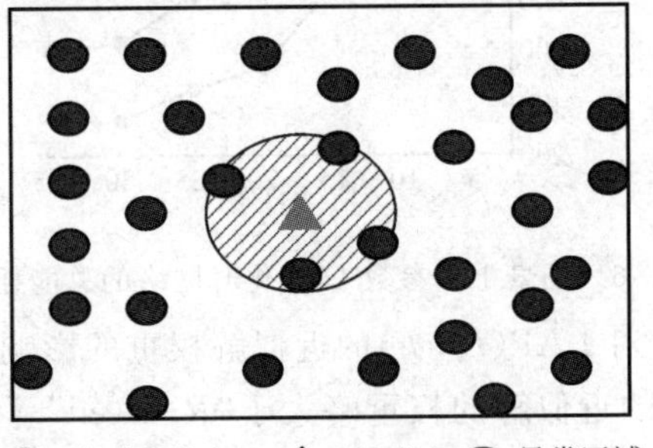

图 5-4　场景 2 示意图

内随机选取一个数值作为自身产生的感知数据值，在正常区域内，每个传感器节点从区间[0，50]内随机选取一个数值作为自身产生的感知数据值。

场景3：被监测区域内存在4个异常区域，如图5-5所示。这4个异常区域均为圆形区域，其中心坐标分别为(200，100)，(200，300)，(100，200)，(300，200)，半径L为可变参数。在正常区域或异常区域内，获得传感器节点产生的感知数据值的方法同场景2。

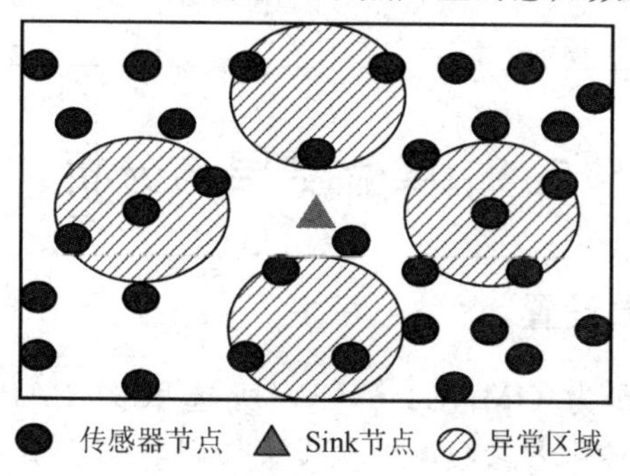

图5-5　场景3示意图

5.4.2　场景1中的实验结果

场景1中没有明显的异常区域，因此，在场景1中主要测试参数D和参数k对网络的总能耗以及LAP(D，k)的近似解权重的影响，同时将LAPDK算法和“R-based”算法在实验结果上进行了对比。

1. 参数D对实验结果的影响

图5-6显示了当参数D(即LAP(D，k)查询中的参数D)发生变化时网络中所有传感器节点消耗的总能量的实验结果。从图5-6可知，当D较小时，LAPDK算法对应的网络总能耗略高于“R-based”算法对应的网络总能耗。但是，随着D的增大，LAPDK算法对应的网络总能耗明显低于“R-based”算法对应的网络总能耗。网络中的总能耗随着D的增大而减少的原因是，随着D的增大，被监测区域内划分出的正六边形单元的总个数将会减少，网络总的数据传输量会降低。

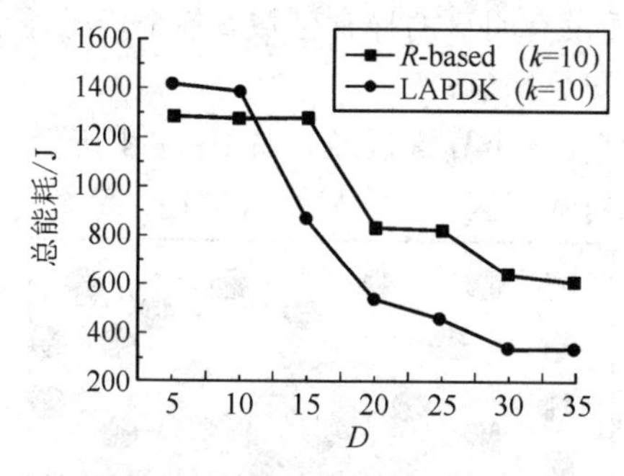

图5-6　场景1中参数D变化时网络的总能耗对比

图5-7显示了参数D对LAP(D，k)的近似解权重的影响。由图5-7可知，LAPDK算法所求得的LAP(D，k)的近似解的权重略大于“R-based”算法所得的LAP(D，k)的近似解的权重。换句话说，在场景1中，LAPDK算法所得到的LAP(D，k)的近似解的近似

比略高于“R-based”算法求得的 LAP(D, k)的近似解的近似比。另外，从图 5－7 可以看出，参数 D 对 LAP(D, k)的近似解权重的影响不大。

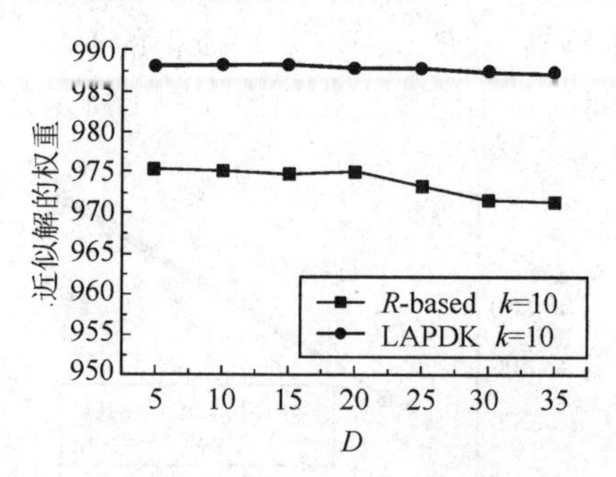

图 5－7 场景 1 中参数 D 变化时近似解权重对比

为了验证实验结果的准确性，本章还测试了近似解中任意两个元组之间的最小距离，结果如图 5－8 所示。从图 5－8 中可以看出，近似解中任意两个元组之间的最小距离都大于对应的参数 D，满足对 LAP(D, k)的近似解的要求。

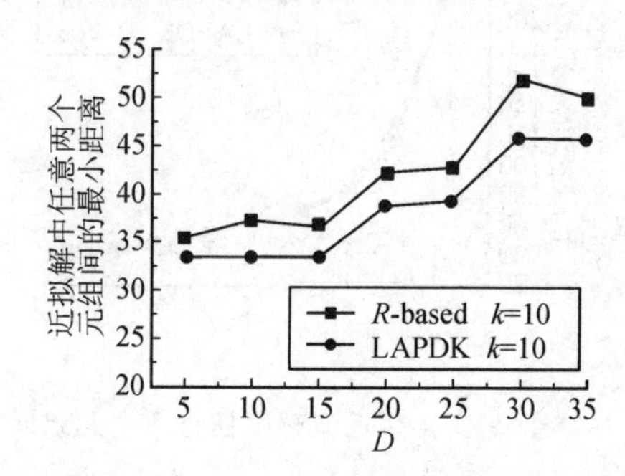

图 5－8 场景 1 中参数 D 变化时近似解中任意两个元组间的最小距离对比

2. 参数 k 对实验结果的影响

图 5－9 给出了网络总能耗随参数 k 的变化而变化的实验结果。图 5－9 显示，“R-based”算法对应的网络总能耗明显大于 LAPDK 算法对应的网络总能耗；同时，随着参数 k 的增大，“R-based”算法对应的网络总能耗增大的速度明显高于 LAPDK 算法所对应的网络总能耗。这是因为，对于 LAPDK 算法，增大 k 意味着网络中仅仅需要多传输若干单元内部的 LAP(D, k) (1≤k≤5)解；而“R-based”算法采用基于数据汇聚树的数据汇聚方法，当 k 增大时，数据汇聚树在进行数据汇聚时所删减的数据量便会减少，整个网络的数据传输量会明显增大，网络的总能耗也会明显增大。

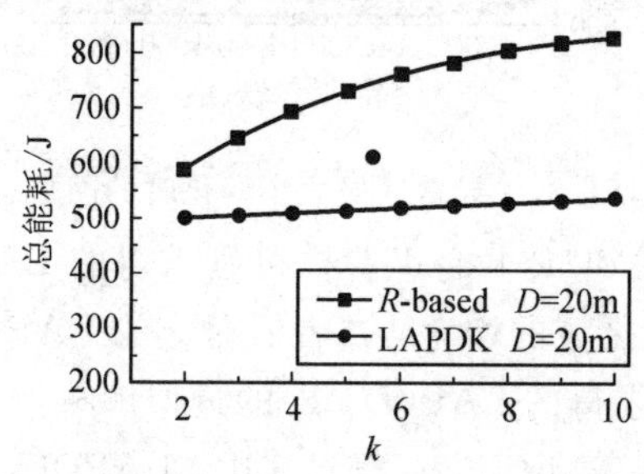

图 5－9 场景 1 中参数 k 变化时的网络总能耗对比

图 5－10 显示的是“R-based”算法和 LAPDK 算法各自求得的 LAP(D，k)的近似解随参数 k 的变化而变化的实验结果。从中可以看出，在场景 1 中，LAPDK 算法所得的 LAP(D，k)的近似解的权重略高于“R-based”算法所得的 LAP(D，k)的近似解的权重。随 k 的变化，近似解中元组之间的最小距离变化如图 5－11 所示。

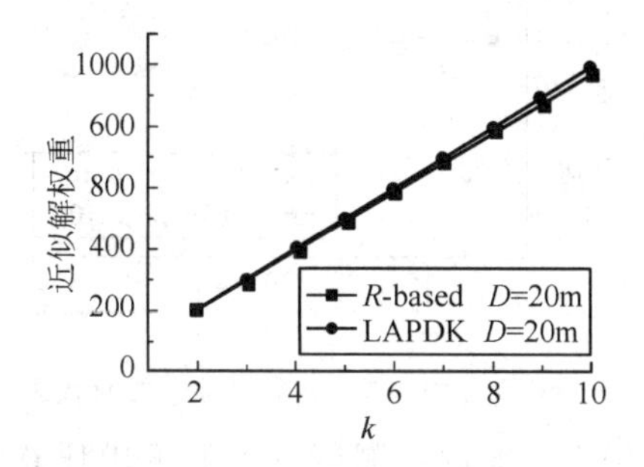

图 5－10　场景 1 中参数 k 变化时近似解的权重对比

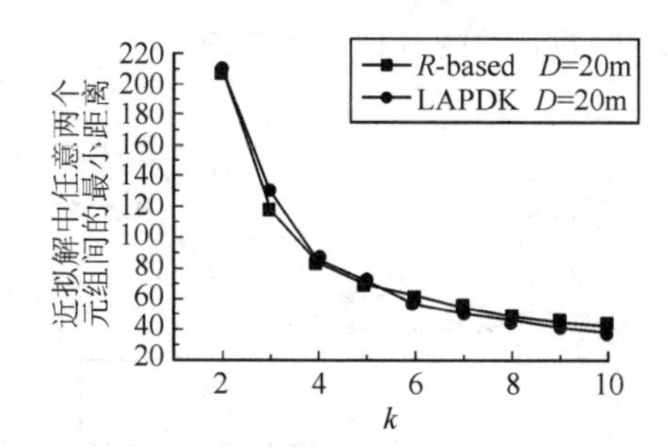

图 5－11　场景 1 中参数 k 变化时近似解中任意两个元组间的最小距离对比

5.4.3　场景 2 中的实验结果

图 5－12 给出了不同异常区域大小(图 5－12 中的横坐标表示异常区域的面积)下网络总能耗变化的实验结果。由图 5－12 可以看出，无论异常区域大小是多少，LAPDK 算法所对应的网络总能耗变化都明显低于“R-based”算法所对应的网络总能耗。

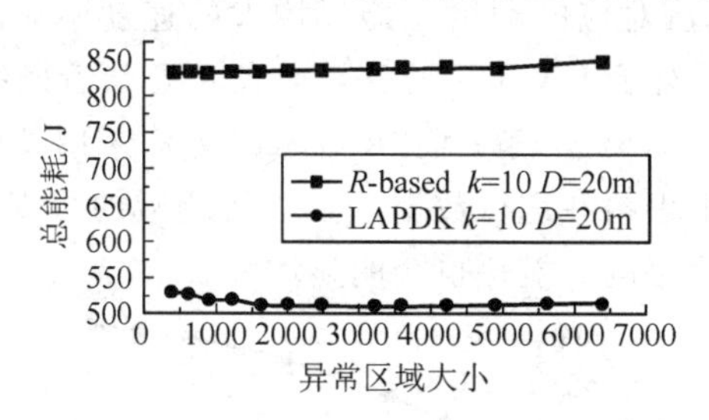

图 5－12　场景 2 中异常区域大小变化时的网络总能耗变化

图 5－13 是 LAPDK 算法和“R-based”算法分别求得的 LAP(D，k)的近似解权重对比图。图 5－13 显示，随着异常区域的增大，二者所对应的 LAP(D，k)的近似解权重也逐渐增大。然而，LAPDK 算法所求得的 LAP(D，k)的近似解权重均大于“R-based”算法所求得的 LAP(D，k)的近似解权重。这说明，在场景 2 中，LAPDK 算法所求得的 LAP(D，k)的近似解拥有更好的近似比。

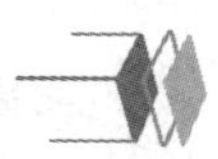

图 5-14 给出了与图 5-13 相对应的 LAP(D, k)的每个近似解中任意两个元组间的最小距离。图 5-14 表明，与图 5-13 相对应的 LAP(D, k)的近似解中任意两个元组间的最小距离都大于参数 D 所指定的距离，满足对 LAP(D, k)的近似解的定义。

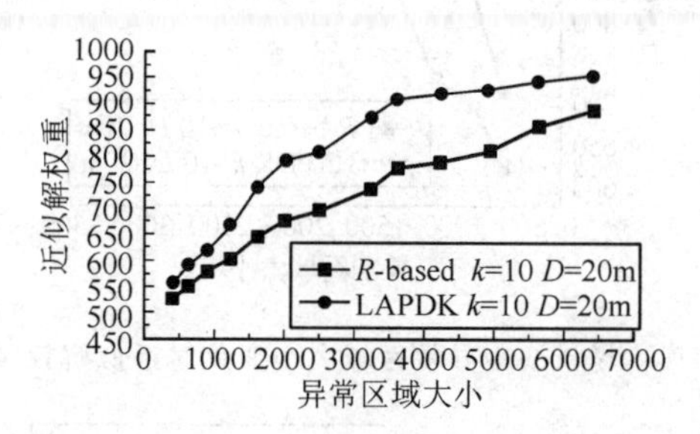

图 5-13　场景 2 中异常区域大小变化时近似解权重变化对比

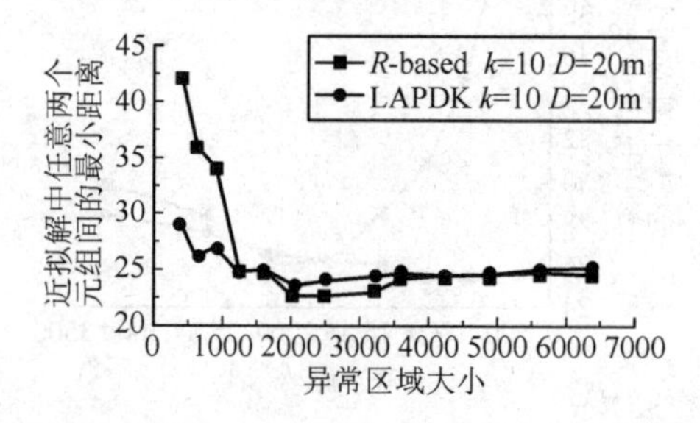

图 5-14　场景 2 中异常区域大小变化时近似解中任意两个元组间的最小距离变化

5.4.4　场景 3 中的实验结果

在场景 3 中，网络总能耗、近似解的权重以及近似解中任意两个元组间的最小距离的实验结果分别如图 5-15、图 5-16 和图 5-17 所示。由图 5-15 和图 5-16 可知，在每个异常区域大小取不同值的情况下，LAPDK 算法所带来的网络总能耗均小于“R-based”算法所带来的网络总能耗，LAPDK 算法所求得的 LAP(D, k)的近似解权重均大于“R-based”算法求得的 LAP(D, k)的近似解权重。场景 3 中的实验结果同样显示 LAPDK 算法优于“R-based”算法。

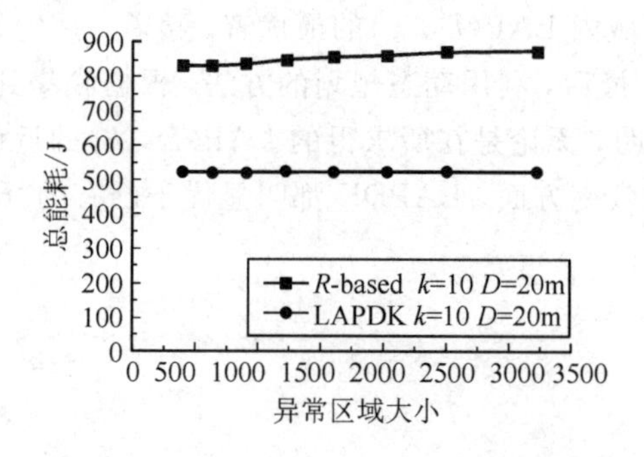

图 5-15　场景 3 中异常区域大小变化时网络消耗总能量对比

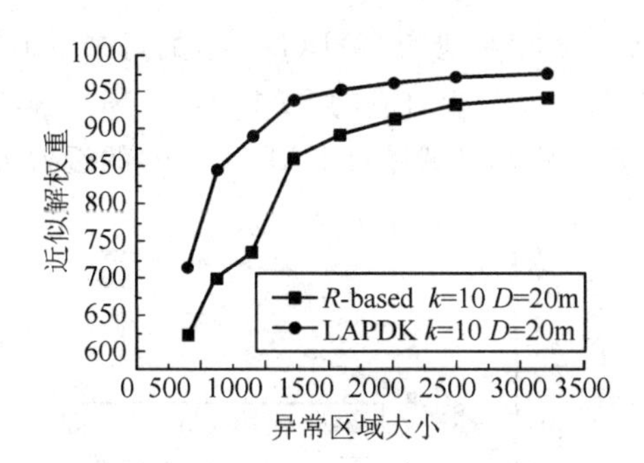

图 5-16　场景 3 中异常区域大小变化时近似解权重对比

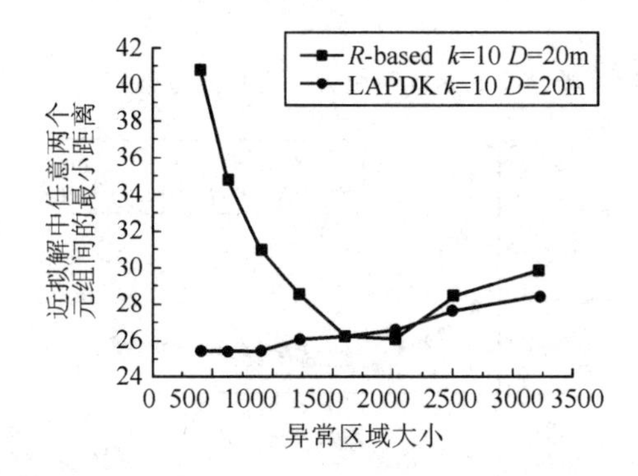

图 5-17　场景 3 中异常区域大小变化时近似解中元组之间的最小距离对比

本 章 小 结

本章更加全面地分析了被监测区域的实际状况，研究了距离限定的 Top-k 查询处理问题，即 LAP(D，k)问题。LAP(D，k)查询除了要求查询结果中的 k 个数据项的权值之和大于或者等于其他任意 k 个数据项的权值之和外，还要求查询结果中任意一对数据项的产生位置之间的距离大于 D，LAP(D，k)问题已被证明是 NP 难问题。针对这一问题，提出了一种启发式算法 LAPDK。LAPDK 首先将被监测区域划分成多个正六边形区域。然后，分别计算各个正六边形区域内 LAP(D，k)的最优解。接着，择优收集 k 个正六边形区域内的 LAP(D，k)的最优解。最后，利用动态规划的方法，根据收集到的数据求 LAP(D，k)问题的近似解。实验结果表明，无论是在所求得的 LAP(D，k)的近似解的近似率方面，还是在传感器节点的能量利用效率方面，LAPDK 都明显优于已有的"R-based"算法。

第 6 章　WSAN 中自适应数据存储与查询技术

6.1 技术背景

WSAN 可以被视为“分布式数据库”，因为它们可以分布式存储事件数据，并通过使用一些分布式查询处理方法响应用户的查询或搜索。例如，在部署了 WSAN 的动物园中，传感器节点收集和存储事件数据，例如动物的种类和位置。然后，游客可以在动物园任何地方获取动物的信息，可通过使用某种手持设备将查询请求发送到系统中的任何传感器节点来查询数据，系统将对查询请求进行分布式处理，最后将查询结果发送给游客，游客在了解了动物园的动物信息后，可以制订有效的游览计划。

在这种应用中，关键问题是如何以高效和能量平衡的方式存储和查询数据。现有的 WSAN 分布式数据存储方案主要是以数据为中心的存储方案。在这种方案中，事件数据的属性被映射到一些位置。具有相同属性的事件数据存储在无线传感器网络部署字段中同一映射位置周围的节点上，以便根据事件数据的属性与相应位置之间的映射关系来查询这些数据。虽然这种方案能够实现数据存储和查询的功能，但由于缺乏对数据存储和查询策略的适应性，需要随着数据生产者和数据查询者的数据生成率的变化调整数据存储和查询策略，因此在提高 WSAN 中数据存储和查询效率方面还远远不够。在实际应用中，由于受监控事件何时发生以及消费者何时发起查询的不确定性，生产者的数据生成率和消费者的查询频率都不会保持不变。

本章介绍了一种新的基于动态优化的 WSAN 数据存储与查询方案，并将其命名为 SRMSN[16]。SRMSN 将移动执行器作为集合节点，负责存储生产者发送的数据，并对数据消费者发起的查询进行回复。SRMSN 基于虚拟网格划分技术和多样性因子分析技术，提出了两种启发式搜索算法，分别对每个时间间隔内移动执行器的最佳目标位置和停留的每个时间间隔的最佳长度进行了探索。这两种方法在确定移动执行器的最佳目标位置和最佳停留时间长度时都考虑了生产者的数据生成率和消费者的查询频率，从而使 SRMSN 在适应性上表现得更好。概而言之，本章的主要内容包括：

① 描述了SRMSN方案中用到的WSAN网络模型，并对该模型下的数据存储和查询问题进行了重新定义。

② 介绍了基于动态优化的分布式数据存储与查询方案SRMSN。SRMSN采用了虚拟网格划分和多样性因子分析等新技术，结合生产者的数据生成率的动态特性和消费者的查询频率，探索了执行器移动的最佳目标位置和最佳停留时间长度，提高了移动执行器的适应性。

③ 展示了不同实验场景下针对SRMSN的模拟实验结果。仿真结果表明，SRMSN在无线传感器的负载平衡、能量效率和时间效率(即数据存储和查询的平均延迟)方面均具有良好的性能表现。

6.2 SRMSN方案中的WSAN模型与问题定义

6.2.1 WSAN模型

在WSAN模型(如图6-1所示)中，$N(0<N\in\mathbf{Z})$个传感器节点和M个执行器节点随机部署在一个$L_1\times L_2$的矩形区域中。所有传感器节点具有相同的通信半径R，执行器节点半径为$R'(R'>R)$，传感器网络可以定义为连接的无向图$G=\{V, E\}$，其中V是传感器节点和执行器节点组成的集合，E是图中的边集。假设$v_i(0<i\leqslant N)$表示传感器节点或执行器节点，V和E可描述如下：

$$V=\{v_1, v_2, \cdots, v_N\} \quad (|V|=N+M) \tag{6-1}$$

$$E=\{(v_i, v_j)\} \tag{6-2}$$

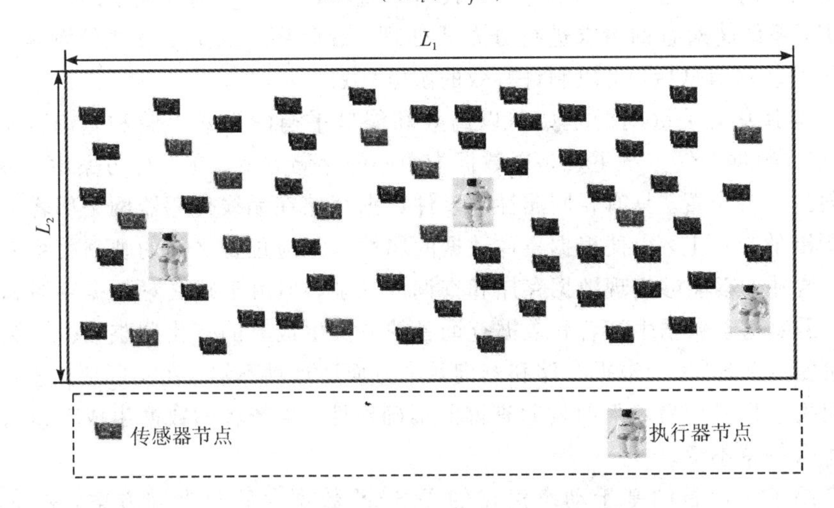

图6-1 SRMSN方案采用的WSAN模型

在该网络模型中，如果$v_i(0<i\leqslant N)$产生一些事件数据，那么v_i扮演数据生产者角色；如果v_i从一些用户那里接收到数据查询请求，那么v_i就充当消费者角色。传感器节点可能在不同的时间扮演不同的角色。假设所有传感器节点都知道自己的位置，并且在部署后都将保持静止状态。让loc_i表示传感器节点v_i的位置$(0<i\leqslant N)$，则所有传感器节点的位置可以表示为$\{\mathrm{loc}_1, \mathrm{loc}_2, \cdots, \mathrm{loc}_i, \cdots, \mathrm{loc}_{N-1}, \mathrm{loc}_N\}$。还假设传感器节点知道WSAN

网络部署区域的边长，这样它们就可以计算出 L_1 部署区域的中心位置。

不失一般性，假设 WSAN 网络中包含 2 个执行器：S 执行器和 P 执行器，作为消费者和生产者之间的中介代理。换句话说，这两个执行器既负责存储生产者的数据，也负责回复消费者的查询。为了提高无线传感器在数据存储和查询方面的能量效率，两个执行器并不总是移动的，在移动到下一个目标位置之前，它们将在每个目标位置停留一段时间。假设在传感器网络的生命周期结束之前，执行器节点将移动到的目标位置总数为 $m(m>0)$。令 Sloc_j 表示执行器节点将移动到的第 j 个目标位置，T_j 表示接收节点在第 j 个目标位置的停留时间长度，那么，执行器节点将移动到的所有目标位置可以表示为 $\{\mathrm{Sloc}_1, \mathrm{Sloc}_2, \cdots, \mathrm{Sloc}_{j-1}, \mathrm{Sloc}_j, \cdots, \mathrm{Sloc}_m\}$，所有停留时间长度组成的集合为 $\{T_1, T_2, \cdots, T_{j-1}, T_j, \cdots, T_m\}$。下文将给出在这种网络模型下的数据存储和查询问题的定义。

6.2.2　问题定义

令 $f^i_{d\_T_j}$ 和 $f^i_{q\_T_j}$ 分别表示第 j 个时间间隔内节点 v_i 的平均数据生成频率和平均查询频率，$\Omega_j(0<j\leqslant m)$ 表示第 j 次访谈中每个传感器节点 $v_i(0<i\leqslant N)$ 的平均数据生成率和平均查询频率对的集合，则得到：

$$\Omega_j=\{f^i_{d\_T_j}, f^i_{q\_T_j} \mid 0<i\leqslant N\} \tag{6-3}$$

令 C_{total} 表示在给定时间间隔内存储和查询数据时所有传感器节点的总通信成本，$\mathrm{DLY}_{\mathrm{storage}}$ 表示每个生产者在数据存储上的平均延迟，而 $\mathrm{DLY}_{\mathrm{retrieval}}$ 表示每个消费者在数据查询中的平均延迟，然后，基于上述网络模型，给出如下定义：

定义 6-1　WSAN 数据存储与查询中执行器目标位置和停留时间间隔的优化问题(简称 LTO 问题)：给定 $G=\{V, E\}$、L_1、$L_2(L_1\gg R, L_2\gg R)$，设置 $\{\mathrm{loc}_i \mid 0<i\leqslant N\}$，并设置 $\{\Omega_1, \Omega_2, \cdots, \Omega_j\}$，LTO 问题是如何确定每个执行器节点的最佳 $(j+1)$ 停留时间间隔和最佳 $(j+1)$ 目标位置，以便尽可能减少 C_{total}、$\mathrm{DLY}_{\mathrm{storage}}$ 和 $\mathrm{DLY}_{\mathrm{retrieval}}$。

显然，LTO 问题属于多目标优化问题。在定义 6-1 相同的条件下，在无线传感器网络中寻找最佳存储位置是一个 NP 难题。因此，LTO 问题也必须是 NP 难问题，因为它包括多位置优化，而且更加复杂。下一小节将介绍 WSNAs 中一种新的分布式数据存储和查询数据方案 SRMSN，该方案包含一种用来解决 LTO 问题的启发式算法。

6.3　SRMSN 方案

6.3.1　SRMSN 方案概述

在刚部署完传感器网络后，两个执行器节点中的一个——S 执行器，它会移动到受监测的无线传感器区域的中心点。所有传感器节点都使用一些定位算法计算自己的位置，然后将其位置信息发送到受监测区域的中心点。此外，所有生产者将数据发送到 S 执行器进行存储，所有消费者将查询发送到 S 执行器以查询他们感兴趣的数据。

经过一段时间后，S 执行器根据接收到的数据和查询(请求)，估计生产者的数据生成率和消费者的查询频率。然后，S 执行器根据生产者的数据生成率、消费者的查询频率以及消费者的位置信息，计算出其自身和 P 接收器的最佳目标位置。当计算出最佳目标位置时，

S执行器会在整个监控区域内广播最佳目标位置。所有传感器节点和P执行器都从S执行器发送的广播信息中获取最佳目标位置的信息。之后，两个执行器分别移动到各自的目标位置。

在接收到(移动)执行器的目标位置信息后，所有生产者将该数据信息发送到最近的执行器进行存储，所有消费者将查询发送到最近的执行器节点以查询所需的数据。有一种情况是，事件数据或查询请求的传感器节点比执行器先到达其自身目标位置。在这种情况下，距离两个目标位置中任何一个位置一跳的传感器节点将首先存储数据或查询请求，并在执行器到达目标位置后将其发送到其目标位置。如果移动执行器中的其中一个接收到数据查询请求，则首先检查其自身存储空间中是否存在符合条件的数据；如果没有这样的数据，它会将查询发送到另一个执行器节点以获得答复。无论是否找到符合条件的数据，首先接收查询的执行器节点都将向查询者发送回复信息。在SRMSN中，为了提高数据查询的效率，传感数据包经过每个传感器节点时，各节点都会保存一份数据包的副本。这样，如果查询在到达目的地的路径上，发现有能够满足需求的数据，那么消费者可以在查询到达接收器之前查询到所需的数据。

此外，由于无线传感器网络是动态的，不仅生产者的数据生成率和消费者的查询频率不断变化，而且传感器节点的作用可能随着时间的推移而变化。因此，为了在解决LTO问题上获得更好的性能，在SRMSN中，执行器应该在每个特定的时间间隔内自适应地改变自身的位置。下文将介绍SRMSN中的启发式方法，即执行器如何计算下一个时间间隔内的最佳目标位置，以及它们如何确定时间间隔的最佳长度。

6.3.2 自适应位置优化

在本节中，描述了搜索移动执行器最佳位置的启发式算法。该算法分别计算了移动执行器的最佳位置。具体来说，通过找出数据存储无线传感器网络监测区域中所有传感器节点在数据存储上消耗的总通信成本(即所有事件数据都发送到某位置的情况下)最小的情况下的位置，得出S执行器的最佳位置。通过计算满足另一个条件的位置，得出R执行器的最佳位置，即如果在该位置查询所有数据，则可以最大限度地降低无线传感器网络监测区域中所有传感器节点在数据查询中的总通信成本。

让Hop(A, B)表示A和B之间的跃点计数，ζ_{receive} 表示传感器节点接收1 b数据所消耗的能量，ζ_{send} 表示传感器节点发送1 b数据所消耗的能量，s_q 以字节表示数据查询请求的长度，s_d 以字节表示事件数据的长度，α 表示在任何一个接收器上生成数据查询回复时的数据压缩比。然后，在给定的时间间隔 T 内，所有传感器节点在数据存储上消耗的总通信成本 C_{storage} 为

$$C_{\text{storage}} = |T| \times \sum_{i=1}^{N} f_{d\_T}^{i} \times s_d \times \text{Hop}(v_i, \text{S\_Sink}) \times (\zeta_{\text{receive}} + \zeta_{\text{send}}) \qquad (6-4)$$

在SRMSN方案中，使用基于虚拟网格的技术计算两个执行器的近似最佳位置。基于虚拟网格的技术的主要思想是，将整个传感器网络区域划分为非常小的虚拟网格，假设虚拟网格的边长为 λ，令 μ 表示整个传感器场中虚拟网格的数目，整个网络部署区域被划分的网格个数为：$\lceil L_1/\lambda \rceil \times \lceil L_2/\lambda \rceil$。定义候选位置集 $\text{LS}=\{\text{cl}_1, \cdots, \text{cl}_k, \cdots, \text{cl}_m\}$，其中 cl_k 表示第 $k(0<k\leqslant m)$ 个虚拟网格的中心位置。然后，从集合LS中选择移动执行器的近似最

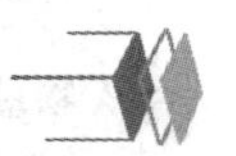

佳位置。具体地，从传感器网络刚部署到第 j 个时间间隔结束时，以 cl_k 作为 S 接收器的位置，所有传感器节点传输用于存储的事件数据的总通信成本（总能耗）$C_{\mathrm{storage\_k}}$ 可根据式(6-5)计算。

$$\begin{aligned}C_{\mathrm{storage}\_k} = & |T_1| \times \sum_{i=1}^{N} (f^i_{d\_T_1} \times s_d \times \mathrm{Hop}(v_i, \mathrm{cl}_k) \times (\zeta_{\mathrm{receive}} + \zeta_{\mathrm{send}})) + \\ & |T_2| \times \sum_{i=1}^{N} (f^i_{d_{T_2}} \times s_d \times \mathrm{Hop}(v_i, \mathrm{cl}_k) \times (\zeta_{\mathrm{receive}} + \zeta_{\mathrm{send}})) + \\ & \cdots + \\ & |T_{j-1}| \times \sum_{i=1}^{N} (f^i_{d\_T_{j-1}} \times s_d \times \mathrm{Hop}(v_i, \mathrm{cl}_k) \times (\zeta_{\mathrm{receive}} + \zeta_{\mathrm{send}})) + \\ & |T_j| \times \sum_{i=1}^{N} (f^i_{d\_T_j} \times s_d \times \mathrm{Hop}(v_i, \mathrm{cl}_k) \times (\zeta_{\mathrm{receive}} + \zeta_{\mathrm{send}}))\end{aligned} \tag{6-5}$$

然后，根据式(6-6)确定 cl_s（$s \in \{1, 2, \cdots, \mu\}$），并将其作为第 $j+1$ 个持续停留时间内 S 执行器的目标位置：

$$C_{\mathrm{storage}\_s} = \min\{C_{\mathrm{storage}\_k} \mid k \in \{1, 2, \cdots, \mu\}\} \tag{6-6}$$

令 $C_{\mathrm{query}\_j\_k}$ 表示在所有查询请求发送到位置 cl_k（$k=1, 2, \cdots, \mu$）时在第 j 个持续停留时间内传输数据查询请求造成的所有传感器节点的总通信成本，$C_{\mathrm{reply}\_j\_k}$ 表示所有传感器节点第 j 个持续停留时间内在位置 cl_k（$k=1, 2, \cdots, \mu$）进行数据查询请求应答时的总通信成本，其值可分别根据式(6-7)和式(6-8)计算：

$$C_{\mathrm{query}\_j\_k} = |T_j| \times \sum_{i=1}^{N} f^i_{q\_T_j} \times s_q \times \mathrm{Hop}(v_i, \mathrm{cl}_k) \times (\zeta_{\mathrm{receive}} + \zeta_{\mathrm{send}}) \tag{6-7}$$

$$C_{\mathrm{reply}\_j\_k} = |T_j| \times \sum_{i=1}^{N} f^i_{q\_T_j} \times (\alpha \times s_d) \times \mathrm{Hop}(v_i, \mathrm{cl}_k) \times (\zeta_{\mathrm{receive}} + \zeta_{\mathrm{send}}) \tag{6-8}$$

如果所有查询都发送到位置 cl_k（$k=1, 2, \cdots, \mu$），并且所有回复也从位置 cl_k 发出，令 $C_{\mathrm{retrieval}\_j\_k}$ 表示第 j 个持续停留时间内数据查询时所有传感器节点的总能耗，$C_{\mathrm{retrieval}\_j\_k}$ 的值可由式(6-9)计算而得：

$$\begin{aligned}C_{\mathrm{retrieval}\_j\_k} & = C_{\mathrm{query}\_j\_k} + C_{\mathrm{reply}\_j\_k} \\ & = |T_j| \times \sum_{i=1}^{N} f^i_{q\_T_j} \times (\alpha \times s_d + s_q) \times \mathrm{Hop}(v_i, \mathrm{cl}_k) \times (\zeta_{\mathrm{receive}} + \zeta_{\mathrm{send}})\end{aligned} \tag{6-9}$$

令 $C_{\mathrm{retrieval}\_k}$ 表示从传感器网络被部署完成开始到第 j 个时间间隔结束的这段时间内，在传感器网络中进行数据检索过程中所有传感器节点所消耗的总能耗，那么，$C_{\mathrm{retrieval}\_k}$ 的值可由式(6-10)计算而得：

$$C_{\mathrm{retrieval}\_k} = C_{\mathrm{retrieval}\_1\_k} + C_{\mathrm{retrieval}\_2\_k} + \cdots + C_{\mathrm{retrieval}\_j-1\_k} + C_{\mathrm{retrieval}\_j\_k} \tag{6-10}$$

然后，根据式(6-11)确定 cl_r（$r \in \{1, 2, \cdots, \mu\}$）为 R 执行器在第 $j+1$ 个持续停留时间内的目标位置：

$$C_{\mathrm{retrieval}\_r} = \min\{C_{\mathrm{retrieval}\_k} \mid k \in \{1, 2, \cdots, \mu\}\} \tag{6-11}$$

很明显，计算执行器目标位置的复杂度小于 $O(\mu \cdot \mathrm{m} \cdot \mathrm{N})$。因此，当参数 λ 变小时，计算结果将更接近最优结果。不过，计算复杂度也可以随着 λ 的减小而增加，因为这会导

致 μ 值变大。

6.3.3 最佳持续停留时间的确定

在 SRMSN 中，第 $j+1$ 个持续停留时间的最佳长度将根据第 $j+1$ 个持续停留时间内传感器节点的数据生成率和查询频率自适应地确定。以 S 执行器为例，在 T_1 和 T_2 中，S 执行器在每个等长时间周期 T_{period} 都会计算自身的最佳位置，其中，T_{period} 满足式(6-12)。图 6-2 中展示了 T_{period} 和 $T_j(j>0)$之间的关系。

$$T_{\text{period}} \leqslant \min\{\ |T_1|,\ |T_2|,\ \cdots,\ |T_i-1|,\ |T_i|,\ \cdots,\ |T_m|\} \qquad (6-12)$$

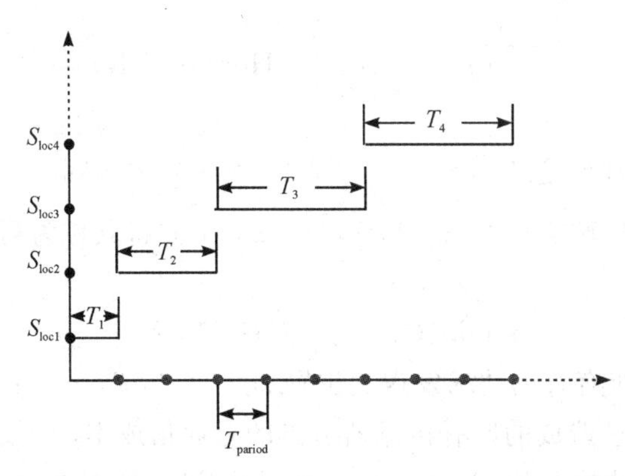

图 6-2 T_{period} 与 T_j 的关系(Sloc_j 表示第 j 个持续停留时间内 S 执行器的位置)

考虑到实际环境中存在许多影响 WSAN 数据存储和查询能效的因素(例如，广播无线传感器的位置信息会消耗传感器节点的能量)。SRMSN 要求，如果移动不能带来较大收益，则 S 执行器不应移动到新位置。具体来说，如果令 $C_{\text{storage}}^{\text{current}}$ 和 $C_{\text{storage}}^{\text{next}}$ 分别表示所有传感器节点在当前位置以及新的下一个位置将其数据存储在 S 执行器上的通信开销，令 C_{move} 表示传感器节点从当前位置移动到新位置所产生的能量消耗(C_{move} 包含传感器节点广播新位置信息时的能量消耗、因节点移动而产生的能量消耗等)，那么，执行器移动中带来的收益(即 BES)可通过式(6-13)计算。原则上，只有当 BES>0 时，才允许 S 执行器移动到新位置。

$$\text{BES} = C_{\text{storage}}^{\text{current}} - C_{\text{storage}}^{\text{next}} - C_{\text{move}} \qquad (6-13)$$

然而，如果过于频繁地计算 S 执行器的下一个最佳位置，那么将会消耗很多资源，比如能量和存储空间，特别是当 WSAN 部署区域较大且虚拟网格较小时，这种计算请求更加明显。因此，在 j 大于 2 的情况下，S 执行器将测试第 j 个持续停留时间内生产者的数据生成率变化系数，以确定是否需要计算其新目标位置。其中，生产者的数据生成率变化系数的定义参看定义 6-2。

定义 6-2 数据生成率变化系数(DF_j^i，$j>2$)：令 $f_{d\_T_{j-1}}^i$ 和 $f_{d\_T_j}^i$ $(j>2)$分别表示持续停留时间 T_{j-1} 和 T_j 内节点 $v_i(0<i\leqslant N)$的平均数据生成率，那么，将持续停留时间 T_j 中节点 v_i 的数据生成率变化系数定义为

$$\text{DF}_j^i = \frac{f_{d\_T_j}^i - f_{d\_T_{j-1}}^i}{f_{d\_T_{j-1}}^i} \quad (j>2) \qquad (6-14)$$

令 $\text{DF}_{\text{current}}^i$ 表示从第 $j-1$ 个持续停留时间结束到 S 接收器的当前的持续停留时间内节

点 v_i 的数据生成速率的变化系数，$AVG^{DF}_{current}$ 表示同一持续停留时间内 WSAN 中所有传感器节点的数据生成率的平均变化系数，$AVG^{DF}_{current}$ 可按照如下公式计算：

$$AVG^{DF}_{current}=\frac{1}{N}\sum_{i=1}^{N}DF^{i}_{current} \tag{6-15}$$

在 SRMSN 中，如果以下不等式成立，S 执行器将计算其下一个目标位置：

$$AVG^{DF}_{current}\geqslant DF_{threshold} \tag{6-16}$$

在式(6-16)中，$DF_{threshold}$ 是数据生成速率变化系数的阈值，这一阈值可以根据经验确定，也可以通过研究 BES 与数据生成速率变化系数之间的历史关系得到。计算各传感器节点的平均数据生成率变化系数的复杂度为 $O(N)$，大大降低了节点的计算负载。以类似的方式，R 执行器可以像 S 执行器一样探索最佳时间来计算其下一个目标位置，不同的是，R 执行器应该考虑消费者的查询频率，而不是生产者的数据生成率，因为后者是 S 执行器的主要关注点。

6.4　SRMSN 方案的性能评估

为了评估 SRMSN 方案的性能，我们对其进行了模拟仿真实验，并将 SRMSN 与 ODS 方案进行了比较，后者是在无线传感器网络中数据存储和查询方面已知的较为先进的技术。我们使用的仿真实验工具是 OMNET++。在模拟中，传感器节点随机部署在 400 m×400 m 的平方场中，模拟时间设置为 100 s。模拟中的所有生产者和消费者都会生成和查询相同类型的事件数据。因为只关心最近发生的事件，所以将事件数据项的生命周期设置为 2 s。换句话说，如果存储在某些节点上的事件数据项持续 2 s，则这些节点将删除它。根据传感器节点的位置，从[0, 0.2]或[0, 0.8]中随机选择 $f^{i}_{d\_T_j}$ 和 $f^{i}_{q\_T_j}$ 的值($0<i\leqslant N$, $0<j\leqslant m$)。在路由协议方面，如果在陆地，使用 GPSR 作为路由协议；如果在水下，采用水下传感网络的路由协议。模拟中使用的其他参数如表 6-1 所示。

表 6-1　仿真实验中的部分参数设置

参 数 名	参 数 值
单个事件数据包的字节长度(s_d)	20 b
单个查询请求的字节长度(s_q)	20 b
传感器节点的通信半径(R)	50 m
发送 1 b 数据消耗的能量 (ζ_{send})	0.0144 mJ/b
接收 1 b 数据消耗的能量 ($\zeta_{receive}$)	0.008 64 mJ/b

6.4.1　延迟性能测试结果

在仿真过程中，数据存储的平均延迟用数据包从数据生产者传输到其目的地的平均跳数来表示，数据查询的平均延迟用跳数的平均和来表示。一个查询请求需要根据从它的发起节点到它对应的查询包的集合节点的跳数来计数，查询应答需要从集合节点传输到 WSAN 中相应的查询发起者。

图 6-3 和图 6-4 分别显示了 SRMSN 和 ODS 数据存储和查询平均延迟的模拟结果。很明显，SRMSN 中的数据存储平均延迟和数据查询平均延迟都比 ODS 中的要短，原因如下：一方面，SRMSN 中的每个传感器节点选择一个较近的移动执行器来存储或查询事件数据，并通过优化移动执行器的目标位置和接收器在该位置的持续停留时间，利用SRMSN 可以有效地缩短传感器节点与目标执行器节点之间的欧氏距离，从而降低 WSAN 中数据存储和查询的平均延迟。而在另一方面，ODS 缺乏对集合节点的持续停留时间的优化，这些节点负责存储数据和响应查询，以使数据存储和查询平均延迟保持在某个位置。

3.75
3.50
3.25
3.00
2.75
2.50
2.25
2.00
数据存储平均延迟
ODS
SRMSN
500
600
700
800
900
1000
传感器节点数量

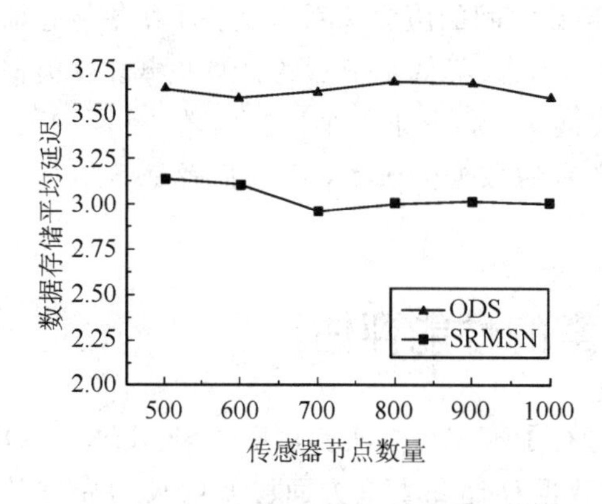

图 6-3　数据存储平均延迟

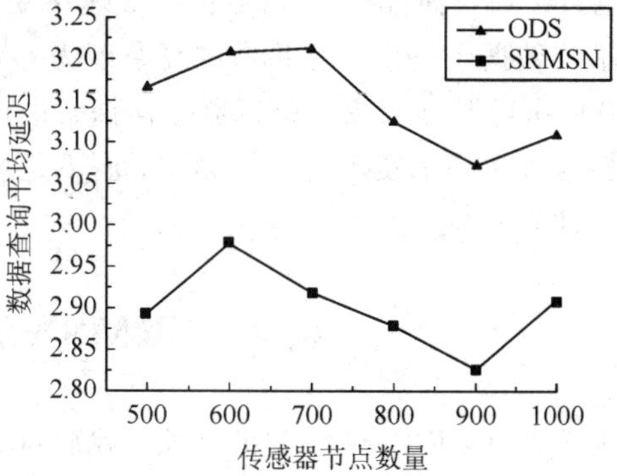

3.25
3.20
3.15
3.10
3.05
3.00
2.95
2.90
2.85
2.80
数据查询平均延迟
ODS
SRMSN
500
600
700
800
900
1000
传感器节点数量

图 6-4　数据查询平均延迟

6.4.2　能效和负载均衡性能测试结果

本小节给出了 SRMSN 和 ODS 方案在能效和负载均衡方面的测试结果。实验测试的评价指标包括所有传感器节点的平均能耗、最耗能的传感器节点的能耗以及所有传感器节点的能耗分布(负载均衡)等。

图 6-5 展示了 SRMSN 和 ODS 中所有传感器节点的平均能耗模拟结果。由图 6-5 可以看出，在平均能耗指标方面，SRMSN 的性能优于 ODS。这也得益于 SRMSN 中移动执行器的持续停留时间优化和位置优化策略。事实上，从上一小节的图 6-3 和图 6-4 中可

ODS
SRMSN
80
70
60
50
40
30
20
10
0
平均能耗/mJ
500
600
700
800
900
1000
传感器节点数量

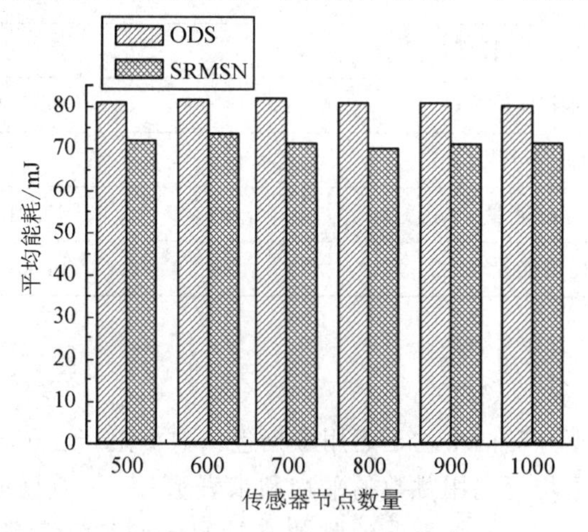

图 6-5　平均能耗比较

以看出，进行数据存储时关于数据传输的平均跳数或数据查询结果的传输跳数，SRMSN 都比 ODS 小，而跳数越小，通信成本就越低。

图 6－6 显示了 SRMSN 和 ODS 中所有传感器节点中最耗能节点的能耗模拟结果。如果将整个传感器网络的寿命定义为第一个传感器节点死亡前的时间长度，则最耗能的节点的寿命可以指示传感器网络的寿命。从图 6－6 可以看出，ODS 中消耗能量最多的节点所消耗的能量远高于 SRMSN 中最耗能节点的能耗。原因说明如下：优化了 SRMSN 中的接收器位置，移动执行器占用了传感器网络部署区域中流量负载最高的重点区域，因此，SRMSN 中传感器节点的流量负载相对较轻。此外，如果生产者的数据生成率和/或用户的查询频率发生较大变化，可以根据 SRMSN 中的持续停留时间优化策略，及时调整 SRMSN 中的移动执行器的相应位置。然而，在 ODS 中，没有这样的优势。因此，可以得出这样的结论：使用 SRMSN 的无线传感器的寿命一定比使用 ODS 的无线传感器的长。

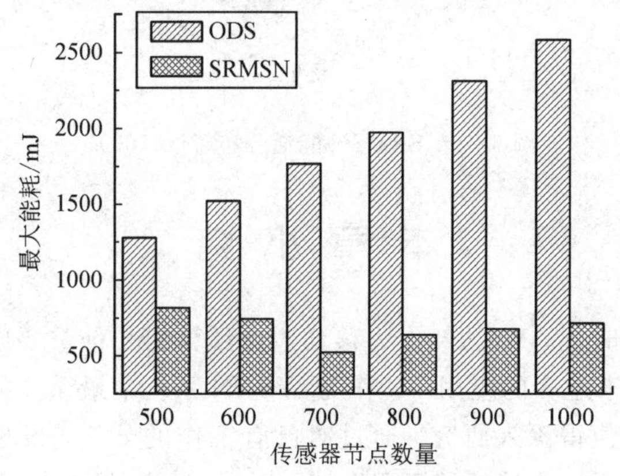

图 6－6　最耗能节点的能耗

图 6－7 和图 6－8 展示了 SRMSN 和 ODS 方案对应的 WSAN 节点能耗分布。从图中可以看出，相对于 ODS 方案，SRMSN 在负载平衡方面具有明显优势。

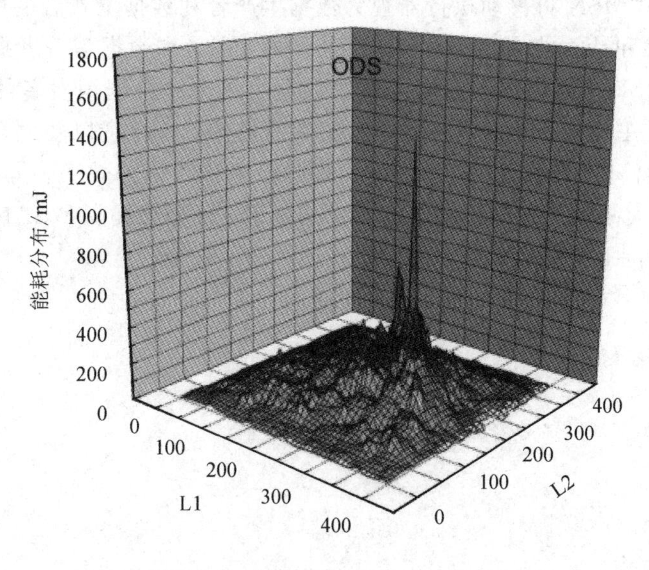

图 6－7　ODS 能耗分布（$N=700$）

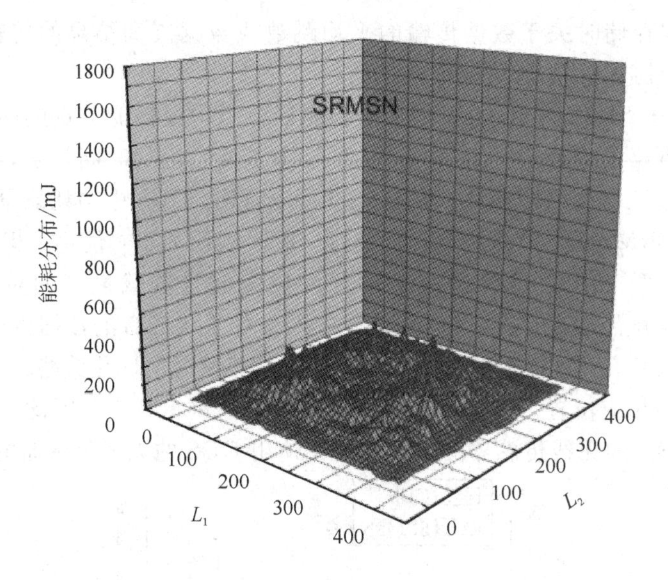

图 6-8　SRMSN 能耗分布(N=700)

本章小结

在即将到来的后云时代，WSAN 作为移动边缘计算的一种重要网络架构，正处于快速发展时期，被应用到越来越多的应用中。作为 WSAN 系统中最重要的技术之一的分布式数据存储和查询数据技术值得深入研究。通过对已有工作的分析，发现现有的 WSN 中的数据存储与查询应用方案无法直接迁移至 WSAN 中。而现有的针对 WSAN 提出的数据存储与查询方案仍存在许多不足，其中最重要的一个不足是不能同时实现高能效、高负载均衡和实时性等多重目标。针对这一不足，本章介绍了一种新的 WSAN 数据存储与查询方案——SRMSN。SRMSN 将移动执行器视为数据生产者和数据消费者的中介节点，利用其较强的移动灵活性和计算能力为 WSAN 中的数据生产者和数据消费者提供数据存储与查询服务。此外，SRMSN 还根据数据生产者的数据生成率和数据消费者的查询频率来计算和探索执行器节点在每个持续停留时间内移动到的最佳目标位置以及执行器停留在相应目标位置的最佳持续停留时间，进一步提高了数据存储和查询的效率。仿真实验结果表明，SRMSN 不仅能大大减少数据存储和查询数据的延迟，还能够提高 WSAN 的能效和负载平衡性能，更好地支持了 WSAN 的应用拓展。

第 7 章　TWSN 中基于“时间-顺序-分值”加密绑定的安全 Top-k 查询技术

7.1　技 术 背 景

TWSN 由下层大量资源受限的传感器节点和上层资源丰富的数据存储节点构成(其体系结构如图 1-5 所示)。传感器节点的主要任务是监测周围环境，产生感知数据并将其发送到对应的数据存储节点上；数据存储节点的主要任务是收集并存储其所在单元内的传感器节点产生的感知数据，并响应 Sink 节点的查询请求。由于 TWSN 能够有效降低系统复杂度、提高网络容量和可扩展性、延迟网络的生命周期，越来越受到人们的重视。

在不安全的网络环境中，数据存储节点是 TWSN 中的关键节点，更容易被攻击者捕获而妥协。一旦数据存储节点被攻击(该节点会成为不可信节点或具有一定攻击能力的节点)，一方面，存储在数据存储节点上的数据会泄漏给攻击者，数据的隐私性受到破坏；另一方面，攻击者可以向 Sink 节点返回虚假的或者不完整的虚假数据，破坏查询结果的数据完整性。在本章，暂不考虑数据的隐私性保护问题，数据的隐私性保护问题将会在下一章讨论。事实上，在实际应用的有很多例子中不需要考虑数据的隐私性保护。例如，在用于监测战场状况的无线传感器网络中，当敌方坦克进入被监测区域时，传感器节点监测到了这一事件，并将这一事件数据发送给数据存储节点。对入侵者来说，坦克的入侵以及坦克的行走路线这些事件数据根本没有隐私性可言，因此不需要考虑隐私性保护。在这些应用中，最需要解决的问题是，在数据存储节点被攻击的情况下，如何保护查询结果的数据完整性。

确保 TWSN 中 Top-k 查询结果具有数据完整性主要面临两个方面的挑战。第一，在敌对环境中，无论是数据存储节点还是传感器节点都有可能被捕获而成为妥协节点。由于数据存储节点存储本单元内的所有数据并负责响应 Sink 节点的查询请求，其被攻击所造成的危害远大于若干传感器节点被攻击所造成的危害。被攻击的数据存储节点可能会丢弃真正的 Top-k 数据项并向 Sink 节点返回虚假的数据项。第二，Top-k 查询具有多样化特点。被查询区域的大小、位置以及参数 k 会随着时间的变化而变化。因此，在传感器节点上预置参数 k 的值是不可行的，同时，传感器节点很难判断其产生的数据项中哪些符合 Top-k 查询要求，哪些不符合 Top-k 查询要求。

本章提出了一种新的完整性可验证的 Top-k 查询处理方案：VSFTQ(Verification Scheme for Fine-grained Top-k Queries，简称 VSFTQ)[17]。为了保证 Top-k 查询结果的可验证性，VSFTQ 首先利用数据项的大小顺序号为同一个节点产生的数据项建立数据关联关系，然后利用传感器节点与 Sink 节点之间的对称密钥对数据项的大小顺序号、数据项的分值(得分)以及数据项的产生时间进行绑定加密，并将这些加密信息作为 Top-k 查询结果的验证信息。其中，数据项的大小顺序号主要用来验证攻击者是否丢弃了真实的 Top-k 数据项，数据项的产生时间用来检验数据存储节点是否用传感器节点在被查询时间段外产生的数据项代替传感器节点在被查询时间段内产生的数据项，数据项对应的分值用来验证数据项是否被篡改。本章假设每个数据项与其对应的分值存在一一对应的关系。假设数据项的分值大小顺序应与数据项的大小顺序一致，攻击者如果要篡改数据项，就必须同时篡改数据项的分值。然而，攻击者要做到这一点并不容易，因为所有数据项的分值都被传感器节点与 Sink 节点之间的对称密钥加密，并且每个传感器节点与 Sink 节点之间的对称密钥并不相同。针对这些挑战，本章介绍了一种面向 TWSN 的真实性和完整性可验证的 Top-k 查询处理方案。这种方案具有轻量级的特点，仅需要少量的验证信息就可达到验证 Top-k 查询结果的目的。同时，本章分析和证明了本章所提方案在安全性和能效方面的性能，并通过实验验证了这一方案的高效性。

7.2 相关模型与定义

7.2.1 网络模型

TWSN 分上下两层网络，其中，下层网络由许多资源贫乏、计算能力弱、通信范围短的传感器节点构成，上层则由资源相对丰富、计算能力强、通信半径较长的数据存储节点构成。整个传感器网络监测区域被划分成多个单元(Cell)，每个单元包含 $N(N>0)$个传感器节点和一个数据存储节点。传感器节点可以通过单跳或者多跳的方式与其所在单元内的数据存储节点进行通信。数据存储节点具有更长的通信半径，可以和其他单元内的数据存储节点进行通信。部分数据存储节点可以通过按需无线链路(通常数据传输速率较低，且需花费较高的通信代价，如卫星)和外部基站 Sink 节点进行通信。

在该网络模型中，时间被划分为多个时隙。本章假设网络中的所有节点(包括传感器节点和数据存储节点)都和 Sink 节点保持松散的时间同步关系。在每个时隙结束时，每个传感器节点将其在当前时隙内产生的所有感知数据发送到其所在单元内的数据存储节点上。数据存储节点负责查询(处理)来自 Sink 节点的 Top-k 查询请求，并负责将查询结果返回给 Sink 节点。

7.2.2 查询模型

本章关注的 Top-k 查询类型为快照式 Top-k 查询，即 Top-k 查询请求不是预先设定好的，而是由 Sink 节点按用户要求随时发出的。由于涉及多个查询区域的 Top-k 查询请求可以分解为多个只涉及单个单元的 Top-k 查询请求，因此，本章仅考虑只涉及单个单元的

Top-k 查询。一个 Top-k 查询的查询原语可表示为：$Q_t=\{C, t, k, q_{QS}\}$，其中 C 表示被查询单元号，t 表示被查询时隙，q_{QS} 表示被查询传感器节点的 ID 集合。

本章使用符号 R_t 表示 Q_t 对应的查询结果，使用符号 M 表示被查询单元内的数据存储节点，使用$\{S_i \mid 0<i\leqslant N\}$表示被查询单元内的所有传感器节点。假设每个传感器节点 $S_i(0<i\leqslant N)$在每个时隙内产生的数据项个数为 μ_i，这些数据项组成的集合可表示为$D_i=\{D_{i,j} \mid 0<j\leqslant\mu_i\}$。假设网络中存在一个公共打分函数可以对每个数据项打分，另外，本章假设该公共打分函数具有单调性，从而每个数据项与其对应的分值存在一一对应的关系。本章用 $d_{i,j}(0<i\leqslant N, 0<j\leqslant\mu_i)$表示数据项 $D_{i,j}(0<i\leqslant N, 0<j\leqslant\mu_i)$对应的分值。

7.2.3　安全威胁模型

本章假设传感器节点是可信任节点而数据存储节点是恶意节点。在实际应用中，传感器节点也可能被攻击而成为恶意节点或妥协节点，这种攻击类型非常难以抵御，除非使用抗妥协硬件。然而，在大部分传感器节点都是可信任节点的情况下，少数被攻击的传感器节点产生的感知数据仅仅占数据存储节点所收集到的数据的一小部分，攻击少数传感器节点造成的危害远远小于攻击数据存储节点带来的危害。另外，如果许多差别较大的 Top-k 查询请求所得到的查询结果都来自某些传感器节点，则这些传感器节点可以被认为是可疑节点，然后采用一些诸如软件认证(Software Attestation)一类的测试工具来验证可疑节点是否可靠。由于数据存储节点负责收集其所在单元内的所有节点的感知数据并负责响应来自 Sink 节点的查询请求，是双层无线传感器网络中的关键节点，攻击者更容易通过捕获并攻击数据存储节点来破坏 Top-k 查询的数据完整性。

本章主要关注没有数据机密性要求的无线传感器网络应用。事实上，这样的应用很多。例如，在战场上，一辆敌方坦克侵入无线传感器网络监视网覆盖区域，对于敌方来说，坦克侵犯某区域这件事本身是一个已知的事情，并且坦克的移动路线受敌方指挥，因此，传感器节点的感知数据对敌方而言，根本不具隐私性。这种情况下，攻击者为了掩饰自己的行动路线，可通过捕获并控制数据存储节点来向 Sink 节点返回虚假的或者不完整的查询结果。因此，Sink 节点必须具有验证 Top-k 查询结果的真实性和完整性的机制。

7.2.4　问题描述以及相关定义

本章所研究的问题可描述如下：

给定一个 Top-k 查询请求 $Q_t=\{C, t, k, q_{QS}\}$，如何验证 R_t 的真实性和完整性。其中 R_t 的真实性是指，R_t 中的所有数据项确实由 q_{QS} 内的传感器节点产生；R_t 的完整性是指，确实包含候选数据集 $D_t=\bigcup_{i\in q_{QS}} D_i$ 中分值最大的前 k 个数据项。

针对这一问题，本章提出了一种新颖的数据真实性和完整性验证方案 VSFTQ。为了更好地理解 VSFTQ，给出以下定义：

定义 7-1　Top-k 数据项和非 Top-k 数据项。给定一个 Top-k 查询请求 $Q_t=\{C, t, k, q_{QS}\}$，如果某数据项是候选数据集中分值最大的前 k 个数据项中的一个，则该数据项被称为 Q_t 的 Top-k 数据项，否则，该数据项被称为 Q_t 的非 Top-k 数据项。

定义 7-2　Top-k 节点和非 Top-k 节点。给定一个 Top-k 查询请求 $Q_t=\{C, t, k, q_{QS}\}$，如果某个传感器节点在时隙 t 内产生的数据项中至少包含一个 Q_t 的 Top-k 数据项，则该传感器节点被称为Q_t的 Top-k 节点，否则该传感器节点为Q_t的非 Top-k 节点。

7.3 Top-k 查询数据的真实性和完整性验证方案 VSFTQ

本节将详细介绍一种面向 TWSN 的 Top-k 查询结果的真实性和完整性可验证的验证方案 VSFTQ。假设传感器节点与 Sink 节点共享一对对称密钥，并假设每个传感器节点与 Sink 节点共享的密钥互不相同。对于任意传感器节点 $S_i(0<i<N)$，本章用 K_i 表示 S_i 与 Sink 节点之间共享的对称密钥。为了使 Sink 节点验证 Top-k 查询结果的真实性，VSFTQ 在传感器节点上依据公共打分函数计算每个数据项对应的分值，然后利用传感器节点与 Sink 节点之间的对称密钥对数据项对应的分值加密，并将加密信息作为数据项的验证信息。由于数据项与其对应的分值之间存在一一对应的关系，攻击者在篡改数据项时必须同时篡改数据项对应的分值。然而，由于攻击者不知道传感器节点与 Sink 节点之间的对称密钥，很难做到修改数据项对应的分值而不被发现。因此，任何虚假数据都可以被 Sink 节点检测出来。

为了保证 Sink 节点能够有效验证 Top-k 查询结果的数据完整性，VSFTQ 为每个传感器节点自身产生的数据项之间建立了数据关联关系。VSFTQ 是利用每个数据项所对应的大小顺序号来建立这种数据关联关系的。其建立过程是，首先，对传感器节点自身产生的数据按照其对应的分值由大到小进行排序；接着，对于每一个数据项，利用传感器节点与 Sink 节点之间的对称密钥将数据项的大小顺序号与其对应的分值一起加密，并将加密信息作为该数据项对应的验证信息。所有验证信息会随数据项本身一同发送给数据存储节点，部分验证信息会被放入 Top-k 查询结果返回给 Sink 节点。如果被攻击的数据存储节点想要丢弃部分或者全部数据项，为了保证数据项与其对应的分值间的一致性，它必须将这些数据项的验证信息一同丢掉。然而，这样做会破坏数据项之间的关联关系，从而被 Sink 节点侦测到。

在双层无线传感器网络中，要设计安全的 Top-k 查询处理协议，需要考虑数据提交、Top-k 查询处理和 Top-k 查询结果验证三个阶段的安全性。下面按照这三个阶段分别介绍 VSFTQ 的主要内容。

(1) 数据提交阶段。在每个时隙结束时，单元 C 内的每个传感器节点 S_i 将自己在本时隙内产生的感知数据以及验证信息发送到单元 C 内的数据存储节点 M 上，M 收到这些数据信息后将其存储在本地。用 $E_{K_i}\{*\}$表示采用对称密钥 K_i 进行的加密操作，则传感器节点 S_i 向 M 发送的消息内容分情况讨论如下：

(a) 如果 $\mu_i=0$，消息的内容为

$$S_i \to M: \quad \{i, E_{K_i}\{t\}\}$$

(b) 如果 $\mu_i \neq 0$，消息的内容为

$$S_i \to M: \quad \{i, E_{K_i}\{\mu_i, t\}, D_{i,1}, E_{K_i}\{1, t, d_{i,1}\}, D_{i,2}, E_{K_i}\{2, t, d_{i,2}\}, \cdots, D_{i,\mu_i-1}, E_{K_i}\{\mu_i-1, t, d_{i,\mu_i-1}\}, D_{i,\mu_i}, E_{K_i}\{\mu_i, t, d_{i,\mu_i}\}\}$$

其中，加密项 $E_{K_i}\{\mu_i, t\}$主要用来在 $\mu_i<k$ 并且 S_i 产生的所有数据都是 Top-k 数据项时进行数据完整性验证，换句话说，使用 $E_{K_i}\{\mu_i, t\}$让 Sink 节点判断被数据存储节点丢弃的数据项是否为 Top-k 数据项。

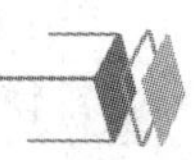

(2) Top-k 查询处理阶段。当单元 C 内的数据存储节点 M 收到 Sink 节点的查询原语 $Q_t=\{C, t, k, q_{QS}\}$后，M 首先从候选数据集中选出 Top-k 数据项，然后将这些数据项连同相关验证信息发送给 Sink 节点。令 n_i 表示节点 S_i 产生的相对于 Q_t 的 Top-k 数据项，对于 q_{QS} 中的每一个传感器节点 S_i，M 向 Sink 节点发送的查询结果 R_t 中必须包含以下内容。

(a) 如果 $n_i=\mu_i=0$，则 R_t 中包含的与 S_i 有关的数据信息为

$$\mathrm{M} \rightarrow \mathrm{Sink}: \{i, E_{K_i}\{t\}\}$$

(b) 如果 $n_i=0$，$\mu_i>0$，则 R_t 中包含的与 S_i 有关的数据信息为

$$\mathrm{M} \rightarrow W: \{i, E_{K_i}\{1, t, d_{i,1}\}\}$$

(c) 如果 $0<n_i=\mu_i<k$，则 R_t 中包含的与 S_i 有关的数据信息为

$$\mathrm{M} \rightarrow W: \{i, E_{K_i}\{\mu_i, t\}, D_{i,1}, E_{K_i}\{1, t, d_{i,1}\}, D_{i,2}, E_{K_i}\{2, t, d_{i,2}\}, \cdots, D_{i,\mu_i-1}, E_{K_i}\{\mu_i-1, t, d_{i,\mu_i-1}\}, D_{i,\mu_i}, E_{K_i}\{\mu_i, t, d_{i,\mu_i}\}\}$$

(d) 如果 $n_i=k$，$\mu_i\geqslant k$，则 R_t 中包含的与 S_i 有关的数据信息为

$$\mathrm{M} \rightarrow W: \{i, D_{i,1}, E_{K_i}\{1, t, d_{i,1}\}, D_{i,2}, E_{K_i}\{2, t, d_{i,2}\}, \cdots, D_{i,k-1}, E_{K_i}\{k-1, t, d_{i,k-1}\}, D_{i,k}. E_{K_i}\{k, t, d_{i,k}\}\}$$

(e) 如果 $0<n_i<k$，$\mu_i>n_i$，则 R_t 中包含的与 S_i 有关的数据信息为

$$\mathrm{M} \rightarrow W: \{i, D_{i,1}, E_{K_i}\{1, t, d_{i,1}\}, D_{i,2}, E_{K_i}\{2, t, d_{i,2}\}, \cdots, D_{i,n_i-1}, E_{K_i}\{n_i-1, t, d_{i,n_i-1}\}, D_{i,n_i}, E_{K_i}\{n_i, t, d_{i,n_i}\}, E_{K_i}\{n_i+1, t, d_{i,n_i+1}\}\}$$

上述信息中每一个加密项都包含时隙 t，这样做的目的是，防止数据存储节点用同一传感器节点在其他时隙内产生的感知数据以及相应的验证信息来代替其在被查询时隙内产生的数据以及验证信息。

(3) Top-k 查询结果验证阶段。当 Sink 节点收到查询结果 R_t 后，按照下述方法来验证 Top-k 查询结果的真实性。对于 R_t 中的每一个数据项 $D_{i,j}$，Sink 节点利用自身与传感器节点之间的共享密钥对 R_t 中紧随 $D_{i,j}$ 的加密项 $E_{K_i}\{j, t, d_{i,j}\}$进行解密，然后检查从加密项 $E_{K_i}\{j, t, d_{i,j}\}$中获得的分值 $d_{i,j}$ 是否等于 $f(D_{i,j})$，其中 $f(*)$表示公共打分函数。如果从每一个加密项 $E_{K_i}\{j, t, d_{i,j}\}$中获得的分值 $d_{i,j}$ 都与 $f(D_{i,j})$相等，则 R_t 中的数据是真实的；否则，说明 R_t 中包含虚假数据或者 R_t 中的数据不满足数据完整性要求。上文提到，公共打分函数具有单调性，每个数据项与其分值具有一一对应关系。因此，如果被攻击的数据存储节点篡改数据项 $D_{i,j}$，它必须同时修改加密项 $E_{K_i}\{j, t, d_{i,j}\}$中的分值。然而，被攻击的数据存储节点很难做到这一点，因为它并不知道密钥 K_i。

如果 R_t 通过了数据真实性验证，则可继续对 R_t 进行数据完整性验证。VSFTQ 对 R_t 进行数据完整性验证的过程相对比较复杂，需要考虑多个因素(例如，数据项对应的分值、数据项的大小顺序号以及时隙值等)。算法 7-1 给出了 VSFTQ 对 R_t 进行数据完整性验证的具体过程。

在算法 7-1 中，第 4～20 行用来检验传感器节点 $S_i\in q_{QS}$ 是否包含 Top-k 数据项；第 21～37 行用来检验节点 $S_i\in q_{QS}$ 在被查询时隙内产生的部分或者全部 Top-k 数据项是否被数据存储节点丢弃。下一小节将详细分析 VSFTQ 对虚假的或者不完整的 Top-k 查询结果的侦测概率以及 VSFTQ 的性能表现。

算法 7-1　R_t 的数据完整性验证过程

输入：查询原语 $Q_t=\{C, t, k, q_{QS}\}$，查询结果 R_t

输出：R_t 的完整性验证结果 completeness

1. completeness=true
2. 计算 R_t 中各数据项对应的分值，令 $d_{smallest}$ 表示其中的最小值
3. **for** QS 中的每个传感器节点 S_i
4. **if** R_t 中不包含 S_i 产生的数据项
5. **if** 加密项 $E_{K_i}\{t\}$ 和 $E_{K_i}\{1, t, d_{i,1}\}$ 不在 R_t 中
6. 　　completeness=false
7. 　　**end if**
8. 　　**if** R_t 中包含 S_i 的加密项 $E_{K_i}\{t\}$
9. 　　 对 $E_{K_i}\{t\}$ 解密得到 t
10. 　　**if** t 不是被查询时隙
11. 　　　　completeness=false
12. 　　　**end if**
13. 　　**end if**
14. 　　**if** R_t 中包含 S_i 的加密项 $E_{K_i}\{1, t, d_{i,1}\}$
15. 　　　对 $E_{K_i}\{1, t, d_{i,1}\}$ 解密，得到其中的顺序号 h，时隙 t 和分值 $d_{i,1}$
16. 　　　**if** $h\neq 1$ 或者 $d_{i,1}\geqslant d_{smallest}$ 或者 t 不是被查询时隙
17. 　　　　completeness=false
18. 　　　**end if**
19. 　　**end if**
20. 　　**end if**
21. 　　**if** R_t 中包含 $\gamma_I(\gamma_I\neq 0)$ 个 S_i 的数据项 $\{D_{i,j}\}\frac{\gamma_i}{j=1}$
22. 　　　　对紧随数据项 $D_{i,j}\in\{D_{i,j}\}\frac{\gamma_i}{j=1}$ 的每一个加密项 $E_{K_i}\{j, t, d_{i,j}\}$ 进行解密
23. 　　　　**if** 从所有加密项 $E_{K_i}\{j, t, d_{i,j}\}$ 中获得的顺序号没有从 1 到 γ_i 连续分布，或者从所有加密项 $E_{K_i}\{j, t, d_{i,j}\}$ 中获得的时隙中至少存在一个时隙不是被查询时隙
24. 　　　　　completeness=false
25. 　　　　**end if**
26. 　　　　　**if** R_t 中包含加密项 $E_{K_i}\{\mu_i, t\}$
27. 　　　　　　**if** $E_{K_i}\{\mu_I, t\}$中的 μ_i 不等于 γ_i 或者 $E_{K_i}\{\mu_i, t\}$中的 t 不是被查询时隙
28. 　　　　　　　completeness=false
29. 　　　　　　**end if**
30. 　　　　　**else if** R_t 中包含加密项 $E_{K_i}\{\gamma_i+1, t, d_{i,\gamma_i+1}\}$
31. 　　　　　　**if** $d_{i,\gamma_i+1}\geqslant d_{smallest}$ 或者 t 不是被查询时隙
32. 　　　　　　　completeness=false
33. 　　　　　**end if**
34. 　　　　**Else**
35. 　　　　　completeness=false
36. 　　　　**end if**

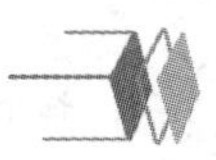

```
37.        end if
38.      end for
39.    return completeness
```

7.4　VSFTQ 分析

7.4.1　安全性分析

在下文中，用 P_{det} 表示虚假的或者不完整的 Top-*k* 查询结果被侦测出来的概率。

定理 7-1　在传感器节点可信任的情况下，VSFTQ 能够保证 $P_{\text{det}}=1$。

证明　每个数据项与其对应的分值之间存在一一对应关系。当攻击者利用被攻击的数据存储节点篡改查询结果中的某个数据项时，根据 VSFTQ 的数据真实性验证方法，为了逃避 VSFTQ 对查询结果的真实性验证，它必须同时篡改验证信息中与该数据项对应的分值信息。然而，由于妥协数据存储节点并不能获得传感器节点与 Sink 节点之间的对称密钥，攻击者对验证信息中任何分值的修改都不可能不被 Sink 节点发现。**得证**。

定理 7-2　在传感器节点可信任的情况下，如果数据存储节点用传感器节点在其他时隙内产生的感知数据来代替节点在被查询时隙内产生的感知数据作为 Top-*k* 的查询结果，那么 VSFTQ 一定能够侦测出这一事件。

证明　如果攻击者用传感器节点 S_i 在其他时隙内产生的数据项来代替 S_i 在被查询时隙内产生的数据项，由于攻击者不知道传感器节点与 Sink 节点的对称密钥，为了保持数据项与其对应的分值的一致性，攻击者必须替换相应的验证信息。然而，由于每个验证信息都包含数据的产生时隙信息，这种替换行为一定会被 Sink 节点侦测出。例如，假设攻击者用 S_i 在 t' 产生的数据项 $D'_{i,j}$ 替换了 S_i 在 t 产生的数据项 $D_{i,j}$，为了保持数据项与其对应的分值的一致性，攻击者必须在进行数据项替换的同时用加密项 $E_{K_i}\{j, t', d'_{i,j}\}$ 替换加密项 $E_{K_i}\{j||t'||d'_{i,j}\}$，其中 $d_{i,j}=f(D_{i,j})$，$d'_{i,j}=f(D'_{i,j})$。根据 VSFTQ 的完整性验证方法，这种替换行为一定会被侦测出来，因为从加密项 $E_{K_i}\{j||t'||d'_{i,j}\}$ 中解密所得到的 t' 不是被查询时隙。**得证**。

定理 7-3　在传感器节点可信任的情况下，VSFTQ 能够以概率 $P_{\text{det}}=1$ 侦测出不完整的 Top-*k* 查询结果。

证明　由于攻击者用同一个节点在其他时隙内产生的数据项代替被查询时隙内的数据项的这种攻击行为能够被侦测出来，同时篡改数据的攻击行为也能够被 VSFTQ 侦测到；为了达到破坏 Top-*k* 查询数据完整性的目的，攻击者只有选择丢弃部分或者全部 Top-*k* 数据项。假设被攻击的数据存储节点为 M，M 收到的 Top-*k* 查询请求为 $Q_t=\{C, t, k, q_{\text{QS}}\}$。

首先分析第一种情况，即攻击者试图丢弃部分 Top-*k* 数据项，而将剩余的部分 Top-*k* 数据项保留在 Top-*k* 查询结果中。对于任意一个传感器节点 $S_i(S_i\in q_{\text{QS}})$，假设保留在 R_t 中的由 S_i 产生的所有 Top-*k* 数据项中分值最小的数据项为 $D_{i,h}$，R_t 中的所有数据项所对应的分值中的最小值为 d_{smallest}。为了避免被 VSFTQ 侦测出来，R_t 中所有由同一个节点产生的数据项必须保持大小数序上的连续性，因此，M 不得不将 S_i 产生的所有分值大于

$f(D_{i,h})$的 Top-k 数据项保留在R_t 中。这样一来，M 有下列两种选择：

(1) 第一种选择是 M 将 S_i 产生的加密项$E_{K_i}\{h+1, t, d_{i,h+1}\}$保留在 R_t 中。由于 M 不知道 S_i 与 Sink 节点之间的对称密钥 K_i，加密项 $E_{K_i}\{h+1, t, d_{i,h+1}\}$不可能被造假。同时，由于 M 只将 S_i 产生的部分 Top k 数据项保留在R_t 中，从加密项 $E_{K_i}\{h+1, t, d_{i,h+1}\}$中解密获得的分值 $d_{i,h+1}$ 一定是一个 Top-k 数据项对应的分值，那么，一定有 $d_{i,h+1}>d_{\text{smallest}}$。根据 VSFTQ 的数据完整性验证方法，这种攻击行为一定会被发现。

(2) 第二种选择是 M 不将 S_i 产生的加密项$E_{K_i}\{h+1, t, d_{i,h+1}\}$保留在 R_t 中。根据算法 7-1，为了避免被侦测出来，S_i 产生的加密项 $E_{K_i}\{\mu_i, t\}$必须被保留在 R_t 中。由于 S_i 产生的部分 Top-k 数据项被丢弃，R_t 中包含的由 S_i 产生的 Top-k 数据项的个数一定小于 μ_i，其中 μ_i 由 Sink 节点对加密项 $E_{K_i}\{\mu_i, t\}$进行解密而得。根据算法 7-1，这种不完整的 Top-k 查询结果一定会被侦测出来。

再分析第二种情况，即攻击者丢弃任意一个 Top-k 节点 $S_i(S_i\in q_{\text{QS}})$产生的所有 Top-$k$ 数据项。在这种情况下，不完整的 Top-k 查询更容易被侦测出来，因为攻击者在不知道密钥的情况下无法制造合法的加密项 $E_{K_i}\{t\}$ 或者 $E_{K_i}\{1, t, d_{i,1}\}$，根据算法 7-1，若加密项 $E_{K_i}\{t\}$ 和 $E_{K_i}\{1, t, d_{i,1}\}$ 不在 R_t 中时，R_t 就被认为是不完整的。**得证。**

在上述分析中，并没有考虑传感器节点被攻击时的情况，下面重点分析部分传感器节点被攻击所造成的影响。当部分传感器节点和数据存储节点 M 同时被捕获而变成妥协节点时，被攻击的传感器节点可能会和 M 发动合谋攻击，并帮助 M 逃脱 Sink 节点的侦测。这种行为造成的影响依赖于被攻击的传感器节点在集合 q_{QS} 中的概率。至少一个传感器节点在 q_{QS} 中的概率为 $1-\prod_{i=1}^{c}\left(1-\min\left\{1, \frac{\delta}{N-i+1}\right\}\right)$，其中，$c$ 表示一个单元中被攻击的节点个数，δ 表示 q_{QS} 中的传感器节点个数。当攻击节点存在于 q_{QS} 中时，可以制造一些虚假数据发送给 M，并由 M 将这些虚假数据放入查询结果中，并谎称这些数据由被攻击的那些节点产生。对于这种攻击行为，已有的方案(包括本章所提出的方案)都不能侦测到。不过，目前有许多虚假数据过滤技术，可以利用该技术在虚假数据传输的过程中将虚假数据丢弃。即使某些虚假数据足够幸运，最终能够被返回给 Sink 节点，产生虚假数据的节点也会因为持续产生数值较大的感知数据而被列为可疑节点，然后可以采用诸如软件认证(Software Attestation)一类的工具对可疑节点进行认证。

当某些其他传感器节点被攻击而 M 未被攻击时，攻击者还有可能发动另外一种攻击，既故意产生一些容易被侦测出的虚假数据来污蔑 M。针对这种攻击类型，一种有效的防御措施是对每一个收到或者发送的消息进行数字签名。由于篇幅原因，本章不再赘述这种防御方法。

7.4.2 能效性分析

本章在分析 VSFTQ 的性能时主要采用以下指标。

(1) $C_{\text{v\_sm}}$：内部通信代价。它指的是一个单元内的所有传感器节点在一个时隙内发送和接收本单元内的传感器节点产生的所有验证信息所消耗的能量。本章用单元内的传感器节点在一个时隙内接收和发送的验证信息的字节总数来计算内部通信代价。

(2) $C_{\text{v\_mw}}$：外部通信代价。它指在 M 和 Sink 节点之间为完成相应某一个 Top-k 查询请求而发送和接收验证信息所消耗的能量，同样以发送和接收的字节总数来计算。对于某

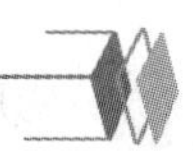

一个数据存储节点，它可能需要跨越多个其他数据存储节点然后再经按需无线链路才能将消息发送给Sink节点。为简单起见，假设数据存储节点与Sink节点之间存在一条虚拟链路。在这条虚拟链路上，接收和发送信息所消耗的能量远大于在相邻传感器节点之间的链路上发送和接收同样数据量的信息所消耗的能量。

(3) R_{vs}：通信代价比例。节点总的通信代价可以划分为两个部分，一部分是节点传输验证信息的通信代价，另一部分是节点传输数据项的通信代价。R_{vs}被定义为前者和后者的比值。很明显，对一个安全Top-k查询方案来说，R_{vs}越小，该方案的能效越高。

下面首先分析VSFTQ在C_{v_sm}及其对应的R_{vs}方面的表现。根据VSFTQ，在传感器节点向数据存储节点M发送的所有信息中，除数据项以外的所有信息都被认为是验证信息。令l_{order}表示数据项对应的大小顺序号的字节长度，l_{id}表示ID号的字节长度，l_{epoch}表示时隙值的字节长度，l_{μ_i}表示数据个数μ_i的字节长度，l_{score}表示数据项对应分值的字节长度，h_i表示从S_i到M的最小跳数。根据VSFTQ，在数据提交阶段每个传感器节点向其对应的数据存储节点M发送的数据信息的内容，任意一个传感器节点S_i在一个时隙内产生的验证信息的字节长度为

$$L_{v\_sm}^{s_i}=\begin{cases} l_{id}+l_{epoch} & (\mu_i=0) \\ l_{id}+l_{\mu_i}+l_{epoch}+(l_{epoch}+l_{score}+l_{order}) & (\mu_i>0) \end{cases} \tag{7-1}$$

本章假设接收和发送一个比特的数据所消耗的能量相同。任意一个传感器节点S_i将自己在一个时隙内产生的验证信息发送给M所消耗的通信代价$C_{v_sm}^{s_i}$为

$$C_{v\_sm}^{s_i}=2\times L_{v\_sm}^{s_i}\times h_i \tag{7-2}$$

同时有

$$C_{v\_sm}=\sum_{i=1}^{N}C_{v\_sm}^{s_i} \tag{7-3}$$

令C_{d_sm}表示接收和发送一个单元内的传感器节点在一个时隙内产生的所有数据所消耗的通信代价，则有

$$C_{d\_sm}=\sum_{i=1}^{N}2\times\mu_i\times l_D\times h_i \tag{7-4}$$

其中，l_D表示一个数据项的字节长度；

与C_{v_sm}对应的R_{vs}可按照下式进行计算：

$$R_{vs\_sm}=\frac{C_{v\_sm}}{C_{d\_sm}} \tag{7-5}$$

接下来分析VFSTOK在C_{v_mw}方面的表现。假设M收到的查询请求为$Q_t=\{C, t, k, q_{QS}\}$。根据VSFTQ在查询处理阶段M和Sink节点之间传输的信息内容，由传感器节点S_i在被查询时隙内产生且包含在查询结果中的验证信息的字节长度为

$$L_{v\_mw}^{s_i}=\begin{cases} l_{id}+l_{epoch} & (n_i=\mu_i=0) \\ l_{id}+l_{order}+l_{epoch}+l_{score} & (n_i=0,\ \mu_i>0) \\ l_{id}+l_{\mu i}+l_{epoch}+\mu_i\times(l_{epoch}+l_{score}+l_{order}) & (0<n_i=\mu_i<k) \\ l_{id}+k\times(l_{epoch}+l_{order}+l_{score}) & (n_i=k) \\ l_{id}+(n_i+1)\times(l_{epoch}+l_{score}+l_{order}) & (1\leqslant n_i<k,\ \mu_i>n_i) \end{cases} \tag{7-6}$$

由于M和Sink节点之间只有一个虚拟跳数，并且发送和接收一个比特信息消耗的能量相同，在M和Sink节点之间传输由 S_i 产生的验证信息所消耗的通信代价 $C_{v\_mw}^{s_i}$ 可表示为

$$C_{v\_mw}^{s_i} = 2 \times L_{v\_mw}^{s_i} \tag{7-7}$$

假设 $S_i \in q_{QS}(i \in \{1, 2, 3, \cdots, |q_{QS}|\})$，则有

$$C_{v\_mw} = \sum_{i=1}^{|q_{QS}|} C_{v\_mw}^{S_i} \tag{7-8}$$

令 C_{d_mw}表示在M和Sink节点之间传输某个Top-k 查询结果中的所有Top-k 数据所消耗的通信代价，则有

$$C_{d\_mw} = 2 \times K \times l_D \tag{7-9}$$

则 C_{v_mw} 所对应的 R_{vs} 的值可表示为

$$R_{vs\_mw} = \frac{C_{v\_mw}}{C_{d\_mw}} \tag{7-10}$$

7.5 仿真分析实验

本节通过实验测试方案VSFTQ的性能，并和文献[4]中提出的方案进行比较。本实验采用OMNET++作为仿真工具。实验环境设置为：双层无线传感器网络中低层网络的每个单元大小为400 m×400 m，每个单元中部署的传感器节点个数为500。其余参数的默认设置如表7-1所示。在实验过程中，大部分参数的设置值都采用默认值，如果部分参数的设置值发生变化，下文会具体说明。同文献[4]，本实验仍假设数据包的传输处于理想状态，即无冲突、无丢包。为方便描述，下文直接称文献[4]中的方案为方案1，文献[4]中的方案为方案2。

表7-1 默认参数设置

参数	默认值	参数	默认值	参数	默认值	参数	默认值
l_D	400	R	50 m	l_{id}	10	K	10
l_{epoch}	10	l_{score}	20	l_{μ_i}	10	μ_i	20

1) VSFTQ中 C_{v_sm} 及其对应的 R_{vs} 方面的性能表现

为了测试VSFTQ中 C_{v_sm} 及其对应的 R_{vs} 方面的性能表现，本章将VSFTQ同方案1进行了比较，因为在方案1中，C_{v_sm} 及其对应的 R_{vs} 方面的性能表现优于方案1。

图7-1(a)给出了在其他参数保持不变(取默认值)而 μ_i 分别取20和100两种场景下VSFTQ和方案1在 C_{v_sm}方面的性能比较。从图7-1(a)中可以看出，在上述两种场景中，VSFTQ在 C_{v_sm}方面的表现都比方案1好。当 μ_i 取100时，两种方案在 C_{v_sm}方面的性能差异远远大于当 μ_i取20时两种方案在 C_{v_sm}方面的性能差异。主要原因是，在VSFTQ中，紧跟在每个数据项后面的验证信息的字节长度远远小于方案1中紧随在每个数据项后面的验证信息的字节长度。因此，如果数据项的总个数显著增大，两种方案在 C_{v_sm}方面的取值差异也会显著拉大。

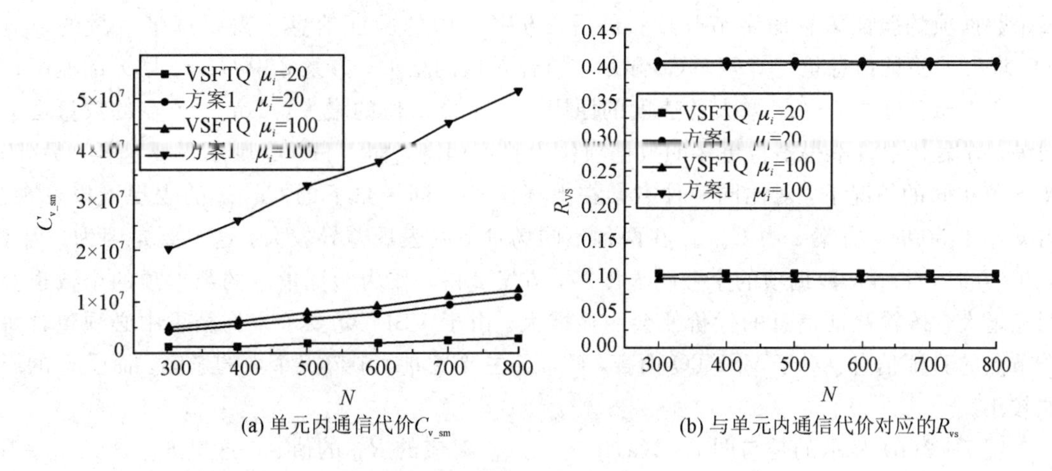

(a) 单元内通信代价C_{v_sm}　　(b) 与单元内通信代价对应的R_{vs}

图 7-1　单元内性能对比

图 7-1(b)给出了与图 7-1(a)中的 C_{v_sm} 对应的 R_{vs} 方面的性能比较。这里的 R_{vs} 指的是 C_{v_sm} 同单元内的所有传感器节点在一个时隙内产生的所有感知数据的传输过程中所消耗的通信代价的比值。图 7-1(b)显示，在两种不同设置的场景中，VSFTQ 中 C_{v_sm} 对应的 R_{vs} 明显小于方案 1 中 C_{v_sm} 对应的 R_{vs}。同时，这两种方案中 C_{v_sm} 对应的 R_{vs} 都相对稳定，没有随着单元内传感器节点个数的增多而发生明显变化。

2) VSFTQ 在 C_{v_mw} 及其对应的 R_{vs} 方面的性能表现

下面主要测试 VSFTQ 在 C_{v_mw} 及其对应的 R_{vs} 方面的性能表现。由于方案 2 在 C_{v_mw} 及其对应的 R_{vs} 方面的性能表现优于方案 1，在测试 VSFTQ 在 C_{v_mw} 及其对应的 R_{vs} 方面的表现时，本实验选择方案 2 作为比较对象。

图 7-2(a)给出了当$|q_{QS}|$分别设置为 50 和 200 的两种场景下 C_{v_mw} 的实验结果。从图 7-2(a)中可以看出，在上述两种场景下，VSFTQ 在 C_{v_mw} 方面的表现都明显比方案 2 好，这主要是由于三个原因。首先，尽管 VSFTQ 同样需要向 Sink 节点传递 q_{QS} 中的一些非 Top-k 数据项的验证信息，但是，相对于方案 2，VSFTQ 所传递的非 Top-k 数据项的验证信息量很少；其次，VSFTQ 中紧随每个数据项的验证信息的字节长度远小于方案 2 中紧随

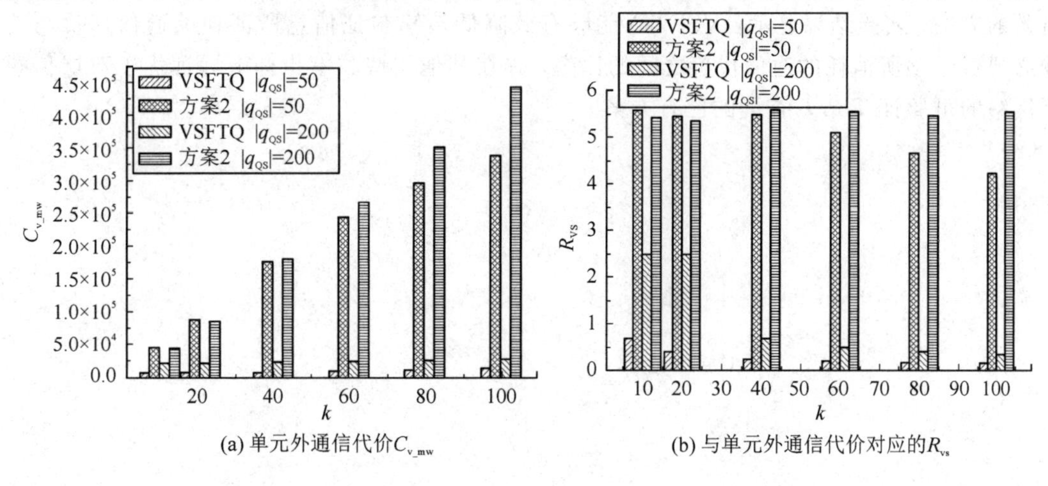

(a) 单元外通信代价C_{v_mw}　　(b) 与单元外通信代价对应的R_{vs}

图 7-2　单元外性能对比

每个数据项的验证信息的字节长度；最后，方案 2 中的验证信息中需要携带大量的节点 ID，增大了验证信息量。图 7-2(a)显示，随着 k 值的增大，方案 2 中 C_{v_mw} 增大的速度远远大于 VSFTQ 中 C_{v_mw} 增大的速度的原因是，随着 k 值的增大，Top-k 节点的数量也会增大，方案 2 中将不得不将更多的数据项作为验证信息，而 VSFTQ 则不需要这样。另外，在 k 值相同的情况下，对比同一种方案在上述两种不同场景下的 C_{v_mw} 的表现可以发现，当 k 小于 50 时，方案 2 中 C_{v_mw} 在两种不同场景下的表现差异较大。这主要是因为，当 k 大于 50 时，Top-k 数据项的个数明显增多，方案 2 中，作为验证信息的数据项的个数也会明显增大，传输验证信息的代价便会明显增大。由于 VSFTQ 要求查询结果中必须包含每个节点的验证信息，对于 VSFTQ 而言，C_{v_mw} 主要受 q_{QS} 中节点个数的影响，而受 k 的影响较小。

图 7-2(b) 显示的是与图 7-2(a)中的 C_{v_mw} 对应的 R_{vs} 的值。在这里 R_{vs} 是 C_{v_mw} 与在 M 与 Sink 节点之间传输 k 个 Top-k 数据项所消耗的通信开销(以发送和接收的总字节数来表示)的比值。从图 7-2(b)中可以看出，方案 2 中 R_{vs} 的值较大，有些时候可以达到 5，远远大于 VSFTQ 中 R_{vs} 的值。这样的实验结果出现的原因有两个：一个原因是，在方案 2 中，大量节点 ID 以及数据项被当作验证信息，这些信息包含在查询结果中，并且方案 2 中 C_{v_mw} 的值也远远大于 VSFTQ 中 C_{v_mw} 的值；另一个原因是，两种方案中 M 与 Sink 节点之间传输 Top-k 数据所消耗的能量相同，因此在比值上，方案 2 中 R_{vs} 的值远远大于中 R_{vs} 的值。

本章小结

本章介绍了我们提出的 TWSN 中一种高效的可验证 Top-k 查询处理方案 VSFTQ。由安全分析可知，在传感器节点可信任的情况下，VSFTQ 能够以 $P_{det}=1$ 的概率侦测出虚假的或者不完整的 Top-k 查询结果。分析和实验结果表明，为了达到 Top-k 查询结果可验证的目的，利用数据项对应的大小顺序号为这些数据项建立联系，并利用传感器节点与 Sink 节点之间的对称密钥对数据项对应的大小顺序号、分值以及产生时间同时加密是一种十分有效的方法。实验结果显示，VSFTQ 能够有效降低传输验证信息所消耗的通信代价与传输必要数据项所消耗的通信代价之间的比率，并在其他一些关键指标上远远优于双层传感器网络的可验证 Top-k 查询的已有方案。

第 8 章　TWSN 中基于分值关联的安全 Top-k 查询技术

8.1　技术背景

随着电子元件、通信协议等软硬件技术的发展，物联网正逐渐由概念提出阶段走向实际实现阶段。在层次划分上，物联网可分为感知层、对象抽象层、服务管理层、应用层和商业管理层。在这些层中，感知层负责直接从物理对象获取数据信息，是实现物联网“万物互联”关键环节。目前，物联网的感知系统主要包括：WSN、TWSN、RFID 系统、NFC 系统等。其中，TWSN 是由 WSN 发展而来的一种新型网络系统，它将大量的传感器节点进行单元划分并在每个单元内部署资源相对丰富、计算能力相对更强的数据存储节点(即管理节点 Master Node)来提高网络的可扩展性，未来将在物联网感知系统中扮演重要角色。

不过，目前关于 TWSN 的研究仍处于起步阶段，仍存在一些问题需要解决，尤其是数据的隐私性和完整性保护问题。在 TWSN 中，上层数据存储节点既负责收集本单元内传感器节点的感知数据，又负责响应来自 Sink 节点的查询请求，是 TWSN 中的关键节点。因此，在敌对环境中，数据存储节点易受到攻击而变为恶意节点。一旦数据存储节点被恶意攻击，整个网络的数据隐私性和完整性将面临威胁。

在数据存储节点被攻击者捕获而成为恶意节点的情况下，针对如何保护 Top-k 查询处理过程中的数据隐私性以及如何检验 Top-k 查询结果的真实性和完整性问题，本章介绍了一种新的安全 Top-k 查询协议 VPP(Verifiable Privacy-and-integrity Preservation)[18]。基于对称密钥加密技术(Symmetric Ciphering，SC)、顺序保留的加密技术(Order Preserving Encryption Scheme，OPES)和数据关联技术，VPP 通过在 TWSN 各个层上配置特定的数据处理和检验方法实现 Top-k 查询的数据隐私性和完整性保护，这些方法主要包括：传感器节点上的感知数据预处理方法、数据存储节点上的 Top-k 查询处理方法以及 Sink 节点(Top-k 查询结果接收端)的 Top-k 查询结果数据完整性检测方法。概括而言，本章的主要内容包括：

(1) 面向 TWSN，介绍了一种能够同时实现数据隐私性保护和数据完整性保护的安全 Top-k 查询处理协议 VPP，详细描述了 VPP 的具体内容，给出了 VPP 在对 Top-k 查询结果进行数据完整性验证时采用的具体检验方法。

(2) 理论分析了 VPP 在 Top-k 查询的数据隐私性保护和数据完整性保护方面的效果：在传感器节点相对安全而数据存储节点被恶意攻击的情况下，证明了 VPP 能够以 100%的概率侦测出不具有数据完整性的 Top-k 查询结果。

(3) 给出了该方案与其他技术在性能参数上的仿真实验结果，并对结果进行了分析。

目前，TWSN 中已有的 Top-k 查询中实现数据隐私性保护的方法主要有：基于数字扰动技术的方法、基于域分割加密的方法、基于对称密钥直接加密的方法等。其中，基于数字扰动技术的(隐私保护)方法通过在正常数据中加入干扰数据并结合对称密钥加密技术实现 TWSN 中 Top-k 查询的数据隐私性保护，这种方法需要传感器节点与 Sink 节点之间通过数据存储节点进行多次交互，查询效率较低；基于域分割加密的方法将所有传感器节点产生的感知数据划分到多个阈值区间，并通过对属于同一阈值区间的数据进行加密实现 TWSN 中 Top-k 查询的数据隐私性保护，这种方法的缺陷在于难以实现精确 Top-k 查询；基于对称密钥直接加密的方法则直接利用传感器节点与 Sink 节点之间共享的对称密钥对传感器节点产生的前 k 个数据项进行加密，并将所有加密数据通过数据存储节点发送给 Sink 节点。由于当 k 值较大时需要传输的加密数据项较多，因此，基于对称密钥直接加密的方法主要用于 Top-1 查询，即最大值或最小值查询。

TWSN 中 Top-k 查询的数据完整性验证方法主要包括：基于消息验证码的方法、基于数据项加密链的方法、基于顺序号加密的方法、基于仿造感知数据(Dummy Readings)的方法等。其中，基于消息验证码的方法要求每个数据项都绑定一个消息验证码作为其真实性的验证信息，其主要缺陷是需要额外增加的通信开销较大。基于数据项加密链的方法的核心思想是，将每个数据项与其大小相邻的数据项的一个备份进行加密绑定，从而形成一个加密数据链，Sink 节点根据加密链的连贯性是否被破坏来验证 Top-k 查询结果是否具备数据完整性。这种验证方法需要增加的证据信息量通常大于感知数据项本身的通信开销，额外通信开销也较大；基于顺序号加密的(数据完整性验证)方法则是直接将每个数据项对应的权重值与其对应的大小顺序号进行直接加密绑定来构建数据关联关系，进而实现 Top-k 查询的数据完整性保护，然而，这种方法未能实现面向数据项本身的数据隐私性保护。基于仿造感知数据的方法要求传感器节点在向数据存储节点发送真实感知数据前向真实感知数据集中加入部分仿造数据，利用数据存储节点不能分辨传感器节点发来的数据报告中数据的真假这一特点来实现 Top-k 查询的数据完整性保护。然而，基于仿造数据的验证方法需要牺牲一定的正确验证概率来提高系统的能效性。

综上，TWSN 中已有的关于 Top-k 查询的安全性解决方案仍存在不足，尤其是在如何提高 Top-k 查询结果的正确侦测概率和如何降低通信开销问题上(因实现 Top-k 查询的安全性而额外增加通信开销)仍有较大的研究空间。

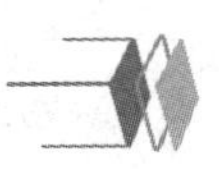

8.2　网络模型与相关定义

8.2.1　网络模型

TWSN 的网络模型如图 8-1 所示。

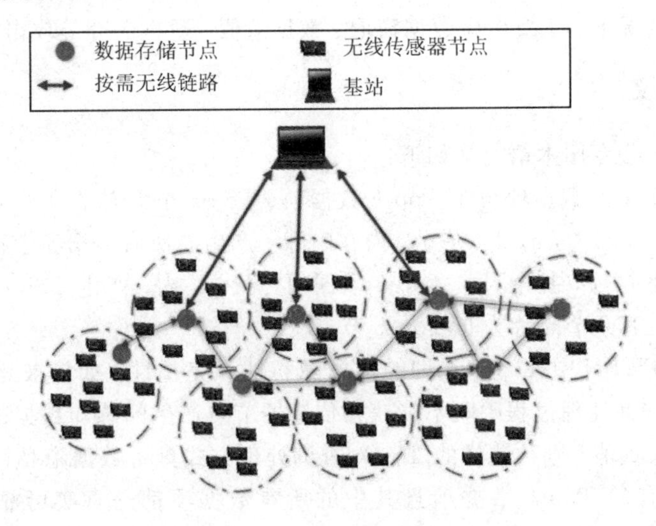

图 8-1　TWSN 网络模型

假设网络中共存在 N 个传感器节点和 M 个数据存储节点，则整个 TWSN 部署区域被划分为 M 个单元，第 c（$1\leqslant c\leqslant M$）个单元内部署一个数据存储节点 H_c 和 N_c（$N=N_1+N_2+\cdots+N_c+\cdots+N_{M-1}+N_M$）个传感器节点$\{S_{1,c}, S_{2,c}, \cdots, S_{N-1,c}, S_{N,c}\}$。$S_{i,c}$（$1\leqslant i\leqslant N_c$，$1\leqslant c\leqslant M$）可以通过单跳或多跳的方式与 H_c 通信。为便于描述，本章的后续部分将 $S_{i,c}$ 简写为 S_i。令 T 表示 TWSN 的网络生命周期，T 被均匀划分为 x 个大小相等的时隙 T_t（$1\leqslant t\leqslant x$），即 $|T|=|T_1|+|T_2|+\cdots+|T_{x-1}|+|T_x|$（$|T_1|=|T_2|=\cdots=|T_{x-1}|=|T_x|$）。其中，$|T_t|$（$1\leqslant t\leqslant x$）表示时间区间 T_t 的宽度。在每个时隙结束时，传感器节点将其在本时隙内采集到的感知数据发送给其所在单元内的数据存储节点。本章假设网络中存在唯一的数据项权重计算函数 $f(*)$ 且不同感知数据项对应的权重不同，并假设 Top-k 查询依据数据项对应的权重对数据项进行排序。令 $D_{i,j}$ 表示 S_i 在 T_t 内产生的任意数据项，$d_{i,j}$ 根据表示数据项 $D_{i,j}$ 对应的权重，则有

$$D_{i,j}=f(d_{i,j}) \tag{8-1}$$

令 $\mu_{i,t}$ 表示 S_i 在 T_t 内产生的数据项的个数，则 S_i 在 T_t 内产生的感知数据项集合可表示为$\{D_{i,1}, D_{i,2}, \cdots, D_{i}, \mu_{i,t-1}, D_{i}, \mu_{i,t}\}$，下文假设这些数据项所对应的权重满足式(8-2)：

$$d_{i,1}<d_{i,2}<\cdots<d_{i,\mu_{i,t}-1}<d_{i,\mu_{i,t}} \tag{8-2}$$

Sink 节点可通过按需无线链路[2]向 H_c（$1\leqslant c\leqslant M$）发送查询请求，并从 H_c 那里获取查询结果。由于涉及多个单元的复杂 Top-k 查询可以被分解为多个涉及单个单元的 Top-k

查询，因此，本章只关注单个单元的 Top-k 查询。一个 Top-k 查询原语可表示为

$$Q_t = \{c, t, k, q_{\text{QS}}\} \tag{8-3}$$

其中，c 表示被查询单元的单元号，t 表示被查询的时隙，k 表示被查询节点在时隙 t 内所产生的数据项中所对应的权重最大的数据项的个数，q_{QS} 表示被查询节点的节点 ID 号所构成的集合。

本章重点关注传感器节点相对安全而数据存储节点被恶意攻击的情况。在数据存储节点被恶意攻击的情况下，主要考虑数据窃取、数据造假、数据丢弃等攻击类型。

8.2.2 相关定义

本章用到的一些专用术语定义如下：

定义 8-1 Top-k 数据项与非 Top-k 数据项、Top-k 节点与非 Top-k 节点：给定一个 Top-k 查询 $Q_t=\{c, t, k, q_{\text{QS}}\}$，在 q_{QS} 内在时隙 t 产生的所有数据项中权重最大的前 k 个数据项为 Top-k 数据项，其余为非 Top-k 数据项。在 q_{QS} 内，产生 Top-k 数据项的节点被称为 Top-k 节点，其余节点称为非 Top-k 节点。

定义 8-2 TWSN 中 Top-k 查询的数据隐私性和完整性。如果被恶意攻击的数据存储节点在 Top-k 查询处理过程中既不能获知传感器节点产生的感知数据的具体数值，又不能获知其对应的权重值，则称这样的 Top-k 查询处理方式具备数据隐私性；如果 Top-k 查询结果中包含所有的 Top-k 数据项且其中的所有数据项都是真实可靠的，则称这样的 Top-k 查询具有数据完整性。

8.3 VPP 方案介绍

VPP 在传感器节点层、数据存储节点层以及 Sink 节点上制定特定的数据处理与安全检测方法来实现 TWSN 中 Top-k 查询的数据完整性和隐私性保护，主要包含的方法有：传感器节点的感知数据预处理方法、数据存储节点的 Top-k 查询处理方法和 Sink 节点的 Top-k 查询结果的数据完整性检验方法。

8.3.1 传感器节点的感知数据预处理方法

假设在 TWSN 部署之前，每个传感器节点都预先分配了各自与 Sink 节点之间共享的对称密钥，同时预先下载了用于 OPES 加密的密钥材料。令 K_i^t 表示传感器节点 S_i 与 Sink 节点之间在时隙 t 内共享的对称密钥。为了保证前向安全性，S_i 将会在下一个时隙到来前计算其与 Sink 节点之间在下一时隙的对称密钥，计算方法如下：

$$K_i^{t+1} = \text{hash}(K_i^t), \tag{8-4}$$

其中，hash(*)表示利用单向哈希函数进行的一次哈希操作，K_i^{t+1} 和 K_i^t 分别表示第 $t+1$ 和第 t 个时隙内 S_i 和 Sink 节点之间共享的对称密钥。本章用 $E_{\text{OPES}}\{*\}$表示利用 OPES 加密方案进行的加密操作，用 $E_{K_i^t}\{*\}$表示利用对称密钥 K_i^t 进行的加密操作，用 ID_{key_i} 表示传感器节点 S_i 与 Sink 节点之间的对称密钥的密钥 ID。在时隙 t 结束时，S_i 对其在本时隙内产生的感知数据进行预处理，并生成预处理结果数据包。令 X_i^t 表示在时隙结束时生成

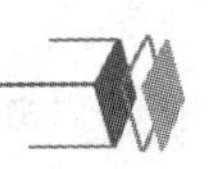

的预处理结果数据包，则 X_i^t 的内容分情况讨论如下：

(1) 如果 $\mu_{i,t}=0$，有

$$X_i^t=\{\mathrm{ID}_{\mathrm{key}\_i},\ t,\ E_{K_i^t}\{i\}\};\tag{8-5}$$

(2) 如果 $\mu_{i,t}\neq 0$，有

$$X_i^t=\{\mathrm{ID}_{\mathrm{key}\_i},\ t,\ E_{K_i^t}\{i,\ d_{i,1}\},\ E_{\mathrm{OPES}}\{d_{i,1}\},\ E_{K_i^t}\{D_{i,1},\ d_{i,2}\},\ E_{\mathrm{OPES}}\{d_{i,2}\},\ E_{K_i^t}\{D_{i,2},\ d_{i,3}\},\ \cdots,\ E_{\mathrm{OPES}}\{d_{i,\mu_{i,t}-1}\},\ E_{K_i^t}\{D_{i,\mu_{i,t}-1},\ d_{i,\mu_{i,t}}\},\ E_{\mathrm{OPES}}\{d_{i,\mu_{i,t}}\},\ E_{K_i^t}\{D_{\mu_{i,t}}\}\}\tag{8-6}$$

在式(8-5)和式(8-6)中，i 表示 S_i 的 ID 号。X_i^t 生成该 ID 号后，S_i 发送其到数据存储节点 H_c 上(可能需要经过多跳路由)。

8.3.2 数据存储节点的 Top-k 查询处理方法

数据存储节点 H_c 收到来自 Sink 节点的 Top-k 查询请求 $Q_t=\{c,\ t,\ k,\ q_{\mathrm{QS}}\}$ 后，首先根据被 OPES 加密方案加密过的数据项权重的密文值在自身存储的数据中查找满足 Q_t 查询要求的 Top-k 数据项的密文，然后将这些数据项的密文连同部分安全检测信息一同发送给 Sink 节点。令 $n_{i,t}$ 表示 $S_i(\forall I\in q_{\mathrm{QS}})$ 在时隙 t 内产生的满足 Q_t 查询要求的 Top-k 数据项的个数，ξ_i^t 表示 H_c 从 S_i 的数据报告中获得且准备作为查询结果的一部分向 Sink 节点转发的数据包，则根据 $n_{i,t}$ 取值的不同，ξ_i^t 的值分别讨论如下：

(1) 如果 $n_{i,t}=\mu_{i,t}=0$，有

$$\xi_i^t=\{\mathrm{ID}_{\mathrm{key}\_i},\ E_{K_i^t}\{i\}\}\tag{8-7}$$

(2) 如果 $n_{i,t}=0$，$\mu_{i,t}>0$，有

$$\xi_i^t=\{\mathrm{ID}_{\mathrm{key}\_i},\ E_{K_i^t}\{i,\ d_{i,1}\}\}\tag{8-8}$$

(3) 如果 $0<n_{i,t}\leqslant k$，$0<\mu_{i,t}\leqslant k$，有

$$\xi_i^t=\{\mathrm{ID}_{\mathrm{key}\_i},\ E_{K_i^t}\{i,\ d_{i,1}\},\ E_{K_i^t}\{i,\ d_{i,1}\},\ E_{K_i^t}\{D_{i,1},\ d_{i,1}\},\ E_{K_i^t}\{D_{i,2},\ d_{i,3}\},\ \cdots,\ E_{K_i^t}\{D_{i,\mu_{i,t}-1},\ d_{i,\mu_{i,t}}\},\ E_{K_i^t}\{D_{i,\mu_{i,t}}\}\}\tag{8-9}$$

(4) 如果 $0<n_{i,t}\leqslant k$，$n_{i,t}<\mu_{i,t}$，有

$$\xi_i^t=\{\mathrm{ID}_{\mathrm{key}\_i},\ E_{K_i^t}\{i,\ d_{i,1}\},\ E_{K_i^t}\{D_{i,1},\ d_{i,2}\},\ E_{K_i^t}\{D_{i,2},\ d_{i,3}\},\ \cdots,\ E_{K_i^t}\{D_{i,\mu_{i,t}-1},\ d_{i,\mu_{i,t}}\},\ E_{K_i^t}\{D_{i,\mu_{i,t}},\ d_{i,\mu_{i,t}+1}\}\}\tag{8-10}$$

令 R_t 表示 H_c 向 Sink 节点发送的关于 $Q_t=\{c,\ t,\ k,\ q_{\mathrm{QS}}\}$ 的 Top-k 查询结果，则 R_t 可表示为

$$R_t=\{\xi_i^t\mid \forall i\in q_{\mathrm{QS}}\}\tag{8-11}$$

8.3.3 Sink 节点的 Top-k 查询结果的数据完整性检验方法

Sink 节点收到 R_t 后，首先根据 R_t 中的密钥 ID 找到对应的对称密钥，然后利用这些对称密钥分别对 R_t 中的各段密文进行解密，并检验 R_t 中数据项的真实性和完整性。为了检验 R_t 中数据项的真实性，需要检验 R_t 中的每个权重 $d_{i,j}$ 是否与 R_t 中其的对应数据项

$D_{i,j}$ 的权重(即 $f(D_{i,j})$)相等。也就是说，只有当 R_t 中的每个权重值与 R_t 中其的对应数据项的实际权重值都相等时，R_t 中的数据项才被认为是真实的。

接着，Sink 节点进一步地检验 R_t 的数据完整性。假设 R_t 中所有数据项的最小权重为 d_{smallest}。对于任意传感器节点 $S_i(\forall i \in q_{\text{QS}})$，令 γ_i 表示 R_t 中由 S_i 产生的数据项的个数。Sink 节点检验每个节点 $S_i(\forall i \in q_{\text{QS}})$在 R_t 中的数据信息是否满足以下几个条件之一：

(1) R_t 包含 $E_{K_i^t}\{i\}$；

(2) $\gamma_i = 0$，R_t 包含 $E_{K_i^t}\{i, d_{i,1}\}$，并且 $d_{i,1} < d_{\text{smallest}}$；

(3) $\gamma_i > 0$，R_t 包含 $E_{K_i^t}\{D_{i,\gamma_i}, d_{i,\gamma_i+1}\}$，并且 $d_{i,\gamma_i+1} < d_{\text{smallest}}$；

(4) $\gamma_i > 0$，R_t 包含 $E_{K_i^t}\{D_{i,\gamma_i}\}$。

当节点 S_i 满足上述条件之一时，认为 $S_i(\forall i \in q_{\text{QS}})$的数据信息(包含在 R_t 中的)通过完整性检验。即只有当 q_{QS} 内的所有传感器节点的数据信息(包含在 R_t 中的)都通过完整性检验时，R_t 才被认为是完整的，否则认为 R_t 不具有数据完整性。

8.4 VPP 方案的安全性、能效性与计算复杂性分析

8.4.1 VPP 方案的安全性分析

在本章中，VPP 方案(协议)的安全性主要是指，在传感器节点相对安全的情况下，当数据存储节点被捕获并成为恶意节点时，在 TWSN 系统中进行 Top-k 查询的过程中，VPP 协议对数据的隐私性和完整性的保护性能。

定理 8-1 在 TWSN 中，在传感器节点相对安全而数据存储节点被恶意攻击的情况下，采用 VPP 进行 Top-k 查询，恶意化的数据存储节点既不能获得任何感知数据项及其对应权重的具体数值信息，又不能获得任何 Top-k 节点的 ID 信息。

证明 传感器节点的 ID 及其产生的数据项是经由传感器节点与 Sink 节点之间的对称密钥进行加密的，数据存储节点在传感器节点不被攻击的条件下无法获得传感器节点与 Sink 节点之间的对称密钥，因此，数据存储节点也无法获知感知数据项以及传感器节点的 ID。另外，由于已利用 OPES 加密方案对数据项对应的权重进行加密，而只有 Sink 节点拥有能够解开 OPES 的密钥参数，因此，数据存储节点也无法获知数据项对应的权重的具体数值。**证毕**。

定理 8-2 在双层传感器网络中，在传感器节点相对安全而数据存储节点被恶意攻击的情况下，利用 VPP 进行 Top-k 查询，Sink 节点能够以 100%的概率侦测出任何不具备数据完整性的 Top-k 查询结果。

证明 为达到破坏 Top-k 查询结果的数据完整性的目的，攻击者只能采用以下三种攻击方式：第一种方式是用虚假的感知数据项来代替真实 Top-k 数据项；第二种方式是用真实的非 Top-k 数据项代替真实的 Top-k 数据项；第三种方式是丢弃部分或者全部的 Top-k 数据项。

由于攻击者无法获取传感器节点与 Sink 节点之间的对称密钥，对于虚假数据项的加密

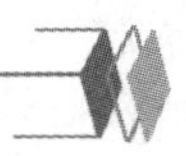

过程，攻击者只能使用猜测的对称密钥，而仅靠猜测无法准确获取传感器节点与 Sink 节点的对称密钥，因此，如果攻击者采用第一种攻击方式，包含虚假加密数据项信息的 Top-k 查询结果必然无法被 Sink 节点正常解密，从而被判定为不具备数据完整性。

如果攻击者采用第二种攻击方式，则必然会破坏 Top-k 查询结果中传感器节点在数据项预处理阶段建立的内在感知数据间的关联关系，因此，也会被 Sink 节点判定为不具备数据完整性。

如果攻击者采用第三种攻击方式，假设攻击者丢弃了部分 Top-k 数据项，此时可分两种情况进行讨论：

情况 1：丢弃部分 Top-k 数据项。

情况 2：丢弃全部 Top-k 数据项。

① 如果攻击者选择丢弃部分 Top-k 数据项，为了不破坏传感器节点在数据预处理阶段建立的内在感知数据间的关联关系，攻击者只能从权重大小方面选择排在第 $m(1<m\leqslant k)$ 位的 Top-k 数据项开始，丢弃排在其后面的全部 Top-k 数据项(包括第 m 位的 Top-k 数据项)。此时，由于保留在 Top-k 查询结果中的每个 Top-k 数据项都绑定着其后面的数据项(依据数据项对应的权重进行排序)的权重信息，因此，为了使 Top-k 查询结果中的感知数据项的个数仍然为 k，攻击者只能选择用其他数据项来代替被丢弃的 Top-k 数据项，而根据前面的分析结果，存在数据代替情况的 Top-k 查询结果一定会被 Sink 节点判定为不具备数据完整性。

② 如果攻击者选择丢弃全部 Top-k 数据项，在攻击者无法用其他数据代替 Top-k 数据项的情况下，其回复给 Sink 节点的 Top-k 查询结果中，会因为恶意数据存储节点无法生成合法的加密项 $E_{k_i^t\{i\}}$(i 为查询请求中集合 QS 内的任意一个节点 ID)而被 Sink 节点判定为不具备数据完整性。综上分析，Sink 节点能够以 100% 的概率侦测出不具备完整的Top-k 查询结果。**证毕**。

8.4.2 VPP 方案的能效性分析

表 8-1 中列出了在分析 VPP 各种性能时用到的一些参数及其含义。

表 8-1　性能分析需要用到的符号

参　数	参 数 含 义
$l_{\text{key\_ID}}$	单个密钥 ID 的位长
l_{score}	单个数据分值的位长
l_{D}	单个数据项的位长
L_{ID}	单个传感器节点 ID 的位长
h_i	从 S_i 到 H_c 的最小跳数

本章需要用到的能效性评价标准主要包括：

(1) 单元内的额外通信代价(下文用 $C_{\text{v\_sm}}$ 表示)。单元内的所有传感器节点在一个时隙内向对应的数据存储节点传输用于 Sink 节点进行 Top-k 查询结果的数据完整性检验的额外数据信息所需要的通信代价。

(2) 单元外的额外通信代价(下文用 C_{v_mw} 表示)。在响应单个 Top-k 查询请求的过程中，数据存储节点与Sink节点之间传输用于Sink节点进行Top-k查询结果的数据完整性检验所需要的通信代价。

(3) 冗余比(下文用 R_{vs} 表示)。额外传输安全检测信息的通信代价与在不考虑安全性条件下传输必要数据信息的通信代价之间的比值。

首先分析VPP在 C_{v_sm} 及其对应 R_{vs} 的表现。同文献[2]，本章假设发送和接收一个比特信息需要的能量相同，并且用单个单元内的所有传感器节点在一个时隙内发送和接收的总数据的比特位数来计算 C_{v_sm} 的值。令 $C_{v\_sm}^{s_i}$ 表示单元 c 内的传感器节点向数据存储节点 H_c 传输单元 c 内的某一传感器节点 S_i 在时隙 t 内产生的安全检测数据信息所需要的通信代价，根据式(8-5)和式(8-6)，有

$$C_{v\_sm}^{s_i}=\begin{cases}2\times l_{key\_ID}\times h_i & \mu_{i,t}=0\\ 2\times(l_{key\_ID}+\mu_{i,t}\times 2\times l_{score})\times h_i & \mu_{i,t}>0\end{cases} \tag{8-12}$$

根据 C_{v_sm} 的含义，可得

$$C_{v\_sm}=\sum_{i=1}^{N}C_{v\_sm}^{S_i} \tag{8-13}$$

令 C_{d_sm} 表示单元 c 内的传感器节点在时隙 t 内向 H_c 传输感知数据所需要的通信代价，则有

$$C_{d\_sm}=\sum_{i=1}^{N}2\times\mu_{i,t}\times l_D\times h_i \tag{8-14}$$

从而可得出 C_{v_sm} 对应的 R_{vs} 的值为

$$R_{vs}=\frac{C_{v\_sm}}{C_{d\_sm}}=\frac{\sum_{i=1}^{N}C_{v\_sm}^{S_i}}{\sum_{i=1}^{N}2\times\mu_{i,t}\times l_D\times h_i} \tag{8-15}$$

推导 C_{v_mw} 以及其对应的 R_{vs} 的过程与上述推导 C_{v_sm} 及其所对应的 R_{vs} 的过程类似。假设 H_c 收到的查询原语为 $Q_t=\langle C, t, k, q_{QS}\rangle$，向Sink节点发送的查询结果为 R_t，其中由 S_i 产生的Top-k数据项的个数为 $n_{i,t}$，令 $C_{v\_mw}^{S_i}$ 表示在 H_c 和Sink节点之间传输由节点 $S_i(S_i\in q_{QS})$ 产生的安全检测信息的通信代价，根据式(8-7)~式(8-10)，有

$$C_{v\_mw}^{S_i}=\begin{cases}2\times(l_{key\_ID}+l_{ID}), & n_{i,t}=\mu_{i,t}=0\\ 2\times(l_{key\_ID}+l_{ID}+l_{score}) & n_{i,t}=0,\ \mu_{i,t}>0\\ 2\times(l_{key\_ID}+\mu_{i,t}+l_{score}) & 0<n_{i,t}=\mu_{i,t}\leqslant k\\ 2\times(l_{key\_ID}+(n_{i,t}+1)\times l_{score}) & 0<n_{i,t}\leqslant k,\ \mu_{i,t}>n_{i,t}\end{cases} \tag{8-16}$$

H_c 和Sink节点之间由于传输所有 q_{QS} 内的传感器节点产生的安全检测信息所需要的通信代价为

$$C_{v\_mw}=\sum_{i=1}^{|q_{QS}|}C_{v\_mw}^{S_{x_i}} \tag{8-17}$$

式(8-17)中 $x_i\in q_{QS}(0<i\leqslant|q_{QS}|)$。令 C_{d_mw} 表示在 H_c 和Sink节点之间传输查询用

户想要获得的 k 个 Top-k 数据项的通信代价，有

$$C_{\text{d\_mw}} = 2 \times k \times l_D \tag{8-18}$$

综上，可得 $C_{\text{v\_mw}}$ 所对应的 R_{vs} 为

$$R_{\text{vs}} = \frac{C_{\text{v\_mw}}}{C_{\text{d\_mw}}} = \frac{\sum_{i=1}^{|q_{\text{QS}}|} C_{\text{v\_mw}}^{S_{x_i}}}{2 \times k \times l_D} \tag{8-19}$$

8.4.3　VPP 方案的计算复杂性分析

首先，分析 VPP 在传感器节点上的计算复杂性。对于任意传感器节点 S_i，每个时隙内 S_i 需要进行一次哈希操作，以获取下一个时隙内自身与 Sink 节点之间的对称密钥。同时，根据式(8-5)和式(8-6)，当 $\mu_{i,t}=0$ 时，S_i 需要加密的数据总位数为 l_{ID}；当 $\mu_{i,t}\neq 0$ 时，S_i 需要加密的数据总位数为 $l_{\text{ID}}+2\times\mu_{i,t}\times l_{\text{ID}}+\mu_{i,t}\times l_{\text{ID}}$。

其次，分析 VPP 在数据存储节点上的计算复杂性。由于数据存储节点能够根据数据权重值的 OPSE 加密值直接进行 Top-k 查询处理，因此，对数据存储节点而言，VPP 增加的额外计算开销可忽略不计。

最后，分析 VPP 在 Sink 节点上的计算复杂性。Sink 节点收到 Top-k 查询结果时，首先利用对称密钥对查询结果中的密文进行解密。假设被查询单元为第 $c(1\leqslant c\leqslant M)$单元，根据式(8-7)～式(8-10)，Sink 节点需要解密的密文共 N_c+k 项，需要解密的数据总位数长度近似为 $N_c\times(l_{\text{ID}}+l_{\text{score}})+k\times(l_D+l_{\text{score}})$。接着，Sink 节点需要检验每个感知数据项的权重值是否与其在 R_t 中对应的权重值相等。由于 R_t 中的感知数据项个数为 k，因此，这一过程的计算复杂度为 $O(k)$。另外，根据 VPP 协议在 Sink 节点上的数据完整性检验方法，Sink 节点还需要检验每个传感器节点 $S_i(\forall i\in q_{\text{QS}}$，$q_{\text{QS}}$ 表示被查询节点的 ID 构成的集合)在 R_t 中的数据信息是否满足 8.3.3 节给出的几个条件，此过程的计算复杂度与$|q_{\text{QS}}|$的值呈线性关系。

8.5　仿真分析实验

实验采用的仿真工具为 OMNET＋＋，需要用到的部分参数默认设置如表 8-2 所示，其余参数的默认参数设置与文献[4]中同类参数的设置相同。文献[4]是关于双层传感器网络中 Top-k 查询的安全问题研究所产生的最优秀的研究成果之一，本章选择文献[4]中提出的几种方案作为比较对象。文献[4]中提出的方案一在 $C_{\text{v\_sm}}$(即文献[4]中的 C_T)方面表现最好，因此，本章在测试 VPP 在 $C_{\text{v\_sm}}$ 及其对应 R_{vs} 方面的表现时选择文献[4]中的方案一作为比较对象；又因为文献[4]中的方案二在 $C_{\text{v\_mw}}$(即文献[4]中的 C_V)方面的表现相对于其他两个方案效果更好，因此本章在测试 VPP 在 $C_{\text{v\_mw}}$ 及其对应的 R_{vs} 方面的表现时选择文献[4]中的方案二作为比较对象。为便于描述，下文称文献[4]中的方案一为 Z&R-1，称文献[4]中的方案二为 Z&R-2。另外，为了将 $C_{\text{v\_sm}}$ 和 $C_{\text{v\_mw}}$ 分别对应的 R_{vs} 区分开来，本章用 $R_{\text{vs\_sm}}$ 表示 $C_{\text{v\_sm}}$ 所对应的 R_{vs}，用 $R_{\text{vs\_mw}}$ 表示 $C_{\text{v\_mw}}$ 对应的 R_{vs}。

表 8-2 参数的默认设置

参 数	参数含义
N_c	500
l_{flag}	10
$\mu_{i,t}$	20
S_{cell}	400 m×400 m
R	50 m
$\lvert q_{QS}\rvert$	100

为便于对实验结果进行分析，本章将每个传感器节点产生的安全检测信息分成如下两部分：{V_{head}={密钥 ID，节点 ID}，V_{body}={感知数据项的权重集合}}。

第一组实验测试参数 $\mu_{i,t}$ 对 C_{v_sm} 及其对应 R_{vs} 的影响，实验结果如图 8-2 和图 8-3 所示。图 8-2 显示，随着传感器节点在一个时隙内采集数据的轮数的增加，无论是采用 VPP 还是 Z&R-1，C_{v_sm} 的值随之增大。这是因为 VPP 和 Z&R-1 都需要为每个感知数据增加相应的安全检测信息，这样，随着传感器节点向数据存储节点传输的感知数据量的增大，需要传输的安全检测信息的量也会增大。然而，从图 8-2 中可以看出，当 $\mu_{i,t}$ 固定时，VPP 对应的 C_{v_sm} 的值要远远小于 Z&R-1 中 C_{v_sm} 的值，原因是 VPP 不需要在安全检测信息中为每个感知数据添加长度值较大的消息认证码。图 8-3 显示，VPP 和 Z&R-1 中 C_{v_sm} 对应的 R_{vs} 的值随 $\mu_{i,t}$ 的增大的变化趋势是，开始有些下降，随后基本保持不变。这一现象可作如下解释：当 $\mu_{i,t}$ 较小时，V_{body} 较小，V_{head} 在整个安全检测信息中占有的比重较大；随着 $\mu_{i,t}$ 的增大，V_{head} 在整个安全检测信息中占有的比重越来越小，直至可以忽略不计，此时有

$$R_{vs} \approx \frac{2 \times l_d}{l_D} \tag{8-20}$$

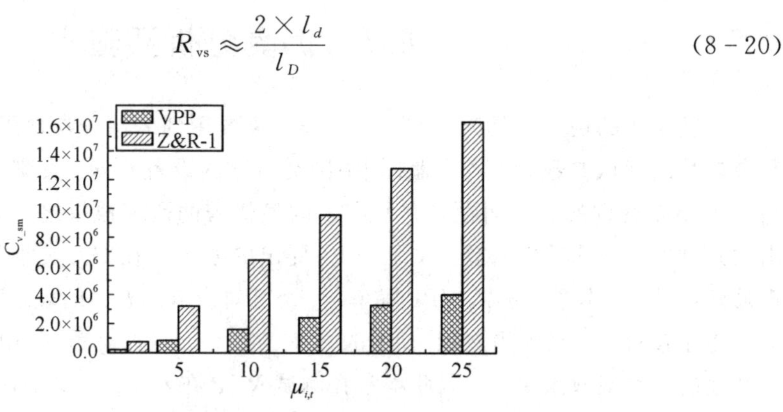

图 8-2 参数 $\mu_{i,t}$ 对 C_{v_sm} 影响

虽然 VPP 和 Z&R-1 中 C_{v_sm} 对应的 R_{vs} 的值变化趋势相同，但从图 8-3 中可以看出，VPP 能够明显降低 C_{v_sm} 对应的 R_{vs} 的值。

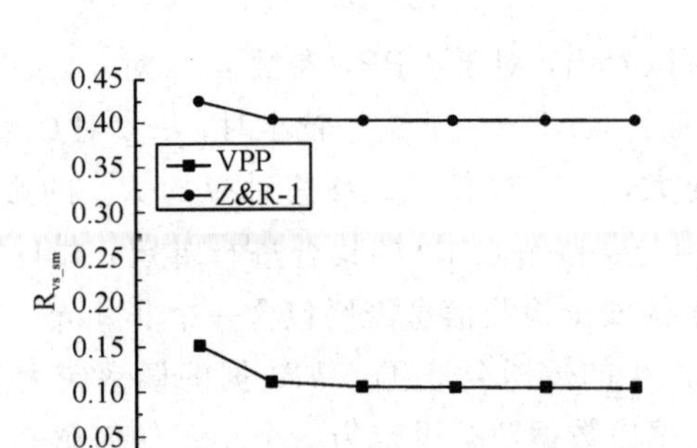

图 8-3　参数 $\mu_{i,t}$ 对 C_{v_sm} 所对应的 R_{vs} 的影响

第二组实验测试参数 N 对 C_{v_sm} 及其对应 R_{vs} 的影响，实验结果如图 8-4 和图 8-5 所示。图 8-4 显示，随着单元内传感器节点的增多，C_{v_sm} 的值越来越大，这是因为，在其他参数值固定不变时，单元内传感器节点个数越多，一个时隙内节点产生的感知数据项越多，单元内节点所需要传输的安全检测信息量越大。图 8-5 显示，C_{v_sm} 所对应 R_{vs} 的值随着 N 的增大而基本保持不变，原因是随着节点个数的增多，带来的安全检测信息的增加量与感知数据的增加量之间保持某种比例。图 8-5 表明，无论 N 取值为多少，相对于 Z&R-1，VPP 都能够显著降低传输安全检测信息的通信代价。

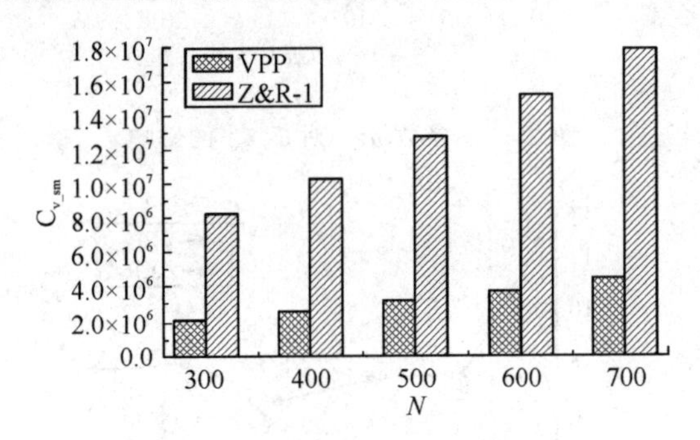

图 8-4　参数 N 对 C_{v_sm} 的影响

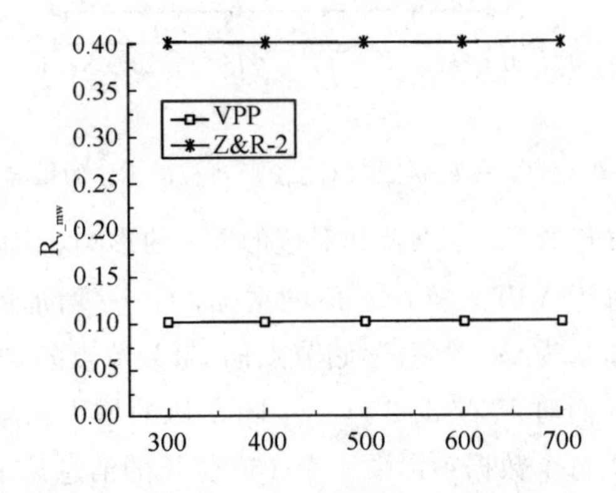

图 8-5　参数 N 对 C_{v_sm} 所对应的 R_{vs} 的影响

第三组实验测试参数 $\mu_{i,t}$ 对 C_{v_mw} 以及其对应的 R_{vs} 的影响，实验结果如图 8-6 和图

8－7 所示。由这两个图可以看出，对于 VPP，参数 $\mu_{i,t}$ 对 $C_{\mathrm{v\_mw}}$ 及其对应的 R_{vs} 的影响不大，几乎可忽略。然而，对于 Z&R-2，当 $\mu_{i,t}$ 较小时，$\mu_{i,t}$ 对 $C_{\mathrm{v\_mw}}$ 及其对应的 R_{vs} 的影响较大，随着 $\mu_{i,t}$ 的逐渐变大，$\mu_{i,t}$ 对 $C_{\mathrm{v\_mw}}$ 及其对应的 R_{vs} 的影响逐渐减弱。这是因为，Z&R-2 需要将每个数据项与某些节点 ID 的集合进行绑定，并且在大多数情况下，查询结果中每个 Top-k 节点产生的安全检测信息需要包含一个非 Top-k 数据项作为尾巴数据。当 $\mu_{i,t}$ 较小时，Top-k 节点产生的数据全是 Top-k 数据的概率较大，而当 Top-k 节点产生的数据都是 Top-k 数据时，尾巴数据项被设定为一个小于任何感知数据的数据值，以至于尾巴数据项需要绑定的节点 ID 的个数很大，从而增大安全检测信息的量。随着 $\mu_{i,t}$ 的增大，Top-k 节点产生的数据全是 Top-k 数据的概率降低，$\mu_{i,t}$ 对 $C_{\mathrm{v\_mw}}$ 以及其对应的 R_{vs} 的影响减弱。图 8－6 和图 8－7 表明，相对于 Z&R-2，VPP 在 $C_{\mathrm{v\_mw}}$ 以及其对应的 R_{vs} 方面的表现更加稳定，并且都要优于 Z&R-2。

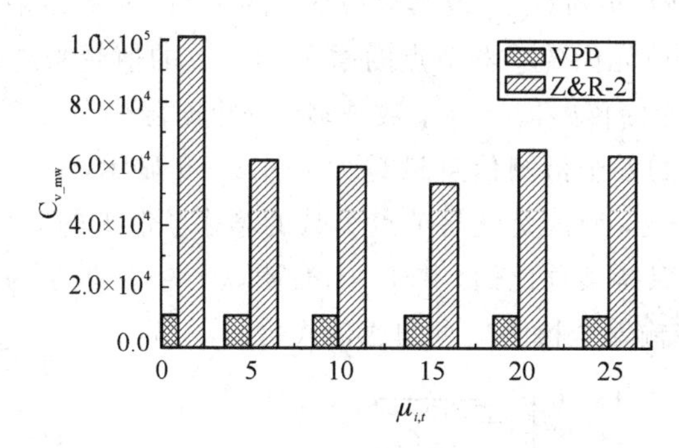

图 8－6　参数 $\mu_{i,t}$ 对 $C_{\mathrm{v\_mw}}$ 的影响

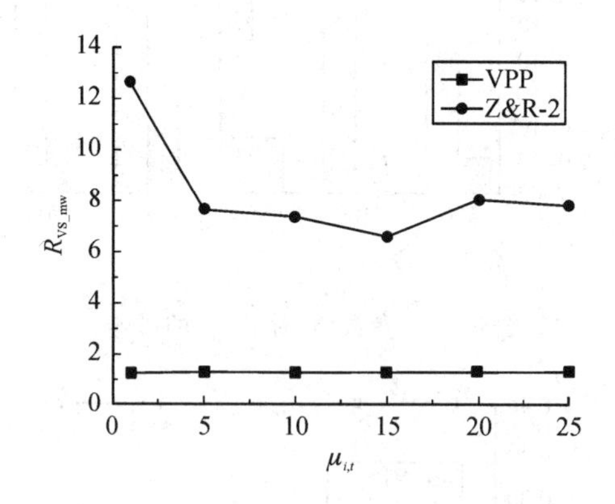

图 8－7　参数 $\mu_{i,t}$ 对 $C_{\mathrm{v\_mw}}$ 所对应的 R_{vs} 的影响

第四组实验测试参数 k 对 $C_{\mathrm{v\_mw}}$ 以及其对应的 R_{vs} 的影响，实验结果如图 8－8 和图 8－9 所示。图 8－8 显示，对于 VPP，随着 k 值的增加，$C_{\mathrm{v\_mw}}$ 增加的幅度很小。原因是，对 VPP 而言，假设 k 的增加量为 Δk，数据存储节点向 Sink 节点发送的安全检测信息的位数长度仅需要增加 $\Delta k \times l_d$。而对于 Z&R-2，$C_{\mathrm{v\_mw}}$ 随 k 值的增大而增大的幅度比较明显，主要原因是，在 Z&R-2 中，每个数据项需要一个 160 位长的消息认证码作为安全检测信息的一部分，并且每个数据项需要与其他部分传感器节点 ID 组成的集合进行绑定，当单元内传感器节点个数较多时，每个数据项需要绑定的节点 ID 集合较大，从而使 Z&R-2 中数据存

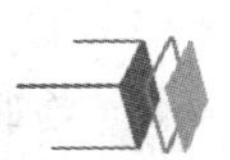

储节点向 Sink 节点发送的安全检测信息的量随 k 值增大而显著增大。图 8-9 显示，当 k 较小时，VPP 中 C_{v_mw} 对应的 R_{vs} 大于 Z&R-2 中 C_{v_mw} 对应的 R_{vs}，而随着 k 值的增加，VPP 中 C_{v_mw} 对应的 R_{vs} 明显小于 Z&R-2 中 C_{v_mw} 对应的 R_{vs}，这与 Z&R-2 中 C_{v_mw} 随 k 值的增大而显著增大有密切关系。

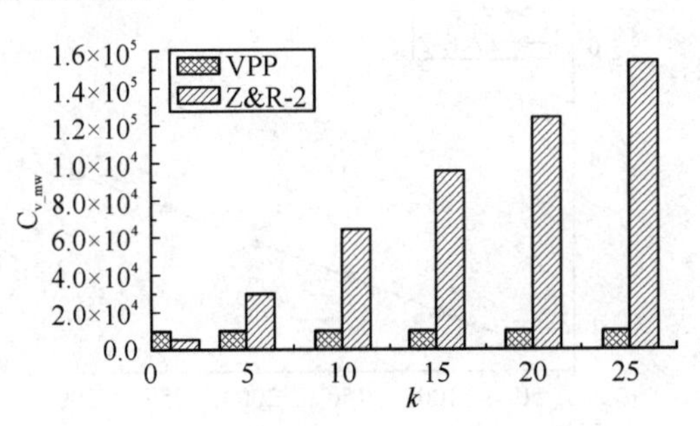

图 8-8　参数 k 对 C_{v_mw} 的影响

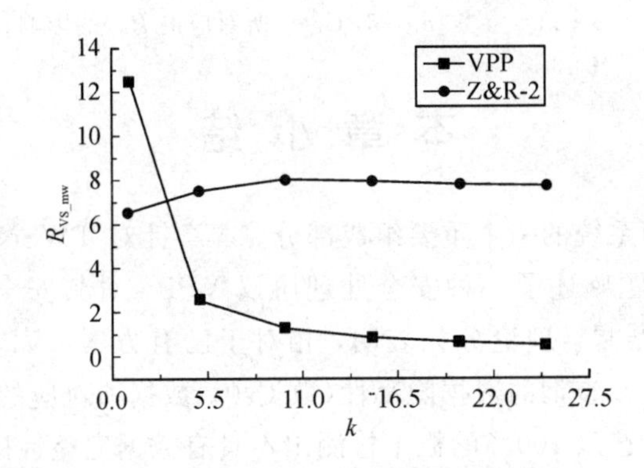

图 8-9　参数 k 对 C_{v_mw} 所对应的 R_{vs} 的影响

第 5 组实验测试参数 $|q_{QS}|$（即单元内被查询节点的个数）对 C_{v_mw} 以及其对应的 R_{vs} 的影响，实验结果如图 8-10 和图 8-11 所示。由图中可以看出，当采用 VPP 时，C_{v_mw} 及其对应的 R_{vs} 值随着 $|q_{QS}|$ 的增大有明显上升趋势，这是因为 VPP 需要在查询结果中包含每个被查询节点的安全检测信息，当被查询节点个数增大时 C_{v_mw} 会随之增大，在 k 值相同的情况下，C_{v_mw} 对应的 R_{vs} 的值也会随着 $|q_{QS}|$ 的增大而增大。当采用 Z&R-2 时，C_{v_mw} 及其对应的 R_{vs} 值随 $|q_{QS}|$ 的增大而变化的趋势不是十分明显，主要原因是 Z&R-2 仅需要在

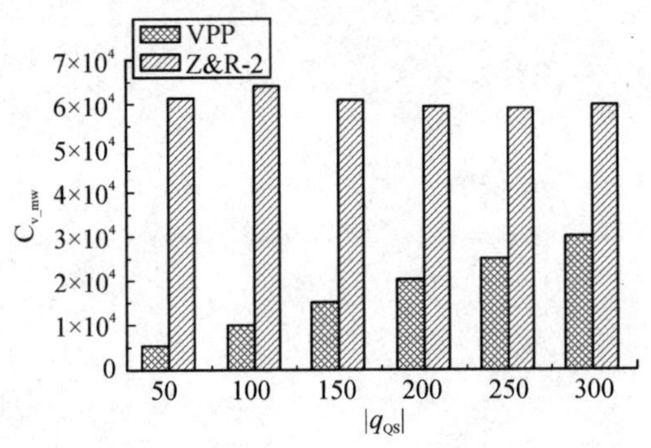

图 8-10　参数 $|q_{QS}|$ 对 C_{v_mw} 的 R_{vs} 的影响

查询结果中包含 Top-k 节点的安全检测信息。尽管如此，总体来说，当采用 VPP 时，C_{v_mw} 及其对应的 R_{vs} 值都要明显低于采用 Z&R-2 时 C_{v_mw} 及其对应 R_{vs} 的值。

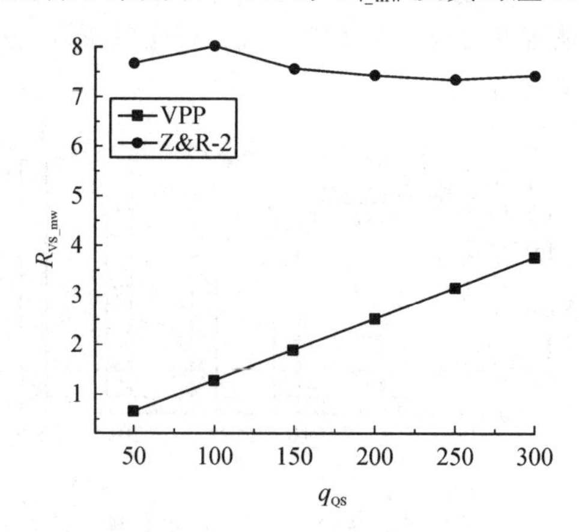

图 8-11　参数 $|q_{QS}|$ 对 C_{v_mw} 所对应的 R_{vs} 的影响

本章小结

TWSN 是 IoT 感知系统的一个重要组成部分。本章针对 TWSN 中的 Top-k 查询数据隐私性和完整性保护问题阐述了一种安全处理协议 VPP，对其安全性和能效性进行了分析，并给出了仿真实验结果。理论分析表明，相对于已有方案，VPP 具有更好的安全性。VPP 不仅能够确保 Top-k 查询的数据隐私性(数据项、数据项对应的权重以及节点 ID 的隐私性均得到保护)，还能够以 100%的概率检测出不具有数据完整性的 Top-k 查询结果。实验结果显示，无论是在传感器节点与数据存储节点之间，还是在数据存储节点与 Sink 之间，VPP 都能够显著降低用于传输安全检测信息的额外通信代价，降低安全检测信息与必要感知数据之间的冗余比。因此，VPP 在实现 Top-k 查询中，对其结果的数据隐私性和完整性保护效率更高。

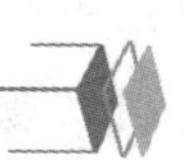

第 9 章　面向 TMWSN 的安全 Top-*k* 查询技术

9.1　技术背景

双层可移动无线传感器网络(Two-tiered Mobile Wireless Sensor Networks, TMWSN)是下层存在可移动传感器节点[1, 2]的双层传感器网络。在 TMWSN 中，存在一类重要的查询类型，即时空 Top-*k* 查询，该查询主要面向某一指定区域内的传感器节点在指定时间周期内产生的数据项。然而，这类查询正面临一定的安全威胁。由于位于 TMWSN 结构模型上层的数据存储节点是网络的关键节点，在不安全环境中，易被攻击者捕获而成为妥协节点。利用妥协节点，攻击者可通过篡改、丢弃保存在数据存储节点上的合法 Top-*k* 数据项等多种攻击方式破坏时空 Top-*k* 查询结果的数据完整性。

针对这一问题，研究人员提出的解决方法主要包括：基于消息验证码的验证方法、基于数据汇聚树的验证方法、基于数据项加密链的验证方法、基于概率空间的邻居验证方法、基于水印嵌入的链式验证方法、基于仿造感知数据(Dummy Readings)的验证方法等。然而，这些方法都基于一个共同前提，即假设传感器节点是静止的，每个节点产生的数据项都对应不变的数据产生位置。然而，由于已有方法主要面向静态网络，所研究的 Top-*k* 查询类型也都属于时间域上的，因而不能防止恶意化的数据存储节点对传感器节点在不同区域内产生的感知数据进行相互替代。虽然目前有极少数学者针对这一问题提出了一些解决方案[19, 20]，但这些方案仍存在一些问题，比如，用于安全验证的冗余信息过多，增大了网络的额外通信开销。

为了提高 TMWSN 中时空 Top-*k* 查询的安全性和能效性，弥补已有方案的不足，本章提出了一种新的关于时空 Top-*k* 查询的数据完整性保护协议的时空 Top-*k* 查询(VIP-TQ, Verifiable Integrity Protection for Top-*k* Queries)[19]。VIP-TQ 主要通过虚拟化动态节点建立两种感知数据项之间、感知数据项与位置信息之间的绑定关系，并设计特定的时空 Top-*k* 查询数据完整性验证算法来实现时空 Top-*k* 查询的完整性保护，所包含的主要机制和算法有：传感器节点上的感知数据与位置信息预处理机制，数据存储节点上的查询处理机制以及 Sink 节点端的时空 Top-k 查询数据完整性验证算法。

9.2 模型与假设

TMWSN 的网络模型如图 9-1 所示，分为 L_1、L_2 两层。其中，L_1 层是由资源有限、通信半径较短的可移动传感器节点组成的多跳自组织网络，L_2 层是由多个资源丰富、通信半径较长的数据存储节点组成的无线网格网络(Mesh 网)。整个被监测区域被划分为 M 个单元，任意单元内部署一个数据存储节点 $H_c(1\leqslant c\leqslant M)$和 N 个传感器节点$\{S_{1,c}, S_{2,c}, S_{3,c}, \cdots, S_{N-1,c}, S_{N,c}\}$(其中包含部分或全部可移动传感器节点)。$S_{i,c}(1\leqslant i\leqslant N, 1\leqslant c\leqslant M)$可通过单跳或多跳的方式与 H_c 通信，并能根据应用需要向目标位置移动，到达目标位置后停止移动并对目标环境展开监测。假设 $S_{i,c}$ 仅在其所属单元内移动，并假设 $S_{i,c}$ 只有在静止状态下才能启动感知器件对周围环境进行监测。为便于描述，下文将 $S_{i,c}$ 简写为 S_i。

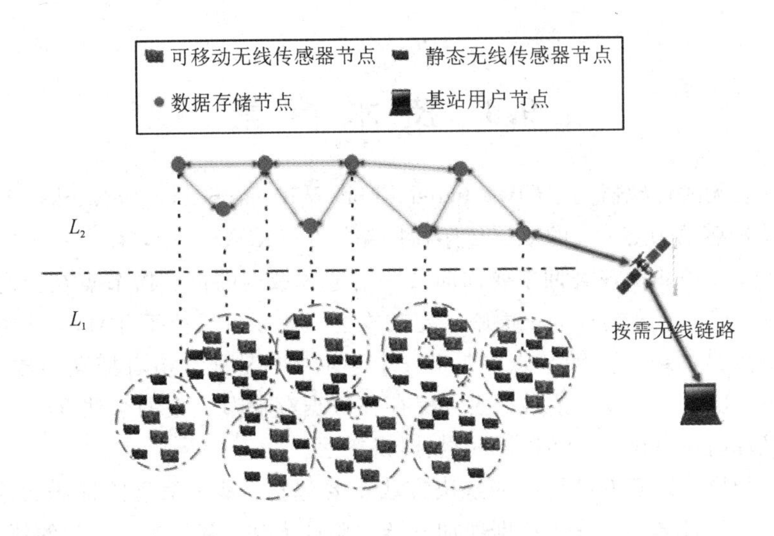

图 9-1　TMWSN 网络模型

令 T 表示 TMWSN 网络的生命周期，T 被均匀划分为 x 个大小相等的时间区间 $T_t(1\leqslant t\leqslant x)$，即 $T=|T_1|+|T_2|+|T_3|+\cdots+|T_{x-1}|+|T_x|$ $(|T_1|=|T_2|=|T_3|=\cdots=|T_{x-1}|=|T_x|)$。其中，$|T_t|$ $(1\leqslant t\leqslant x)$ 表示时间区间 T_t 的宽度。用 λ_i 表示 S_i 在 T_t 内停留过的位置的个数，$L_{i,j}$ 表示 S_i 在 T_t 内的第 j 个停留位置，$\mu_{i,j}$ 表示 S_i 在 T_t 内在 $L_{i,j}$ 处产生的数据项的个数，$D^v_{L_{i,j}}$ 表示 S_i 在 T_t 内在 $L_{i,j}$ 处产生的大小排行第 v 的感知数据项，则 S_i 在 T_t 内停留过的位置集合可表示为$\{L_{i,1}, L_{i,2}, L_{i,3}, \cdots, L_{i,\lambda_{i-1}}, L_{i,\lambda_i}\}$，$S_i$ 在 T_t 内在 $L_{i,j}$ 处产生的数据项集合可表示为$\{D^1_{L_{i,j}}, D^2_{L_{i,j}}, D^3_{L_{i,j}}, \cdots, D^{\mu_{i,j-1}}_{L_{i,j}}, D^{\mu_{i,j}}_{L_{i,j}}\}$。在任意时间区间 $T_t(1\leqslant t\leqslant x)$结束时，$S_i(1\leqslant i\leqslant N)$将其在 T_t 内产生的感知数据项发送到 $H_c(1\leqslant c\leqslant M)$进行存储。Sink 节点可通过按需无线链路向 H_c 发送查询请求，并从 H_c 那里获取查询结果。

假设网络中存在一个公共权重评估函数 $f(\cdot)$，此评估函数主要用来计算各个数据项的重要程度(权重)。数据项 $D^v_{L_{i,j}}$ 的权重可表示为 $d^v_{L_{i,j}}=f(D^v_{L_{i,j}})$。由于涉及多个单元的时空 Top-$k$ 查询可以划分为多个仅涉及单个单元的时空 Top-k 查询，因此，下文中提到的时空 Top-k 查询主要是指仅涉及单个单元的细粒度(Fine-Grained)时空 Top-k 查询，并用 H 表示所关注单元的数据存储节点。一个细粒度时空 Top-k 查询原语 Q_t 可表示如下：

$$Q_t=\{\mathrm{SR},\ c,\ t,\ k\} \tag{9-1}$$

其中，SR(Sub-Region)表示被查询区域，c 表示单元 ID，t 表示时间区间序号，k 表示 Top-k 查询的 k 值。

9.3　VIP-TQ 协议介绍

本节分别从传感器节点的数据预处理、数据存储节点的时空 Top-k 查询以及 Sink 节点对查询结果的完整性验证三个层次介绍 VIP-TQ 协议的具体内容。

9.3.1　传感器节点的数据预处理

在当前时间区间 $T_t(1\leqslant t\leqslant x)$ 结束时，传感器节点 $S_i(1\leqslant i\leqslant N)$ 对其在当前时隙内的数据项进行预处理，并生成如下格式的数据报告：

$$\{i,\ E_{k_{i,t}}\{L_{i,1},\ 1,\ L_{i,2},\ 2,\ \cdots,\ L_{\lambda_i},\ \lambda_i\},\ \mathrm{DVI}_{i,1},\ \mathrm{DVI}_{i,2},\ \cdots,\ \mathrm{DVI}_{i,\lambda_i}\} \tag{9-2}$$

其中，i 表示 S_i 的 ID，$E_{k_{i,t}}\{*\}$表示利用对称密钥 $k_{i,t}$ 进行的加密操作，$\langle 1,\ 2,\ \cdots,\ \lambda_i\rangle$表示 S_i 在 T_t 内所有停留过的位置顺序编号，对 $\mathrm{DVI}_{i,j}(1\leqslant i\leqslant N,\ 1\leqslant j\leqslant \lambda_i)$表示的内容分情况讨论如下：

- 如果 $\mu_{i,j}=0$，则有

$$\mathrm{DVI}_{i,j}=E_{k_{i,t}}\{j\} \tag{9-3}$$

- 如果 $\mu_{i,j}>0$，则有

$$\begin{aligned}\mathrm{DVI}_{i,j}=\{&L_{i,j},\ E_{k_{i,t}}\{j,\ d^1_{L_{i,j}}\},\ d^1_{L_{i,j}},\\ &E_{k_{i,t}}\{j,\ D^1_{L_{i,j}},\ d^2_{L_{i,j}}\},\\ &E_{k_{i,t}}\{j,\ F^2_{L_{i,j}},\ d^3_{L_{i,j}}\},\\ &\cdots,\ d^{\mu_{i,j}}_{L_{i,j}},\ E_{k_{i,t}}\{j,\ D^{\mu_{i,j}}_{L_{i,j}}\}\}\end{aligned} \tag{9-4}$$

式(9-4)中的数据项$\{D^1_{L_{i,j}},\ D^2_{L_{i,j}},\ D^3_{L_{i,j}},\ \cdots,\ D^{\mu_{i,j}-1}_{L_{i,j}},\ D^{\mu_{i,j}}_{L_{i,j}}\}$为 S_i 在 $L_{i,j}$ 处产生的 $\mu_{i,j}$ 个数据项，且已按对应权重由大到小进行了排列。

9.3.2　数据存储节点的 Top-k 查询处理

假设数据存储节点 H 收到的 Top-k 查询请求为 $Q_t=\{\mathrm{SR},\ c,\ t,\ k\}$，$H$ 首先对单元 c 内的传感器节点在 T_t 内在查询区域产生的所有数据项按权重大小排序，然后选出权重最大(或最小)的前 k 个数据项，并将这 k 个数据项连同对应的验证信息一同发送给 Sink 节点。

令 NR^{S_i} 表示 H 经过查询处理后向 Sink 节点返回的由传感器节点 S_i 产生的数据信息，$m_i(0\leqslant m_i\leqslant \lambda_i)$表示 S_i 在时间 T_t 内在查询区域停留过的位置个数，则 NR^{S_i} 的内容讨论如下：

• 如果 $m_i=0$，则 S_i 需要通过 H 向 Sink 节点发送 S_i 在 T_i 内的所有停留位置信息，有

$$NR^{S_i}=\{i, E_{k_{i,t}}\{L_{i,1}, 1, L_{i,2}, 2, \cdots, L_{\lambda_i}, \lambda_i\}\} \tag{9-5}$$

• 如果 $m_i>0$，令 $\{z_1, z_2, z_3, \cdots, z_{mi}\}$ 表示 S_i 在时间区间 T_t、在区域 SR 内停留过的 m_i 个位置序号

$$NR^{S_i}=\{E_{k_{i,t}}\{L_{i,1}, 1, L_{i,2}, 2, \cdots, L_{\lambda_i}, \lambda_i\}, DVI_{i,z_1}, DVI_{i,z_2}, \cdots, DVI_{i,z_{m_i}}\} \tag{9-6}$$

在式(9-6)中，DVI_{i,z_j} $(1\leqslant j\leqslant m_i)$ 表示 S_i 在 T_t 内、在 L_{i,z_j}（其中，L_{i,z_j} 表示 S_i 在时间区间 T_t、在区域 SR 内停留过的位置中的第 j 个）上产生的 Top-k 数据项及相关验证信息。令 μ_{i,z_j} 表示 S_i 在 T_t 内、在 L_{i,z_j} 上产生的感知数据项的总个数，γ_{i,z_j} 表示 S_i 在 T_t 内、在 L_{i,z_j} 上产生的 Top-k 数据项的个数，则 DVI_{i,z_j} 的具体内容分情况讨论如下：

情况 1：如果 $\mu_{i,z_j}=0$，根据式(9-3)，有

$$DVI_{i,z_j}=E_{k_{i,t}}\{z_j\} \tag{9-7}$$

情况 2：如果 $\mu_{i,z_j}\neq 0$，$\gamma_{i,z_j}=0$，则 DVI_{i,z_j} 仅包含 S_i 在 T_t 内、在 L_{i,z_j} 上产生的所有数据项的最大权重与节点的停留点序号的绑定信息，即

$$DVI_{i,z_j}=E_{k_{i,t}}\left\{z_j, d^1_{L_{i,z_j}}\right\} \tag{9-8}$$

情况 3：如果 $0<\gamma_{i,z_j}<\mu_{i,z_j}$，则 DVI_{i,z_j} 除包含式(9-8)中的内容外，还应包含 γ_{i,z_j} 个 Top-k 数据项以及相关的数据关联关系，因此有

$$\begin{aligned}DVI_{i,z_j}=&\left\{E_{k_{i,t}}\left\{z_j, d^1_{L_{i,z_j}}\right\}, E_{k_{i,t}}\left\{z_j, D^1_{L_{i,z_j}}, d^2_{L_{i,z_j}}\right\},\right.\\&\left.E_{k_{i,t}}\left\{z_j, D^2_{L_{i,z_j}}, d^3_{L_{i,z_j}}\right\}, \cdots, E_{k_{i,t}}\left\{z_j, D^{\gamma_{i,z_j}}_{L_{i,z_j}}, d^{\gamma_{i,z_j}+1}_{L_{i,z_j}}\right\}\right\}\end{aligned} \tag{9-9}$$

情况 4：如果 $0<\gamma_{i,z_j}$，且 $\gamma_{i,z_j}=\mu_{i,z_j}$，则 DVI_{i,z_j} 应包含 S_i 在 T_t 内、在 L_{i,z_j} 上产生的所有数据项及相关数据关联关系，即

$$\begin{aligned}DVI_{i,z_j}=&\left\{E_{k_{i,t}}\left\{z_j, d^1_{L_{i,z_j}}\right\}, E_{k_{i,t}}\left\{z_j, D^1_{L_{i,z_j}}, d^2_{L_{i,z_j}}\right\},\right.\\&\left.E_{k_{i,t}}\left\{z_j, D^2_{L_{i,z_j}}, d^3_{L_{i,z_j}}\right\}, \cdots, E_{k_{i,t}}\left\{z_j, D^{\gamma_{i,z_j}}_{L_{i,z_j}}\right\}\right\}\end{aligned} \tag{9-10}$$

针对查询请求 Q_t，数据存储节点向 Sink 节点返回的最终查询结果 R_t 可表示为

$$R_t=\{NR^{S_1}, NR^{S_2}, NR^{S_3}, \cdots, NR^{S_N}\} \tag{9-11}$$

9.3.3 查询处理结果的完整性验证

Sink 节点对 R_t 进行数据完整性验证的过程如下：首先利用自身与各传感器之间共享的对称密钥对 R_t 中的密文进行解密；然后，检查 R_t 是否包含被查询单元内的每个传感器节点在被查询时间和区间内停留过的所有位置信息；接着，检查 R_t 中是否包含每个查询子节点的 DVI；最后，逐个验证每个查询子节点的 DVI 的完整性。只有当每个查询子节点对应的 DVI 都通过完整性验证时，R_t 才能够被认为具备数据完整性。算法 9-1 如下。

算法 9－1：细粒度时空 Top-k 查询中的数据完整性验证算法

输入：$Q_t=\{\mathrm{SR}, c, t, k\}$, R_t

输出：

(1) 初始化变量：$\mathrm{TAG}_{\mathrm{Integrity}}=\mathrm{true}$

(2) 利用传感器节点与 Sink 之间的对称密钥对 R_t 中的数据进行解密，并判断是否能够正常解密；

IFR_t 内的数据不能被正常解密

　$\mathrm{TAG}_{\mathrm{Integrity}}=\mathrm{false}$;

　RETURN $\mathrm{TAG}_{\mathrm{Integrity}}$;　　　　//返回变量 $\mathrm{TAG}_{\mathrm{Integrity}}$ 的值

END IF;

(3) 检查 H_c 是否上报了其所在单元内每个传感器节点在时隙 t 内的所有停留位置信息以及 SR 内的所有 DVI：

FOR $i=1, \cdots, N$　　　　//循环 N 次

　IF ($\{L_{i,1}, 1, L_{i,2}, 2, \cdots, L_{i,\lambda_i}, \lambda_i\} \not\subset R_t$)

　　$\mathrm{TAG}_{\mathrm{Integrity}}=\mathrm{false}$;

　　RETURNTAG$_{\mathrm{Integrity}}$;

　END IF;

FOR $j=1, \cdots, \lambda_i$　　　　//内部循环 λ_i 次

　IF((($L_{i,j}\in \mathrm{SR}$) && ($\mathrm{DVI}_{i,j}\not\subset R_t$)) ||(($L_{i,j}\notin \mathrm{SR}$) && ($\mathrm{DVI}_{i,j}\subset R_t$)))

　　$\mathrm{TAG}_{\mathrm{Integrity}}=\mathrm{false}$;

　　RETURN $\mathrm{TAG}_{\mathrm{Integrity}}$;

　END IF;

END FOR

END FOR

(4) 依次检验单元内所有传感器节点在时隙 t 内在 SR 中产生的所有 DVI 的数据完整性：

FOR $i=1, \cdots, N$

　FOR $j=1, \cdots, m_i$

　　　IF ($\gamma_{i,z_j}==0$)

　　　　IF (($\{z_j\}\not\subset \mathrm{DVI}_{i,z_j}$) && ($\{z_j, d^1_{L_{i,z_j}}\}\not\subset \mathrm{DVI}_{i,z_j}$))

　　　　　　　　$\mathrm{TAG}_{\mathrm{Integrity}}=\mathrm{false}$;

　　　　　　　　RETURN $\mathrm{TAG}_{\mathrm{Integrity}}$;

　　　　　END IF;

　　　　　　　　IF (($\{z_j, d^1_{L_{i,z_j}}\}\subset \mathrm{DVI}_{i,z_j}\subset$) && ($d^1_{L_{i,z_j}}>d_{\mathrm{tail}}$))

　　　　　　　　$\mathrm{TAG}_{\mathrm{Integrity}}=\mathrm{false}$;

　　　　　　　　RETURN $\mathrm{TAG}_{\mathrm{Integrity}}$;

　　　　　END IF;

　　　　END IF; //结束 IF($\gamma_{i,z_j}==0$)

　　　　IF ($\gamma_{i,z_j}>0$)

　　　　　IF $d^x{}_{i,z_j}\neq f(d^x{}_{i,z_j})$

　　　　　　　　$\mathrm{TAG}_{\mathrm{Integrity}}=\mathrm{false}$;

　　　　　　　　RETURN $\mathrm{TAG}_{\mathrm{Integrity}}$;

　　　　　　　　END IF;

```
            IF ({z_j, D_{L_{i,z_j}}^{γ_{i,z_j}}, d_{L_{i,z_j}}^{γ_{i,z_j}+1}} ⊂ DVI_{i,z_j})
              IF N_t < k
                TAG_Integrity = false;
                RETURN TAG_Integrity;
              END IF;
              IF ((N_t == k) && (d_{L_{i,z_j}}^{γ_{i,z_j}+1} > d_tail))
                TAG_Integrity = false;
                RETURN TAG_Integrity;
              END IF;
            END IF;
        END IF;
    END FOR       //结束内部循环
END FOR       //结束外部循环
RETURN TAG_Integrity;
```

9.4 VIP-TQ 协议的性能分析

9.4.1 安全性分析

由于数据项与其对应的权值存在对应关系，攻击者只要捕获一个传感器节点就能获得两者的计算函数 $f(*)$，因此，为了保证数据项本身的数据隐私性，需要同时实现数据项及其对应权值的隐私性保护。由于 OPES 加密方案具有使数据项在加密前后保持大小顺序不变的特性，为便于 Top-k 查询处理，VIP-TQ 协议采用 OPES 加密方案对数据项的权值进行加密；此外，又因为 OPES 加密方案只适用于一维数据加密，而数据项可能是多维数据，因此，VIP-TQ 协议采用计算复杂性更小且能够适用于多维数据加密的对称密钥加密方案对数据项进行加密。

定理 9-1 在传感器节点不被俘获的情况下，VIP-TQ 协议能够在 Top-k 查询过程中实现对所有数据项及其对应权值的隐私性保护。

证明 数据项采用传感器节点与 Sink 节点之间的对称密钥进行加密，在传感器节点不被俘获的情况下，攻击者无法获得传感器节点与 Sink 节点之间的对称密钥，因此攻击者无法获得数据项的具体数值。同时，而数据项对应的权值采用的是 OPES 加密方案，根据文献[16]，这种加密方案能够确保一维数据在加密前后大小顺序不变，既保证数据的隐私性，又能够顺利进行 Top-k 查询处理，攻击者也无法获得 OPES 的密钥材料，因此，攻击者无法获知数据项及其对应权值的具体情况。**证毕**。

定理 9-2 在部分传感器节点被俘获的情况下，VIP-TQ 协议能够在 Top-k 查询过程中实现对未捕获节点的数据项及其对应权值的隐私性保护。

证明 在 VIP-TQ 协议中，不同传感器节点与 Sink 节点之间共享的对称密钥不同，不同传感器节点采用的 OPES 的密钥材料也不同，因此，攻击者捕获部分传感器节点后，不能获得任何其他传感器节点上的密钥材料，便不能破坏其他传感器节点的数据项及其对应权值的隐私性，证毕。

定理 9-3　在传感器节点相对安全的情况下，如果攻击者捕获了 TMWSN 中的数据存储节点并利用恶意化的数据存储节点来破坏时空 Top-k 查询的数据完整性，VIP-TQ 能够以 100%的概率侦测出不完整的 Top-k 查询结果。(下文中，H 表示恶意化的数据存储节点，$Q_t=\{SR, c, t, k\}$表示 H 节点收到的 Top-k 查询请求，R_t 表示查询结果)

证明　为达到破坏 Top-k 查询数据完整性的目的，当攻击者捕获 TMWSN 中的关键节点(即 H 节点)时，攻击者可能发动的攻击方式有：数据造假、数据替换和数据丢弃。

首先，考虑数据造假的情况。由于 H 节点无法获得传感器节点与 Sink 节点之间的对称密钥，H 节点向 R_t 中加入虚假数据时无法产生合法的加密项，Sink 节点无法利用自身与传感器节点之间的对称密钥对 R_t 中的虚假数据加密项进行解密，根据算法 9-1，Sink 节点会认为 R_t 不具备数据完整性。因此，如果攻击者捕获 H 节点并采用数据造假的方式来破坏 Top-k 查询的数据完整性，VIP-TQ 能够以 100%的概率侦测出不完整的 Top-k 查询结果。

其次，考虑数据替换的情况。数据替换有两种方式：

(1) 对不同传感器节点产生的数据项进行替换。

(2) 对同一传感器节点产生的数据项进行替换。

由于 H 节点无法获得传感器节点与 Sink 节点之间的对称密钥，H 节点只能选择对传感器节点加密后的数据项进行替换。对于前一种替换方式，假设 H 节点用任意传感器节点 $S_i(1\leqslant i\leqslant N)$产生的数据项来替代 $S_j(1\leqslant j\leqslant N,\ i\neq j)$产生的数据项，则必然会导致 Sink 节点用自身与 S_j 的对称密钥 $k_{j,t}$ 来解密其与 S_i 的对称密钥 $k_{i,t}$ 加密的数据项，使得 Sink 节点不能正常解密 R_t 中的加密数据项。根据算法 9-1，Sink 节点会认为 R_t 不具备数据完整性。对于后一种方式，又可分三种情况考虑：

(1) H 节点用 $S_i(1\leqslant i\leqslant N)$在 $T_a(a\in\{1, 2, 3, \cdots, t-1\})$内产生的数据项来替换 S_i 在 T_t 内产生的数据项。

(2) H 节点用 $S_i(1\leqslant i\leqslant N)$在 SR 外产生的数据项来代替 S_i 在 SR 内产生的数据项。

(3) H 节点用 $S_i(1\leqslant i\leqslant N)$在 SR 内产生的非 Top-$k$ 数据项来代替 S_i 在 SR 内产生的 Top-k 数据项。

如果出现第一种情况，必然导致 Sink 节点利用对称密钥 $k_{i,t}$ 去解密经过 $k_{i,a}(a\in\{1, 2, 3, \cdots, t-1\})$加密的数据项，使得 Sink 节点不能正常解密，因而判定 R_t 缺乏完整性；如果出现第二种情况，由于 VIP-TQ 中每个数据项都与其产生位置的 ID 进行了加密绑定，Sink 节点可根据与数据项绑定的位置 ID 号以及 R_t 中包含的位置信息找到对应的位置，然后通过与查询请求中的区域信息相互比对的方法侦测出产生于被查询区域外的数据项；如果出现第三种情况，必然有某一传感器节点，其与自身在 SR 中某一位置上产生的数据项之间的关联关系被打破，即 R_t 中至少存在一个权重 $d_{i,j}^x$ 与其在 R_t 内后继关联的数据项 $D_{i,j}^x$ 满足关系式 $d_{i,j}^x\neq f(D_{i,j}^x)$，其中 $f(\cdot)$为权重评估函数。根据算法 9-1，R_t 同样会被 Sink 节点判定为不具备数据完整性。因此，如果攻击者捕获了 H 节点并通过数据替换的方式来破坏 Top-k 查询的数据完整性，VIP-TQ 能够以 100%的概率侦测出不完整的Top-k 查询结果。

最后，考虑数据丢弃的情况。数据丢弃分为全部丢弃和部分丢弃。

第一，考虑数据全部丢弃的情况。假设 H 节点丢弃了任意传感器节点 $S_i(1\leqslant i\leqslant N)$ 在某一查询子点处产生的全部数据项，并且被丢弃的数据项中包含 Top-k 数据项。在 S_i 可信的情况下，由于 H 节点无法获知传感器节点 S_i 与 Sink 节点之间的对称密钥 $k_{i,t}$，无法伪造出加密项 $E_{k_{i,t}}\{j\}$，为了逃避完整性侦测，H 节点只能在 R_t 中保留 S_i 产生的 $E_{k_{i,t}}\{j, d^1_{L_{i,j}}\}$ 项。令 d_{tail} 表示 R_t 中所有数据项对应权重的最小值，必然有 $d^1_{L_{i,j}}>d_{\text{tail}}$(假设 Top-$k$ 查询选取的是前 k 个权值最大的数据项)，根据算法 9-1，R_t 一定会被认为是不完整的。

第二，考虑数据部分丢弃的情况。假设 H 节点丢弃了任意传感器节点 $S_i(1\leqslant i\leqslant N)$ 在某一查询子点 $L_{i,j}$ 处产生的部分数据项，且被丢弃的数据项中包含 Top-k 数据项，为了保持 S_i 与在 $L_{i,j}$ 产生的数据项的关联关系一致性，H 节点只能选择丢弃这一数据链中从某一个数据项开始以后的所有数据项。假设 S_i 丢弃了数据项 $D^x_{i,j}(1\leqslant x\leqslant \mu_{i,j})$ 以及该数据项以后的所有数据项，根据 VIP-TQ 协议中数据项的关联关系的建立方法，数据项 $D^x_{i,j}$ 对应的权重 $d^x_{i,j}$ 仍会与数据项 $D^{x-1}_{i,j}$ 绑定并保留在 R_t 中。此时，如果 R_t 中的数据项个数小于 k，则 R_t 中应包含 S_i 在 $L_{i,j}$ 处产生的所有数据项，这与上述假设矛盾，因为根据算法 9-1，R_t 被认为不具有数据完整性；如果 R_t 中的数据项的个数等于 k，则一定会有 $d^x_{i,j}>d_{\text{tail}}$。根据算法 9-1，$R_t$ 同样会被认为不具备完整性。因此，如果攻击者捕获了 H 节点并通过数据丢弃的方式来破坏 Top-k 查询的数据完整性，VIP-TQ 同样能够以 100% 的概率侦测出不完整的 Top-k 查询结果。**证毕。**

9.4.2 计算复杂性分析

VIP-TQ 协议采用的两种加密方案都已被证实具有计算复杂度低、安全性高的特点，适合应用于无线传感器网络。对于任意传感器节点 S_i，假设 S_i 在时隙 t 停留的位置个数为 λ_i，并且 S_i 在位置 $L_{i,j}$ 处产生了 μ_{ij} 个数据项，令 N_{i_s} 表示 S_i 利用对称密钥加密的次数，有

$$N_{i\_s}=1+(1+\mu_{ij})\cdot\lambda_i \tag{9-12}$$

令 l_{D} 表示每个数据项的字节，l_{d} 表示数据项对应权值的字节长度，l_{loc} 表示位置信息的字节长度，l_{f} 表示标识符以及顺序号的字节长度，n_{i_0} 表示 S_i 在时隙 t 内未产生感知数据项的位置个数，n_{i_1} 表示 S_i 在时隙 t 内产生感知数据项的位置个数(显然，$\lambda_i=n_{i\_0}+n_{i\_1}$)，$l_{i\_s}$ 表示 S_i 利用对称密钥对其在时隙 t 内产生的数据项以及验证信息进行加密后总的加密字节长度，有

$$l_{i\_s}=(l_{\text{f}}+l_{\text{loc}})\cdot\lambda_i+2\cdot l_{\text{f}}\cdot n_{i\_0}+\sum_{j=1}^{n_1}[\mu_{ij}(l_{\text{D}}+l_{\text{d}})+l_{\text{f}}] \tag{9-13}$$

令 N_{i_0} 和 l_{i_0} 分别表示 S_i 在时隙 t 结束时利用 OPES 加密方案进行加密的次数和所加密数据的字节数，有

$$N_{i\_0}=\sum_{j=1}^{n_{i-1}}\mu_{ij} \tag{9-14}$$

$$l_{i\_0}=\sum_{j=1}^{n_{i-1}}(\mu_{ij}\cdot l_{\text{d}}) \tag{9-15}$$

控制节点的计算开销很小，主要根据数据项对应权值的 OPES 加密信息对数据项进行大小排序；Sink 节点的计算开销主要是对查询结果进行完整性验证，即收到查询结果后执

行算法 9-1，该算法的计算时间复杂度为 $O(n^2)$。由于 Sink 节点具有比传感器节点强得多的计算处理能力，Sink 节点能够较好地执行算法 9-1 中的数据完整性验证。

9.4.3　能耗分析

在无线传感器网络中，节点的能量主要消耗在数据通信上。VIP-TQ 协议中的数据通信分为两个阶段：传感器节点与控制节点之间的数据通信以及控制节点与 Sink 节点之间的数据通信。由于控制节点和 Sink 节点可被认为具有足够充分的能量，因此，本节重点分析传感器节点与控制节点之间所有验证消息的数据通信开销(用 $C_{\mathrm{v\_sm}}$ 表示)，以及对应的安全验证信息比，即验证信息的传输开销与传输所有节点的感知数据的通信开销的比值(用 $R_{\mathrm{vs\_sm}}$ 表示)。

令 χ_{v_ij} 表示 S_i 在第 j 个停留位置产生的除感知数据以及必需的位置和节点 ID 外用于实现数据隐私性保护和完整性验证的额外数据量，l_{id} 表示 S_i 的 ID 或者停留位置 ID 的字节长度，根据式(9-2)、式(9-3)，有

$$\chi_{\mathrm{v}\_ij}=\begin{cases}l_{\mathrm{id}}+l_{\mathrm{f}} & (\mu_{ij}=0)\\ l_{\mathrm{id}}+(l_{\mathrm{id}}+1)+2\times l_{\mathrm{d}}\times\mu_{ij} & (\mu_{ij}>0)\end{cases}\tag{9-16}$$

令 $C_{\mathrm{v\_sm}}^{S_i}$ 表示当前时隙结束时传感器节点 S_i 向对应的控制节点发送除感知数据项以及必需的节点位置和节点 ID 以外的完整性验证信息所消耗的通信代价，有

$$C_{\mathrm{v\_sm}}^{S_i}=2\times((l_{\mathrm{loc}}+l_{\mathrm{id}})\times\lambda_i+\sum_{j=1}^{\lambda_i}\chi_{\mathrm{v}\_ij})\times h_i\tag{9-17}$$

可得

$$C_{\mathrm{v\_sm}}=\sum_{i=1}^{N}C_{\mathrm{v\_sm}}^{S_i}\tag{9-18}$$

为简化计算，本章假设发送 1 b 数据和接收 1 b 数据所消耗的能量相等。因此，在式(9-17)的右边乘以数字 2。

令 $C_{\mathrm{d\_sm}}^{S_i}$ 表示当前时隙结束时传感器节点 S_i 向对应的控制节点发送感知数据项所消耗的通信代价，h_i 表示 S_i 到其对应的控制节点所需的跳数，则有

$$C_{\mathrm{d\_sm}}^{S_i}=2\times l_{\mathrm{D}}\times\sum_{j=1}^{\lambda_i}\mu_{i,j}\times h_i\tag{9-19}$$

可得

$$R_{\mathrm{vs\_sm}}=\frac{C_{\mathrm{v\_sm}}}{\sum_{i=1}^{N}C_{\mathrm{d\_sm}}^{S_i}}\tag{9-20}$$

9.5　实验结果与分析

TMWSN 中安全 Top-k 查询方案和协议的性能评价指标主要包括：Top-k 查询数据完整性的正确侦测概率、单元内传感器节点传输安全验证信息的额外通信代价($C_{\mathrm{v\_sm}}$)以及完成 Top-k 查询完整性验证所需的额外安全验证信息的冗余比($R_{\mathrm{vs\_sm}}$)[15]。令 $A_{\mathrm{d\_sm}}$ 表示在不考虑安全性的情况下单元内的所有传感器节点在一定时间内向数据存储节点传输必要数据

时所发送和接收的数据总量，A_{v_sm} 表示在考虑安全性情况下单元内的所有传感器节点在一定时间内向数据存储节点传输验证信息过程中所发送和接收的验证信息总数据量，则 C_{v_sm} 为单元内的所有传感器节点在参与发送和接收数据量为 A_{v_sm} 的验证信息的过程中所消耗的总能量，而对应的 R_{vs_sm} 可表示为

$$R_{vs\_sm}=\frac{A_{v\_sm}}{A_{d\_sm}+A_{v\_sm}}\times 100\% \tag{9-21}$$

显然，R_{vs_sm} 的值越小，越能显示出 Top-k 安全查询协议的高效性。

由于本章已在上文中对 VIP-TQ 协议关于 Top-k 查询数据完整性的正确侦测概率进行了证明，因此，下文主要给出 VIP-TQ 协议在 C_{v_sm} 和 R_{vs_sm} 方面的实验结果。本章利用仿真工具 OMNET＋＋对 VIP-TQ 协议进行模拟实验，并将其和 Wu 等人于 2016 年提出的 EVTop-k 方案进行对比。默认的实验参数设置如表 9－1 所示。

图 9－2 给出了当其他参数保持不变，而 r_d（传感器节点的数据产生速率）和 N（单元内的传感器节点个数）发生变化时 VIP-TQ 协议和 EVTop-k 方案在 C_{v_sm} 上的性能表现。图 9－2 显示，两种方案所对应的 C_{v_sm} 都会随着 r_d 和 N 的增大而增大，但在相同参数设置情况下，VIP-TQ 所对应的 C_{v_sm} 值明显小于 EVTop-k 所对应的 C_{v_sm} 值。

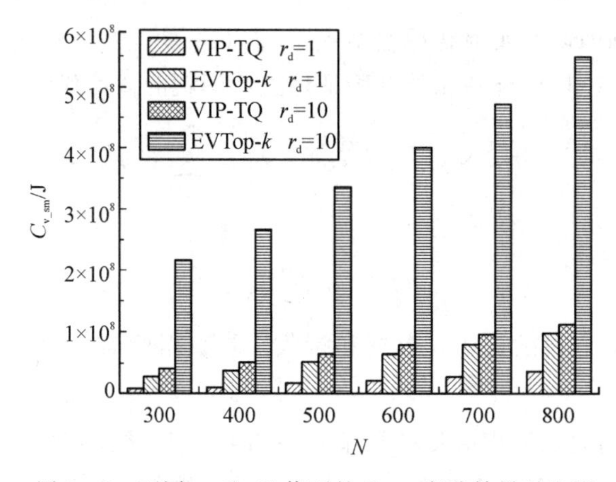

图 9－2　不同 r_d 和 N 值下的 C_{v_sm} 实验结果对比图

图 9－3 给出了在其他参数保持不变而 r_d 和 N 发生变化时 VIP-TQ 协议和 EVTop-k 方案在 R_{vs_sm} 上的性能表现。图 9－3 显示，当 r_d＝10 时，VIP-TQ 协议中 R_{vs_sm} 的值被控

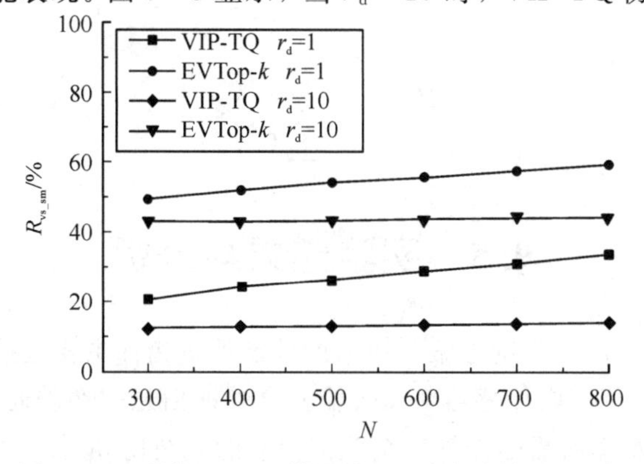

图 9－3　不同 r_d 和 N 值下的 R_{vs_sm} 实验结果对比图

制在 15%以内；而对于 EVTop-k 方案，无论 r_d 取值为 1 还是取值为 10，其所对应的 R_{vs_sm} 的值都在 40%以上。由此可以看出，相对于 EVTop-k 方案，VIP-TQ 协议在保证 TMWSN 中 Top-k 查询安全性的同时实现了更高的能效。

表 9-1　默认参数设置

参数名	参数值	参数名	参数值
单个单元面积	400 m×400 m	节点移动速度	2 m/s
传感器节点的通信半径	50 m	数据项对应权重的长度	20 b
可移动传感器节点所占比例	50%	数据项长度	400 b
发送一个字节消耗的能量	1 J	哈希值字节长度	160 b
接收一个字节消耗的能量	0.5 J	单个节点位置信息的长度	128 b
节点持续静止的时间(T_s)	10 s	时间戳长度	10 b
节点持续运动的时间(T_m)	5 s	节点 ID 长度	10 b

本 章 小 结

为了实现 TMWSN 中的时空 Top-k 查询的数据完整性保护，本章介绍了一种新的安全时空 Top-k 查询处理协议——VIP-TQ。VIP-TQ 包含“在传感器节点上的感知数据与节点动态位置信息预处理”“在数据存储节点上的时空 Top-k 查询处理”以及“在 Sink 节点上的时空 Top-k 查询数据完整性验证”三个层次，利用虚拟化节点技术、位置信息与感知数据信息的间接加密绑定技术、感知数据之间基于权重加密的数据关联技术以及特定设计的时空 Top-k 查询数据完整性验证方法来实现时空 Top-k 查询的数据完整性保护。本章在理论上证明了攻击者在采用数据丢弃、数据造假、数据替换等方式破坏时空 Top-k 查询结果数据完整性时均能被 VIP-TQ 侦测出来，证实了该协议的安全可靠性。实验结果显示，VIP-TQ 所带来的验证信息冗余比远低于其他同类方案对应的验证信息冗余比，具有较高的能效。

第 10 章 传感云系统中的安全查询技术

10.1 基于边缘计算的传感云系统简介

传感云系统(Sensor Cloud System)(简称云)是将传统的 WSN 集成到云计算环境中的一种物联网架构。相对于传统 WSN，传感云系统拥有较多优势，它能够在无需用户部署 WSN 的情况下为用户提供多种类型的感知数据，并可以借助云端的强大计算能力来分担 WSN 的计算密集型任务。基于边缘计算技术的传感云系统(Edge-computing-assisted Sensor Cloud Systems，简称 EC-SCS)[20, 21]是传感云系统的新发展，它不仅能够大大减轻云端服务器的数据存储和处理负担，还能够有效降低网络数据传输量，节约带宽，以及提升网络的响应速度，因而逐渐成为一个热门研究领域。

EC-SCS 不仅能够及时响应远端用户的各类查询请求，还能够为近端用户提供更加快捷的实时查询处理服务。然而，由于 EC-SCS 包含多个异构网络系统，可能需要在多个跨地域的不同节点上对查询请求进行处理，同时，数据的传输也可能需要跨越多个异构网络，因此，EC-SCS 中的查询往往面临更为复杂和严峻的安全挑战。

10.2 研究动机和目标

本章主要研究了 EC-SCS 中 Top-k 查询的安全处理问题。Top-k 查询是 EC-SCS 中一种非常重要的查询方式，它可以从一个大型的感知数据池中检索得分最高(或最低)的 k 个感知数据(项)，有助于用户根据查询结果作出快速决策。其中，可根据感知数据项的得分对感知数据项进行排序，其得分可以根据公共已知的计分函数计算得到。在 EC-SCS 中，Top-k 查询必须借助云服务器和/或边缘服务器进行。因此，一旦服务器受到攻击，Top-k 查询结果的隐私性和完整性可能会受到破坏。事实上，EC-SCS 中的边缘服务器和云服务器在实际应用中都易遭受攻击，因为它们是连接 WSN 和客户端的桥梁，并负责管理和处理从传感器节点收集的许多重要和敏感的数据。因此，我们的研究目标是，在边缘服务器和云服务器都不完全可信的情况下，保护传感器节点产生的感知数据项及其得分的隐私性，并使查询结果的完整性在 EC-SCS 中得到有效验证。

近年来，研究人员提出了许多基于云的可搜索加密方案，这些方案似乎能够解决上述问题。然而，将它们直接植入 EC-SCS 是不切实际的。原因之一是 EC-SCS 中的数据源是分布式的。换句话说，在 EC-SCS 中，外包给边缘服务器或云的传感器数据项是由分布式传感器节点生成的。云中大多数现有的可搜索加密方案要求在将整个文档外包到云之前为该文档构建一个加密的可搜索索引结构(例如，基于树的空间-文本索引)。而在 EC-SCS 中，上传到边缘服务器的数据是由多个分布式传感器节点生成的，在将分布式数据上传到边缘服务器或云服务器之前很难建立这样的索引结构；另一个原因是，大多数现有的基于云的可搜索加密方案只能实现隐私保护，无法验证查询结果的完整性。在过去的十余年中，也有研究人员面向 TWSN 或 TMWSN 提出了一些安全 Top-k 查询处理方案。然而，为了使 Top-k 查询结果的完整性得到验证，现有的许多方案需要附加太多的额外验证数据，这大大增加了网络的通信成本。例如，许多方案要求在每个感应数据项后添加附加消息认证码(MAC)，对于一个长度为 400 位的长感应数据项，其上的每个 MAC 的长度为 160 位。因此，进一步降低因保护数据的隐私性和完整性而增加的计算和通信开销是我们本章展开研究的主要动机。

10.3　相关架构模型

10.3.1　EC-SCS 架构模型

EC-SCS 主要包括传感器网络所有者(Sensor Network Owner，SNO)、边缘服务器(Edge Servers，ES)、云服务器(Cloud Servers，CS)和无线传感器网络(WSN)，其结构模型如图 10－1 所示。在此模型中，每个 SNO 拥有一个 WSN，每个 ES 为一个 WSN 服务。每个 WSN 包含 N 个传感器节点，这些节点负责传感和产生感知数据项(如温度、湿度和智能仪表的读数)，每个 WSN 都与一个 ES 直接相连，边缘服务器定期收集其负责管理的 WSN 中传感器节点产生的感应数据项。收集到的数据经过边缘服务器处理后，可以传送到云端，也可以在本地边缘服务器上进行处理和存储，以供进一步使用，例如，为本地终端用户(End User，EU)提供数据检索服务。如果一个非本地 EU 希望检索感兴趣的感知数据项，它需要首先向云发送一个查询请求(例如，Top-k 查询)；收到查询请求后，CS 首先根据自身保存的 WSN-ES 映射表查询到查询请求所查询的 WSN 对应的 ES，然后将查询请求发送到对应的 ES 上；当对应的 ES 接收到查询请求后，它面向本地数据库进行数据检索，并将满足查询要求的查询结果发送回 CS；最后，收到查询结果的 CS 将该结果发送到发起查询请求的 EU。

整个 EC-SCS 系统的生命周期被划分为多个等长的时隙，每个时隙的长度为 T，这个长度也是每个传感器节点向边缘服务器上传其数据报告的时间周期。假设系统中有一个公共评分函数 $f(*)$，此函数用于计算每个感知数据项的得分。对于任何感知数据项 D，其得分 d 可以根据式子 $d=f(D)$ 计算得出，得分将用于确定 D 在一组感知数据项中的排序。

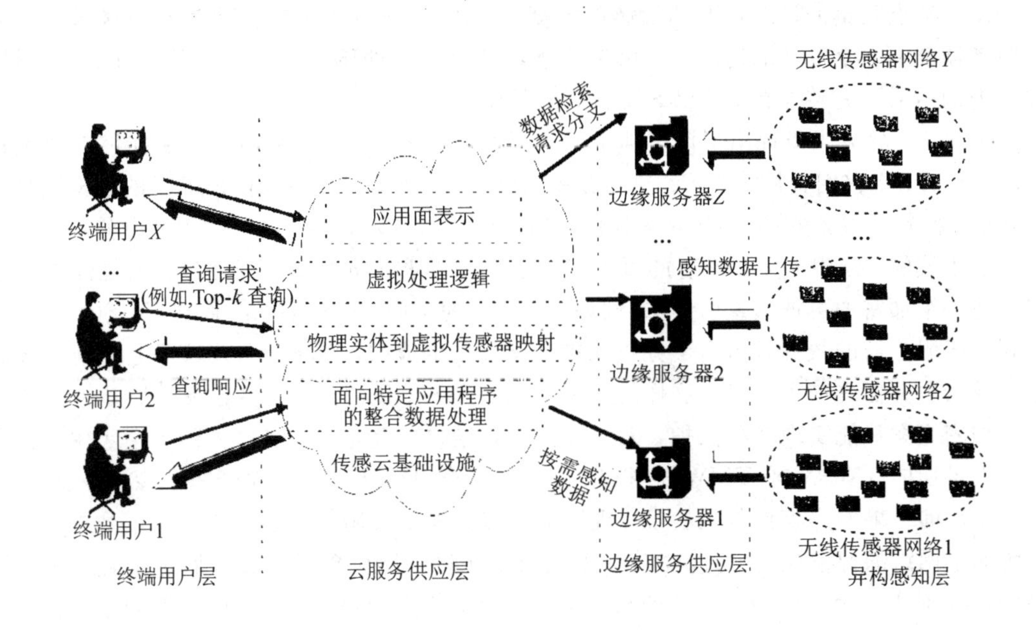

图 10-1　EC-SCS 模型

在不失一般性的前提下，我们假设由各传感器节点产生的各(感知)数据项是不同的，它们的得分也是不同的。令 $\mu_{i,t}$ 表示在第 t 个时隙 T_t 内由传感器节点 S_i 生成的感知数据项的总数，那么，在时隙 T_t 内由传感器节点 S_i 生成的全部数据可表示为数据集$\{D_{i,1}^t, D_{i,2}^t, D_{i,3}^t, \cdots, D_{i,\mu_{i,t-1}}^t, D_{i,\mu_{i,t}}^t\}$。其中，$D_{i,j}^t$ 表示在时隙 T_t 内由传感器节点 S_i 生成的所有感知数据项序列(按得分由高到低排列)中的第 j 个感知数据项，换句话说，上述数据集中的数据满足 $f(D_{i,1}^t) > f(D_{i,2}^t) > \cdots > f(D_{i,\mu_{i,t}}^t)$。在 EC-SCS 中，用户可以发起多种类型的查询请求。本章主要研究 Top-k 查询 Q_{top}，其元语言描述如下：

$$Q_{\text{top}} = \{\text{ID}_{\text{Top-}k}, \text{ID}_{\text{WSN}}, T_t, k\} \tag{10-1}$$

其中，$\text{ID}_{\text{Top-}k}$ 是 Top-k 查询的标识，T_t 表示查询的时隙，k 表示请求的得分最高(或最低)的数据项的数量。为了研究方便，我们声明顶部数据项是得分最高的项目，而不是得分最低的项目。

为了便于描述，我们给出了本章中使用的一些术语的定义。

(1) 合格 Top-k 数据项与不合格 Top-k 数据项：给定 Top-k 查询 $Q_{\text{top}} = \{\text{ID}_{\text{Top-}k}, \text{ID}_{\text{WSN}}, T_t, k\}$，若某传感器节点确实生成某感知数据项，且该感知数据项得分排序属于 ID 为 ID_{WSN} 的 WSN 中生成的所有真实感知数据项中得分最高(最低)的前 k 项中，则该感知数据项是 Q_{top} 对应的 Top-k 合格数据项，否则，检测到的数据项为 Q_{top} 合格传感器节点对应的不合格数据项。

(2) 合格传感器节点与不合格传感器节点：给定 Top-k 查询 $Q_{\text{top}} = \{\text{ID}_{\text{Top-}k}, \text{ID}_{\text{WSN}}, T_t, k\}$，如果一个传感器节点至少生成一个符合条件的 Top-k 数据项，则该传感器节点是 Q_{top} 对应的一个合格传感器节点，否则，该传感器节点是 Q_{top} 对应的不合格传感器节点。

(3) Q_{top} 查询结果的完整性：给定 Top-k 查询 $Q_{\text{top}} = \{\text{ID}_{\text{Top-}k}, \text{ID}_{\text{WSN}}, T_t, k\}$，如果其查询结果 R_{top} 同时满足以下两个条件，则认为 R_{top} 是完整的：

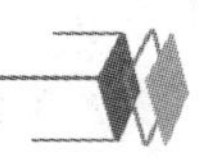

① R_{top} 中的合格数据项均包含在 R_{top} 内；

② 若 R_{top} 中存在不合格的 Top-k 数据项，则合格数据项的得分必须全部大于 R_{top} 中不合格数据项的得分(本章假设所求的 Top-k 数据项是被查询数据集中得分最大的前 k 个数据项)。

本章使用的符号及其相应的含义如表 10－1 所示。

表 10－1 本章用到的符号及其含义

符 号	含 义
$ID_{Top\text{-}k}$	Top-k 查询请求的 ID
ID_{WSN}	WSN 的 ID
N	单个 WSN 中传感器节点的总数
CSP	云服务提供商
FG_{begin}	传感器节点产生的最大感知数据的标志
FG_{end}	传感器节点产生的最小感知数据的标志
T	单个时隙的时间长度
T_t	第 t 个时隙
S_i	ID 为 i 的传感器节点($0<i\leqslant N$)
Q_{top}	Top-k 查询请求
R_{top}	Q_{top} 对应的 Top-k 查询的结果
$D_{i,j}^t$	在时隙 T_t 内由传感器节点 S_i 生成的所有感知数据项中得分排第 j 位的感知数据项
$d_{i,j}^t$	在时隙 T_t 内由传感器节点 S_i 生成的所有感知数据项中得分排在第 j 位的感知数据项的得分
K_i^t	预加载在 S_i 和 EU 上的共享对称密钥
$DR_{S_i}^t$	在时隙 T_t 内 S_i 产生的数据报告
$E_{K_i^t}\{*\}$	使用基于成对密钥的对称加密方案进行的加密操作
$E_{OPE}\{*\}$	使用 OPE 方案的加密操作
$RST_{S_i}^t$	$DR_{S_i}^t$ 的处理结果(由边缘服务器处理)
$\mu_{i,t}$	在第 t 个时隙 T_t 内传感器节点 S_i 生成的感知数据项的总数
$n_{i,t}$	在 T_t 内 S_i 产生的 Top-k 查询结果中合格的数据项的总数

10.3.2 EC-SCS 架构模型的安全性与面临的主要威胁

本节主要描述 EC-SCS(架构)模型的安全性和其面临的主要威胁。在 EC-SCS 模型中，假设并非所有的云服务器都是不可信的。换句话说，假设云中至少存在一个可信服务器，而其他服务器可以是不可信的。我们认为这是一个合理的假设，理由如下：

(1) 在实际应用中，云中必须有一些可信任的服务器，否则没有人愿意使用云；

(2) 假设云中的所有服务器都是可信任的。可信的云服务器可以被视为可信的中央权威(Central Authority, CA)。EU 和 SNO 可以通过 CA 使用以云为中心的认证方案进行认证，如 CMULA 方案。

本章假设系统中没有安全通道。换句话说，所有的通道都在窃听者的窃听范围之内。同时，假设边缘服务器是不可信的，并假设一个不可信的边缘服务器或者云服务器能够发起以下攻击：

(1) 隐私攻击：服务器对从传感器节点收集的感应数据项及其相应的得分感兴趣，并试图获得它们的确切值。

(2) 完整性攻击：当处理一个 Top-k 查询时，服务器故意以一个不完整的查询结果来响应启动该查询的 EU。为了破坏 Top-k 查询结果的完整性，一个不受信任的服务器可以采取多种方法。例如，它可以用不合格的 Top-k 数据项替换合格的 Top-k 项，或者直接从查询结果中删除合格的 Top-k 数据项，而不进行任何替换。

值得注意的是，不完全可信的边缘服务器或云服务器可能拒绝响应 EU，并且不发送任何查询结果。如果发生这种情况，EU 可以推断，边缘服务器或云服务器一定受到了攻击或者出现了故障，那么，EU 可以向网络操作者报告这种异常事件。因此，我们假设任何边缘服务器或云服务器在收到 Top-k 查询时都会返回查询结果。

本章假设 EU 和传感器节点都是可信的。虽然传感器节点在实践中也可能受到损害，但通过损害几个传感器节点来破坏 Top-k 查询结果远不如攻击边缘服务器或云服务器造成的影响严重。本章设计的算法应该达到以下安全性能：

(1) 感知数据项及其评分的隐私保护。该算法应使 EU 在不损失感知数据项及其评分隐私性的情况下获得合格的 Top-k 查询结果。具体来说，所有感知数据项及其得分不应该泄露给边缘服务器和云服务器以及 EC-SCS 中的窃听者。

(2) Top-k 查询结果的可验证完整性。该算法应该使 EU 能够高精度地验证从 EC-SCS 中返回的 Top-k 查询结果的数据完整性。

10.4 STK-ESC 方案

10.4.1 STK-ESC 方案概述

正如本章 EC-SCS 架构模型小节中描述的那样，EC-SCS 涉及以下各方：EU、SNO、WSN、中央权威(CA)、边缘服务器(ES)和云服务器(CS)。为了实现 EC-SCS 中 Top-k 查询的高安全性和高效率，STK-ESC 要求上述各方遵循算法 10－1，即方案 STK-ESC 的总体描述。

算法 10－1 STK-ESC 方案总体描述

1. CA 根据算法 10－2 和算法 10－3 中的密钥发放策略向 SNO 和 EU 分发密钥
2. WSN 中的每个传感器节点利用双密钥加密和 OPE 加密技术对感知数据项和其相应的数据得分进行加密处理，并基于算法 10－4 中所示算法生成数据报告
3. WSN 中的每个传感器节点定期将其数据报告上传至其对应的边缘服务器
4. if 任何 EU 启动了一个 Top-k 查询，then
5. 　　它将查询发送到云服务器
6. 　　云服务器将查询发送到对应的边缘服务器，边缘服务器管理被查询的 WSN

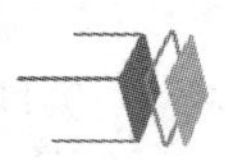

7.　对应的边缘服务器基于算法 10-4 中的算法进行查询处理并将查询结果发送回云服务器
8.　若云服务器接收到来自边缘服务器的查询结果，它将查询结果发送到 EU
9. end if
10. if 任何 EU 收到 Top-k 查询结果，then
11.　基于算法 10-5 中所给算法验证查询结果的完整性
12.　if Top-k 查询结果被验证是完整的，then
13.　　接受查询结果
14.　else
15.　　丢弃查询结果，并向网络操作员发送一个错误报告
16.　end if
17. end if

10.4.2　STK-ESC 方案中的密钥发放策略

在 STK-ESC 方案中，所有的密钥或关键材料都由 CA 发放，其分发过程如图 10-2 所示。STK-ESC 结合了两种不同的轻量级方案：保留顺序加密(MOPE)方案和基于双密钥的对称加密(PSE)方案。MOPE 方案用于对感知数据项的得分进行加密或解密，PSE 方案用于对感知数据项进行加密或对被加密的感知数据项进行解密。在 OPE 方案中，对于任意两个数据得分 d_i 和 d_j，如果有 $d_i > d_j$，则有 $E_{OPE}(d_i) > E_{OPE}(d_j)$，其中 $E_{OPE}(d_i)$ 和 $E_{OPE}(d_j)$ 分别为 d_i 和 d_j 的密文。利用 OPE 方案的这一特性，边缘服务器可以在不对加密数据进行解密的前提下确定分值最大的前 k 个加密感知数据项。

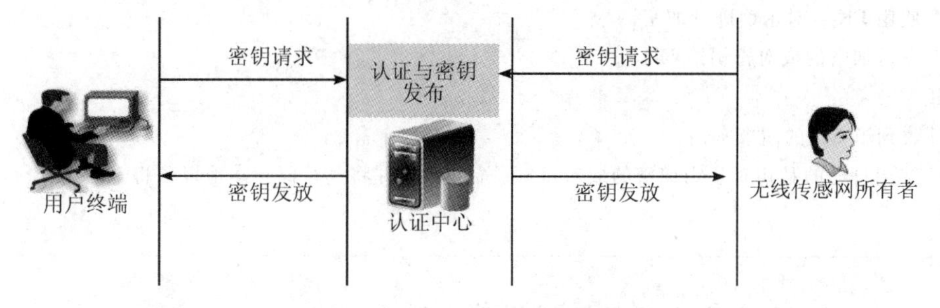

图 10-2　CA 密钥发放过程

在部署自己的传感器节点之前，SNO 需要向 CA 发送一个密钥请求消息 MSG_{SNO}：{Type，Id_{SNO_i}，$IdSET_{WSN}$，PK_{SNO}，$CMULA_{SNO}$}，请求 OPE 方案和 PSE 方案中使用的密钥和密钥材料，其中 Type 指消息类型，Id_{SNO_i} 为 SNO_i 的 ID，$IdSET_{WSN}$ 是 SNO 的所有 WSN 中的传感器节点的 ID 集合，PK_{SNO} 是 SNO 的公钥，$CMULA_{SNO}$ 表示 SNO 必需的认证信息。CA 使用某些身份认证技术如 CMULA 方案[6]对 SNO 进行身份识别，并在 SNO 通过认证时，CA 向 SNO 发送所需的密钥和密钥材料。然后，SNO 将该密钥和密钥材料预加载到传感器节点，并将它们部署到应用领域。同时，每个 EU 还需要向 CA 索取密钥，这些密钥可以用来解密查询结果中的加密数据项。为了使 CA 和每个 EU 之间的通道以及 CA 和 SNO 之间的通道安全，可以利用一些基于公钥的加密机制。具体而言，STK-ESC 中的密钥分配过程的算法 10-2 和算法 10-3 如下。

算法 10-2 STK-ESC 方案密钥分发过程中 SNO 与 CA 之间的交互算法

1. SNO→CA：MSG_{SNO}：{Type，Id_{SNO_i}，$IdSET_{WSN}$，PK_{SNO}，$CMULA_{SNO}$}
2. CA 根据 MSG_{SNO} 中的认证信息 $CMULA_{SNO}$ 对 SNO 进行认证
3. if SNO 通过认证，then
4. CA 记录 MSG_{SNO} 包含的信息
5. CA 给 $IdSET_{WSN}$ 中每个传感器节点分配一个不同的成对密钥
6. CA 利用 PK_{SNO} 对成对密钥和 OPE 密钥材料进行加密
7. CA 向 SNO 发送加密密钥和密钥材料
8. end if
9. if SNO 收到 CA 要求的密钥和密钥材料，then
10. SNO 使用自己的私钥对公钥加密的密钥和密钥材料进行解密
11. SNO 将成对密钥和 OPE 密钥材料预加载到本地 WSN 中相应的传感器节点上
12. end if

算法 10-3 STK-ESC 方案密钥分发过程中 EU 与 CA 之间的交互算法

1. EU→CA：MSG_{EU}：{Type，Id_{EU}，$IdSET_{WSN}$，PK_{EU}，$CMULA_{EU}$}
2. 基于 CMULA 方案，CA 根据 MSG_{EU} 中的认证信息 $CMULA_{EU}$ 对 EU 进行认证
3. if EU 通过认证，then
4. 　CA 在 $IdSET_{WSN}$ 中找出分配给各个传感器节点的不同的成对密钥
5. 　CA 使用 PK_{EU} 对密钥进行加密
6. 　CA 发送加密的成对密钥给 EU
7. end if
8. if EU 收到了 CA 的请求密钥，then
9. 　EU 使用自己的私钥对公钥加密的成对密钥进行解密，并将其存储到本地以备将来使用。
10. end if

10.4.3 STK-ESC 方案中的数据报告生成策略

在将数据报告上传到相应的边缘服务器之前，每个传感器节点应该预处理自己的数据以增强安全性。算法 10-4 给出了任意传感器节点 S_i（$0<i\leqslant N$）生成数据报告的具体过程，其中考虑了三种情况：$\mu_{i,t}=0$、$\mu_{i,t}=1$ 以及 $\mu_{i,t}>1$。

第一种情况对应 1～3 行，其中 $E_{K_i^t}\{FG_{begin}, FG_{end}\}$被放入数据报告$DR_{S_i}^t$ 中，以证明在第 t 时隙传感器节点 S_i 没有产生感知数据；

第二种情况(4～6 行)，$E_{K_i^t}\{FG_{begin}, D_{i,1}^t, FG_{end}\}$需要包括在$DR_{S_i}^t$ 内，表示在 T_t 时隙传感器节点 S_i 只生成了一个感知数据；

在第三种情况下(7～9 行)，每个感知数据项与其相邻数据项的得分进行绑定加密，然后将加密项作为$DR_{S_i}^t$ 内容的一部分。构建感知数据项之间的这种链式关系是为了防止攻击者破坏 Top-k 查询结果的完整性。此外，在后两种情况下，每个数据的得分都需要使用

MOPE 方案进行加密并放入$DR_{S_i}^t$中，使边缘服务器能够成功地处理 Top-k 查询，而不需要知道感知数据项及其相应得分的确切值，因为得分的排序在被 MOPE 加密前后保持不变。

算法 10－4　传感器节点 $S_i(0<i\leqslant N)$的数据报告生成算法

1. if $\mu_{i,t}==0$ then
2. $DR_{S_i}^t=\{i, t, E_{K_i^t}\{FG_{begin}, FG_{end}\}\}$
3. end if
4. if$\mu_{i,t}==1$ then
5. $DR_{S_i}^t=\{i, t, E_{OPE}\{d_{i,1}^t\}, E_{K_i^t}\{FG_{begin}, d_{i,1}^t\}, E_{K_i^t}\{FG_{begin}, d_{i,1}^t, FG_{end}\}\}$
6. end if
7. if $\mu_{i,t}>1$ then
8. $DR_{S_i}^t=\{i, t, E_{OPE}\{d_{i,1}^t\}, E_{K_i^t}\{FG_{begin}, d_{i,1}^t\}, E_{K_i^t}\{FG_{begin}, D_{i,1}^t, D_{i,2}^t\},$
   $E_{OPE}\{d_{i,2}^t\}, E_{K_i^t}\{D_{i,2}^t, d_{i,3}^t\}, \cdots, E_{OPE}\{d_{i,\mu_{i,t-1}}^t\}, E_{K_i^t}\{D_{i,\mu_{i,t-1}}^t, d_{i,\mu_{i,t}}^t\},$
   $E_{OPE}\{d_{i,\mu_{i,t}}^t\}, E_{K_i^t}\{D_{i,\mu_{i,t}}^t, d_{i,\mu_{i,t}}^t, FG_{end}\}\}$
9. end if
10. Return $DR_{S_i}^t$

10.4.4　STK-ESC 方案中的查询处理方法

在 STK-ESC 方案中，如果一个云服务器接收到一个 Top-k 查询，它首先通过检查 WSN 与边缘服务器的映射关系表找到相应的边缘服务器，然后将查询发送到相应的边缘服务器；如果边缘服务器接收到指定由其管理的 WSN 的 Top-k 查询，则基于算法 10－5 中的算法处理查询，其输出是最终的查询结果。然后，边缘服务器将查询结果直接（如果边缘服务器直接从 EU 接收查询）或者间接（通过云服务器）返回给发起查询的 EU。

在算法 10－5 中，边缘服务器首先通过比较传感器节点的 MOPE 加密分数（第 1 行）找出由成对密钥加密的合格 Top-k 感知数据项；然后对每个传感器节点 S_i $(0<i\leqslant N)$的数据报告$DR_{S_i}^t$进行处理，$DR_{S_i}^t$实际处理的结果是$RST_{S_i}^t$；最后将所有数据报告的处理结果与查询 ID 一起打包，并将它们发送回 EU。当处理每个传感器节点 S_i $(0<i\leqslant N)$的数据报告$DR_{S_i}^t$时，它首先计算 $n_{i,t}$ 和 $\mu_{i,t}$ 的值；然后，考虑了 4 种情况确定$RST_{S_i}^t$的内容，即 $n_{i,t}==0$ && $\mu_{i,t}==0$（第 5～7 行），$n_{i,t}==0$ && $\mu_{i,t}>0$（第 8～10 行），$n_{i,t}==\mu_{i,t}$ && $0<n_{i,t}\leqslant k$（第 11～18 行），$0<n_{i,t}\leqslant k$ && $\mu_{i,t}>n_{i,t}$（第 19～21 行）。在此算法中，$RST_{S_i}^t$只是$DR_{S_i}^t$的子集，边缘服务器只是从$DR_{S_i}^t$删除不同的条目，从而产生不同情况下的$RST_{S_i}^t$。

算法 10－5　边缘服务器上的 Top-k 查询处理算法

输入：$Q_{top}=\{ID_{Top\text{-}k}, ID_{WSN}, T_t, k, \bigcup_{i=1}^{N}\{DR_{S_i}^t\}\}$

输出：R_{top}

1. 通过比较成对密钥加密的感知数据项的 MOPE 加密得分，找出前 k 项成对密钥加密的感知数据项
2. for $i==1$ to N do
3. 　根据前 k 项的成对密钥加密的感知数据项计算 $n_{i,t}$
4. 　通过计算在$DR^t_{S_i}$ 中 MOPE 密钥加密的得分，来决定 $\mu_{i,t}$ 的值
5. if $n_{i,t}==0$, $\mu_{i,t}==0$ then
6. 　$RST^t_{S_i}=\{i, t, E_{K^t_i}\{FG_{begin}, FG_{end}\}\}$
7. end if
8. if $n_{i,t}==0$ && $\mu_{i,t}>0$ then
9. 　$RST^t_{S_i}=\{i, t, E_{K^t_i}\{FG_{begin}, d^t_{i,1}\}\}$
10. end if
11. if $0<n_{i,t}==\mu_{i,t}\leqslant k$ then
12. 　if $n_{i,t}==1$ then
13. 　　$RST^t_{S_i}=\{i, t, E_{K^t_i}\{FG_{begin}, D^t_{i,1}\}, FG_{end}\}$
14. 　end if
15. 　if $n_{i,t}>1$ then
16. 　　$RST^t_{S_i}=\{i, t, E_{K^t_i}\{FG_{begin}, D^t_{i,1}, d^t_{i,2}\}, \cdots\cdots, E_{K^t_i}\{D^t_{i,\mu_{i,t-1}}, d^t_{i,\mu_{i,t}}\}, E_{K^t_i}\{D^t_{i,\mu_{i,t}}, FG_{end}\}\}$
17. 　　end if
18. end if
19. if $0<n_{i,t}\leqslant k$, $\mu_{i,t}>n_{i,t}$ then
20. 　$RST^t_{S_i}=\{i, t, E_{K^t_i}\{FG_{begin}, D^t_{i,1}, d^t_{i,2}\}, \cdots, E_{K^t_i}\{D^t_{i,2}, d^t_{i,3}\}, E_{K^t_i}\{D^t_{i,\mu_{i,t}}, d^t_{i,n_{i,t+1}}\}\}$
21. end if
22. end for
23. $RST^t_{S_i}=\{ID_{Top\text{-}k}, RST^t_{S_1}, RST^t_{S_2}, \cdots, RST^t_{S_N}\}$

10.4.5 STK-ESC 方案中查询结果的数据完整性验证方法

在 STK-ESC 方案中，每个 EU 根据算法 10-6 给出的数据完整性验证算法来检验查询结果的数据完整性。在算法的第一行中，初始化了 5 个变量，即 $R_{completeness}$、d^t_{tail}、d^t_{head}、$FLAG_{drop}$ 和 M。其中，$R_{completeness}$ 是一个布尔变量，如果其最终值为真，则表明 R_{top} 为完整的；d^t_{tail} 和 d^t_{head} 分别记录 R_{top} 中感知数据项的最小得分和查询时隙中生成的且不包含在 R_{top} 中的所有感知数据项的最大得分；$FLAG_{drop}$ 是一个标志，如果在查询时隙至少有一个感知数据项没有放入 R_{top} 中，则将其值设置为真；M 记录 R_{top} 中感知数据项的总数。

在算法 10-6 所给算法的后几行中，EU 首先检查 R_{top} 是否包含每个传感器节点 $S_i(\forall_i\in\{1, 2, \cdots, N\})$的数据报告$RST^t_{S_i}$。如果至少有一个这样的数据报告不在 R_{top} 中，R_{top} 则被认为是不完整的，因为它表明边缘服务器没有遵循算法 10-5 描述的查询处理过程。然后，STK-ESC 通过结合局部验证和全局验证来完成 R_{top} 的完整性验证。具体来说，在局部验证中，它对每个 $i\in\{1, 2, \cdots, N\}$进行验证，并检查是否存在一些线索(例如，算法 10-6 中第 2，6，10，22，35 和 39 行中的一个或多个条件)，验证这些线索的完整性。如果至少有一条这样的线索被发现，R_{top} 就被认为是不完整的。在全局验证中，STK-ESC 主要

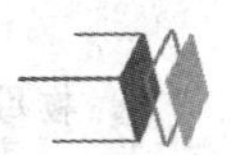

根据一些全局变量确定 R_{top} 的完整性，相应的验证步骤在算法 10-6 的第 50～55 行中给出。

算法 10-6　EU 上查询结果的数据完整性验证

输入：$R_{top}=\{ID_{S-k}, RST^t_{S_1}, RST^t_{S_2}, \cdots, RST^t_{S_{N-1}}, RST^t_{S_N}\}$,

　　$Q_{top}=\{ID_{Top\text{-}k}, ID_{WSN}, T_t, k\}$，一组成对密钥 $\{K^t_1, K^t_2, \cdots\cdots, K^t_{N-1}, K^t_N\}$；

输出：$R_{completeness}$

1. $R_{completeness}=$true，$d^t_{tail}=0 d^t_{head}=0$，$FLAG_{drop}=$false，$M=0$
2. if　在 R_{top} 中 $RST^t_{S_i}$ 的数量不等于 N　then
3. 　设置 $R_{completeness}=$false 并返回 $R_{completeness}$ 的值
4. end if
5. for each i，$i\in\{1, 2, \cdots, N\}$ do
6. 　if $RST^t_{S_i}$ 中不包含任何成对密钥加密的数据项 then
7. 　　设置 $R_{completeness}=$false 并返回 $R_{completeness}$ 的值
8. 　end if
9. 　在 $RST^t_{S_i}$ 中，将所有使用 K^t_i 进行成对密钥加密的数据项解密
10. 　if 任何被成对密钥加密的数据项不能正常解密 then
11. 　　设置 $R_{completeness}=$false 并返回 $R_{completeness}$ 的值
12. 　end if
13. 　if $RST^t_{S_i}$ 包含 $E_{K^t_i}\{FG_{begin}, FG_{end}\}$ then
14. 　　continue
15. 　end if
16. 　计算 $RST^t_{S_i}$ 在感知数据项中的总数目 $n_{i,t}$
17. 　$M=M+n_{i,t}$
18. 　计算 $RST^t_{S_i}$ 中最小感知数据项的得分 $d^t_{i\text{-smallest}}$
19. 　if $d^t_{tail}>d^t_{i\text{-smallest}}$ then
20. 　　$d^t_{tail}=d^t_{i\text{-smallest}}$
21. 　end if
22. 　if 在 $RST^t_{S_i}$ 中不仅包含 $E_{K^t_i}\{FG_{begin}, d^t_{i,1}\}$，还有一些被成对密钥加密的感知数据项，then
23. 　　设置 $R_{completeness}=$false 并返回 $R_{completeness}$ 的值
24. 　end if
25. 　if 在 $RST^t_{S_i}$ 中最初仅包含 $E_{K^t_i}\{FG_{begin}, d^t_{i,1}\}$ then
26. 　　$FLAG_{drop}=$true
27. 　　if　$d^t_{head}<d^t_{i,1}$　then
28. 　　　$d^t_{head}=d^t_{i,1}$
29. 　　end if
30. 　　continue
31. 　end if
32. 　if 在 $RST^t_{S_i}$ 中最初包含了 $E_{K^t_i}\{FG_{begin}, D^t_{i,1}, FG_{end}\}$　then
33. 　　continue;
34. 　end if
35. 　if 在 $RST^t_{S_i}$ 中最初不包含 $E_{K^t_i}\{FG_{begin}, D^t_{i,1}, d^t_{i,2}\}$　then

36. 设置 $R_{completeness}$=false 并返回 $R_{completeness}$ 的值
37. end if
38. for each $j \in \{1, 2, \cdots, n_{i,t}\}$ do
39. if $d^t_{i,j} \neq f(D^t_{i,j})$，其中 $(d^t_{i,j}, D^t_{i,j})$ 是最初包含在 $RST^t_{S_i}$ 中的一个"得分-数据项"映射对 then
40. 设置 $R_{completeness}$=false 并返回 $R_{completeness}$ 的值
41. end if
42. end for
43. if $E_{K^t_i}\{D^t_{i,\mu_{i,t}}, FG_{end}\}$ 最初不在 $RST^t_{S_i}$ 中 then
44. F_{drop}=true
45. if $d^t_{head} < d^t_{i,n_{i,t+1}}$，$d^t_{i,n_{i,t+1}}$ 最初在 $RST^t_{S_i}$ 中且是最后一个加密项 then
46. $d^t_{head} = d^t_{i,n_{i,t+1}}$
47. end if
48. end if
49. end for
50. if $M > k$ 或者 $d^t_{head} > d^t_{tail}$ then
51. 设置 $R_{completeness}$=false 并返回 $R_{completeness}$ 的值
52. end if
53. if $M < k$ 并且 F_{drop}=true then
54. 设置 $R_{completeness}$=false 并返回 $R_{completeness}$ 的值
55. end if
56. 返回 $R_{completeness}$ 的值

10.5 EC-SCS 架构模型下查询方案的安全性分析

10.5.1 STK-ESC 方案的隐私性分析

定理 10-1 在 10.3.1 小节给出的 EC-SCS 模型下，STK-ESC 方案能够实现 EC-SCS 中所有传感器节点产生的感知数据项及其评分的数据隐私性保护。

证明 根据算法 10-4，感知数据项及其得分在传输到边缘服务器之前，分别使用基于成对密钥的加密方案和 MOPE 技术对感知数据项及其得分进行加密。此外，根据算法 10-2 和算法 10-3，成对密钥和 MOPE 加密材料只能由经认证的 SNO 和 EU 以及它们自己的无线传感器网络获得，而不可信的边缘服务器、云服务器和窃听者不能发现感知数据项的确切值以及它们的得分。因此，在 10.3.1 小节给出的 EC-SCS 模型下，STK-ESC 可以保护 EC-SCS 中所有传感器节点的感知数据项及其得分的隐私性。**得证**。

10.5.2 STK-ESC 方案的数据完整性分析

定理 10-2 在 10.3.1 小节给出的安全模型下，如果一个 Top-k 查询结果 R_{top} 是不完整的，且这种破坏是由非完全可信的边缘服务器或者云服务器造成的，STK-ESC 方案都能

够确保 EU 以 100%的成功概率检测到 R_{top} 的不完整性。

证明　根据 10.3.1 小节给出的安全模型，非可信边缘服务器或云服务器主要通过以下方法来破坏 Top-k 查询结果 R_{top} 的完整性：

第一种方法：在不进行任何替换的情况下，从 R_{top} 中删除部分或全部合格的感知数据项。

第二种方法：从 R_{top} 中删除部分或全部合格的感知数据项，并将伪造的或真实但不合格的数据项放入 R_{top} 中。

首先考虑边缘服务器或云服务器使用第一种方法的情况。在这种情况下，R_{top} 留下的感知数据项的数量必须小于 k。那么，至少会出现以下两种情况中的一种：

- 情况 1：至少有一个合格的传感器节点 $S_i(\forall_i \in \{1, 2, \cdots, N\})$，其合格的感知数据项被部分删除。
- 情况 2：至少有一个合格的传感器节点 $S_i(\forall_i \in \{1, 2, \cdots, N\})$，其感知数据项完全被从 R_{top} 的$\mathrm{RST}^t_{S_i}$ 中删除。

在情况 1 中，根据算法 10-6 中的第 35～37 行中，$E_{K_i^t}\{\mathrm{FG}_{begin}, D^t_{i, u_{i,t}}, \mathrm{FG}_{end}\}$必须在$\mathrm{RST}^t_{S_i}$，且 $E_{K_i^t}\{D^t_{i, u_{i,t}}, \mathrm{FG}_{end}\}$必须不在$\mathrm{RST}^t_{S_i}$ 中(如果$\mathrm{RST}^t_{S_i}$ 包含 $E_{K_i^t}\{D^t_{i, u_{i,t}}, \mathrm{FG}_{end}\}$，则由感知数据项形成的链式关系及其得分将被打破)。然后必须根据算法 10-6 中的第 43～44 行，将 F_{drop} 设置为 true。最后，必须根据算法 10-6 中的 53～55 行来验证 R_{top} 是不完整的。在情况 2 中，如果$\mathrm{RST}^t_{S_i}$ 不包含 $E_{K_i^t}\{\mathrm{FG}_{begin}, d^t_{i,1}\}$，则根据算法 10-6 中的第 6～12 行，$R_{top}$ 被验证为不完整的。如果$\mathrm{RST}^t_{S_i}$ 包含 $E_{K_i^t}\{\mathrm{FG}_{begin}, d^t_{i,1}\}$，则根据算法10-6 中的 25～26 行将 F_{drop} 设置为 true；并且根据算法 10-6 中的第 53～55 行，R_{top} 也被验证为不完整的。

然后考虑非可信边缘服务器采用后一种方法破坏 R_{top} 完整性的情况。如上所述，边缘服务器有两种选择来完成替换。第一种选择是用伪造的数据项替换合格的数据项。由于边缘服务器和云服务器不知道传感器节点的成对密钥，它们不能生成合法的成对密钥加密的数据项，对于这些数据项，攻击者可以利用成对密钥进行非正常破译。因此，如果它们选择这样的方式发动完整性破坏攻击，根据算法 10-6 中的第 10～12 行，必定能检测到 R_{top} 的不完整性。第二种选择是用真实但不合格的数据项替换合格的数据项。在这种选择下，至少会出现以下 3 种情况中的一种：

- 情况 1：将有一个传感器节点 S_i，其合格的数据项部分或完全退出 R_{top}，并在 R_{top} 中用自身生成的一些真实但不合格的数据项进行替换；
- 情况 2：将有一个传感器节点 S_i，其部分合格的数据项不在 R_{top} 中，用其他传感器节点生成的真实但不合格的数据项对 R_{top} 中的数据项进行替换；
- 情况 3：将有一个传感器节点 S_i，R_{top} 中合格的数据项全部丢弃，用其他传感器节点生成的真实但不合格的数据项对 R_{top} 中的数据项进行替换；

首先，如果情况 1 发生时，则必须打破 R_{top} 中$\mathrm{RST}^t_{S_i}$ 的得分-数据项(score-data 对的一致性，并根据算法 10-6 的第 38～42 行验证$\mathrm{RST}^t_{S_i}$ 是否完整。

其次，考虑情况 2。在算法 10-6 的第 25～31 行和 43～48 行以及算法 10-6 中的外循环，保证 d^t_{head} 等于在查询时隙 EC-SCS 生成的所有未放入 R_{top} 中的感知数据项的最大项的得分；第 18～21 行和算法 10-6 的外循环使 d^t_{tail} 等于 R_{top} 中生成的所有感知数据项的最小项的得分。考虑情况 2，为了保证 score-data 数据对在$RST^t_{S_i}$中的一致性，不可信边缘服务器一定把$RST^t_{S_i}$中第 j 个数据项放入 R_{top} 中，其中 j 一定大于 0，且小于$RST^t_{S_i}$中合格 Top-k 数据项的数量。具体来说，在 R_{top} 中，$RST^t_{S_i}$ 的最后一个加密项一定是 $E_{K_i^t}\{D^t_{i,j}, d^t_{i,j+1}\}$。然后，$d^t_{head}$ 最终一定大于或等于 d^t_{tail}，因为根据算法 10-6，如果 d^t_{head} 大于 $d^t_{i,j+1}$，则将 $d^t_{i,j+1}$ 的值赋给 d^t_{head}(假设感知数据项的分数是不同的)。由于合格数据项的最小得分总是大于真实但不合格数据项的最大得分，在情况 2 中，$d^t_{i,j+1}$ 总是大于 d^t_{tail}，因为情况 2 中有一些真实但不合格的数据项。那么，d^t_{head} 大于 d^t_{tail} 在情况 2 中的最终值。根据算法 10-6 中的第 50～52 行，R_{top} 验证为不完整的；

最后，如果出现情况 3，则 $d^t_{i,1}$ 一定是合格数据项的得分。根据第 6～12 行，不可信边缘服务器一定至少将$RST^t_{S_i}$一个合法的加密项放入 R_{top} 中，并且在情况 3 中必定将 $E_{K_i^t}\{FG_{begin}, d^t_{i,1}\}$放入 R_{top}。然后，根据算法 10-6 中的第 25～31 行，d^t_{head} 必定最终大于或等于 $d^t_{i,1}$。因为在情况 3 中有一些不合格的数据项，$d^t_{i,1}$ 一定是大于 d^t_{tail}，因为 d^t_{tail} 等于 R_{top} 中最小感知数据项的得分。因此，d^t_{head} 必定大于 d^t_{tail}。所以，也可以根据算法 10-6 的第 50～52 行验证 R_{top} 为不完整的。

总之，在本章给出的安全模型下，无论边缘服务器和云服务器使用什么样的攻击手段来破坏 Top-k 查询结果的完整性，STK-ESC 都可以检测到不完整的 Top-k 查询结果。至此，定理得证。

10.6 EC-SCS 架构模型下安全查询处理方案的仿真实验

由于 STK-ESC 的安全性能已经在前面的章节得到了证明，本部分通过大量仿真来评估本研究提出的方案 STK-ESC 的性能。据调研，在 EC-SCS 模型中尚没有关于安全 Top-k 查询的相关工作，因此，本研究主要将 STK-ESC 与最接近 STK-ESC 问题背景的相关方案进行了对比，主要对比对象包括基于数据分区的方案和 SLS-STQ 方案。

10.6.1 仿真工具与实验设置

本节的仿真实验采用的模拟工具是 OMNET++的学术版本，默认的参数设置如表 10-2 所示，其中，r_D 表示感知数据项的生成速率，l_D、l_d、l_{order}、l_{ID}、l_{Bloom} 和 l_{flag} 分别表示每个感知数据项的长度、每个数据得分的长度、订单号的长度、ID 的长度、Bloom 过滤器的长度以及标志的长度。在仿真实验过程中，每个感知数据项的值是从 0 到 10 000 之间随机选择的。

表 10-2 实验中的部分参数设置

参 数	默认值	参 数	默认值
N	100	T	1000 s
k	100	r_D	1 item/s
l_D	400 b	l_d	20 b
l_{order}	20 b	l_{ID}	10 b
l_{Bloom}	120 b	l_{flag}	1 b

显然，无论采用何种安全方案，有些数据总是需要通过EC-SCS进行传输，例如定期采集的感知数据项和合格的Top-k数据项。因此，在模拟过程中，本研究评估效率性能时，主要考虑额外传输数据的数量这一因素，用于确保Top-k查询的安全性。具体来说，本研究所使用的性能评价指标如下：

(1) 在EC-SCS中，从传感器节点传输到边缘服务器的附加数据的数量D^{A}_{upload}。除了传感器节点的ID、时隙号以及未用作证明数据的感知数据项外，所有数据项都被视为额外传输的数据，例如数据得分和将来用于完整性验证的感知数据项。

(2) 从边缘服务器发送到启动Top-k查询的EU的附加数据量$D^{A}_{response}$。除了时隙数和k个合格的Top-k数据项外，Top-k查询结果中从边缘服务器发送到EU的所有剩余数据都被视为从边缘服务器发送到EU的附加传输数据。在仿真中，在不损失一般性的情况下，本研究把从边缘服务器到EU的路由上的所有跳看作一个虚拟按需应变跳。

(3) 附加传输数据与整个传输数据的比率。这个数据比率可以分为两个具体部分，即附加传输数据与从传感器节点传输到边缘服务器的整个数据的比率R^{A}_{upload}和附加传输数据与从边缘服务器传输到EU的整个数据的比率$R^{A}_{response}$。

10.6.2　实验结果与分析

本小节中展示了本研究提出的STK-ESC方案和两个本领域最先进方案在不同的参数设置下对上述指标的性能仿真结果。

(1) 其他参数不变而参数N发生变化时，三种方案的性能比较结果如图10－3和图10－4所示。从这两个图中，可以看出执行STK-ESC方案的性能几乎与SLS-STQ的相同，而且它们从传感器节点传输到边缘服务器的额外数据比基于数据分区的方案的额外数据少得多。

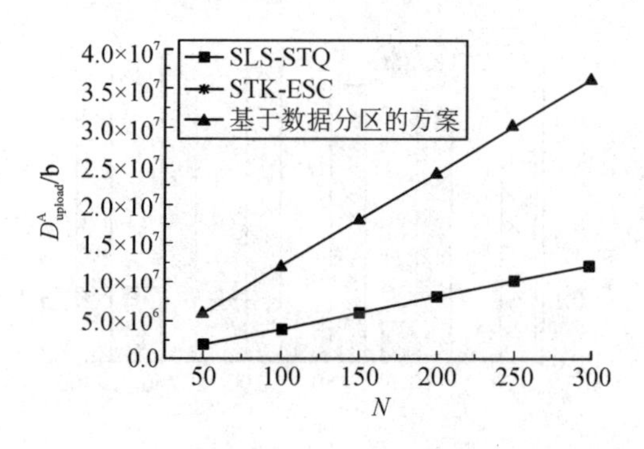

图10－3　传感器节点个数N对D^{A}_{upload}的影响

由于本研究无法从图10－3和图10－4中找出STK-ESC和SLS-STQ两种方案中的哪种性能更好，因此，本研究进一步进行了更多的实验，测试采用两种方案时，从边缘服务器传输到EU的额外数据的数量，并在查询结果中评估它们与整个数据的比率。相应的仿真结果分别显示在图10－5和图10－6中，从图中可以清晰地看出，采用STK-ESC方案时从边缘服务器传输到EU的附加数据远远少于采用SLS-STQ方案时的此项附加数据。

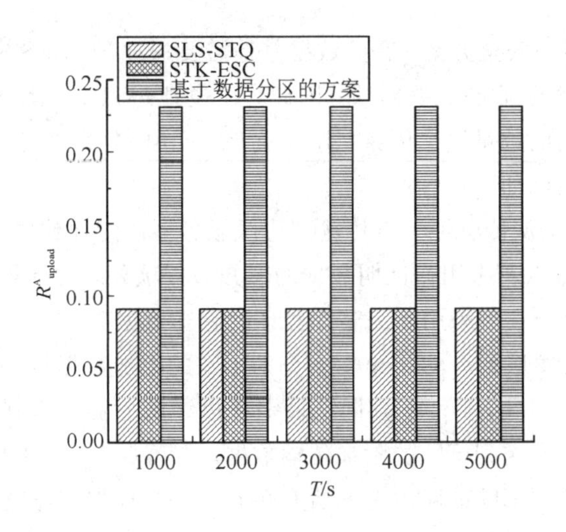

图 10-4　传感器节点个数 N 对 $R^{\mathrm{A}}_{\mathrm{upload}}$ 的影响

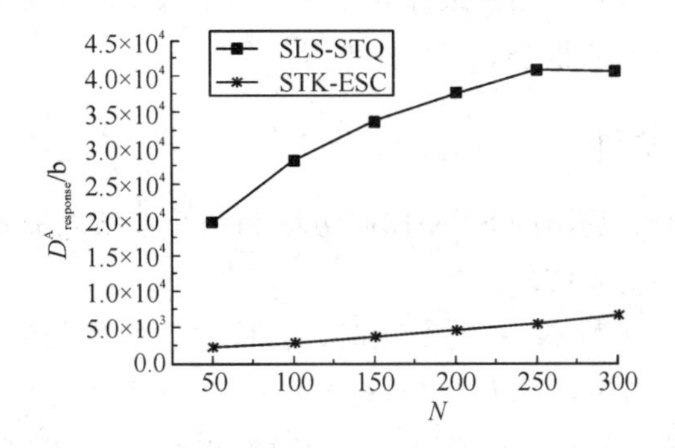

图 10-5　传感器节点个数 N 对 $D^{\mathrm{A}}_{\mathrm{response}}$ 的影响

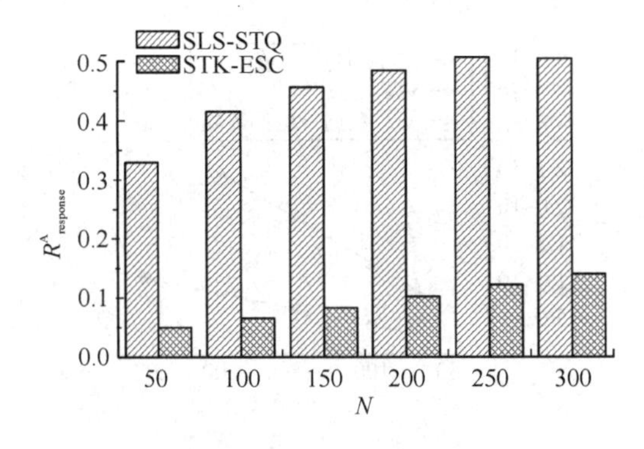

图 10-6　传感器节点个数 N 对 $R^{\mathrm{A}}_{\mathrm{response}}$ 的影响

(2) 其他参数不变而参数 T 发生变化时的性能比较。为了测试上述指标的影响，本研究将其他参数设置为表 10-2 中列出的默认值。从传感器节点向边缘服务器传输的额外数据量和从边缘服务器向 EU 传输的数据量的模拟结果见图 10-7 和图 10-8，它们与相应的整体数据的比率分别见图 10-9 和图 10-10。在 STK-ESC 和 SLS-STQ 方案中，从传感器节点到边缘服务器传输的数据量几乎完全相同，比基于数据分区的方案的传输数据量要少

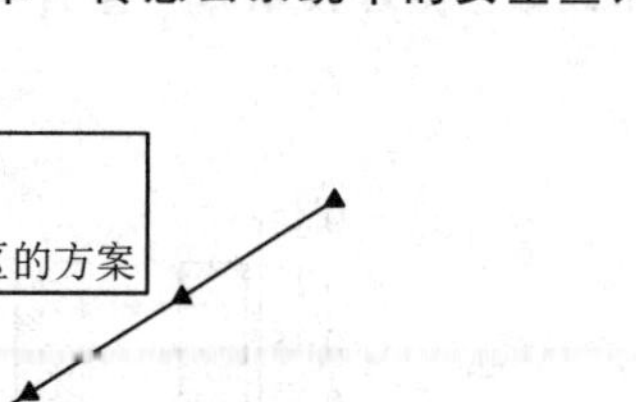

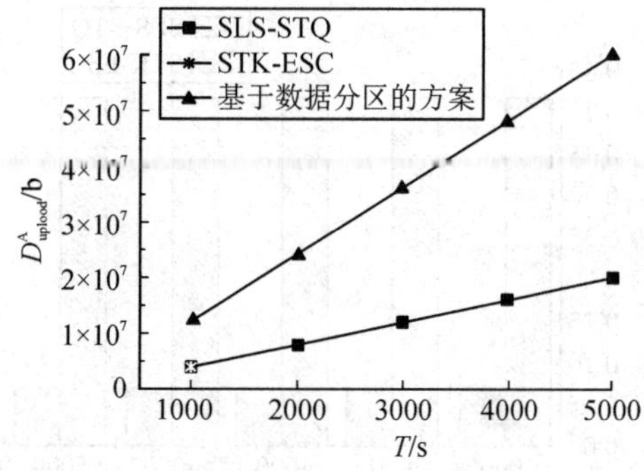

图 10－7　参数 T 对 D^{A}_{upload} 表现的影响

得多。此外，图 10－8 表明，在不同 T 设置条件下，STK-ESC 中从边缘服务器传输到 EU 的额外数据量也大大少于 SLS-STQ 中的该项额外数据量。这表明，无论 T 怎样变化，方案 STK-ESC 的效率都高于 SLS-STQ。

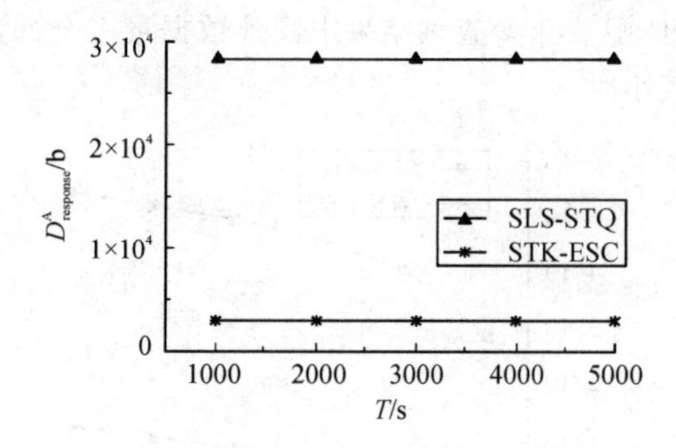

图 10－8　参数 T 对 $D^{A}_{response}$ 表现的影响

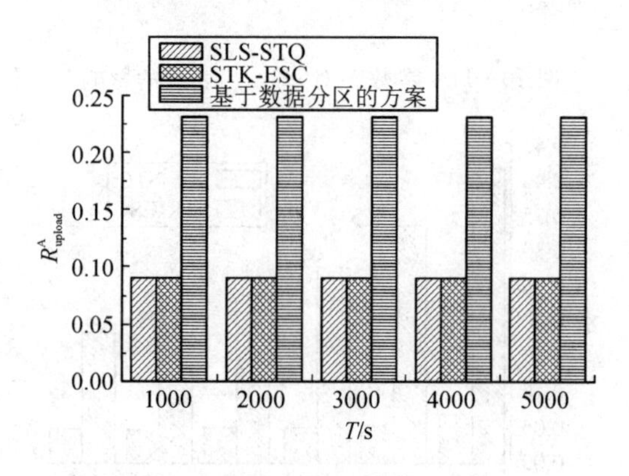

图 10－9　参数 T 对 R^{A}_{upload} 表现的影响

(3) 其他参数不变而参数 k 发生变化时的性能比较。以 k 作为仿真中的变量，本研究比较了 STK-ESC 方案和 SLS-STQ 方案，它们在传感器节点向边缘服务器传输的附加数据量上达到了几乎相同的性能。由于 k 的变化不会影响传感器节点向边缘服务器传输的附加数据量的仿真结果，因此本研究只需评估 k 的变化对边缘服务器向 EU 传输的附加数据量的影响以及 Top-k 查询结果中附加数据量与整个数据量的比值。其他参数不变而仅让 k 发

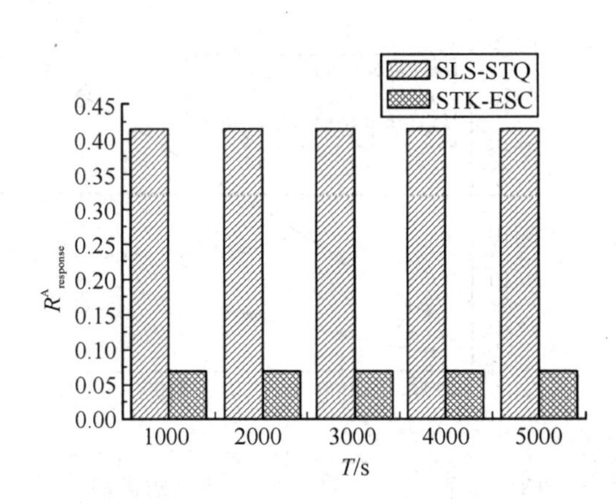

图 10-10　参数 T 对 $R^{A}_{response}$ 表现的影响

生变化时的仿真结果如图 10-11 和图 10-12 所示。从图 10-11 可以看出，当以 k 为变量时，SLS-STQ 中从边缘服务器传输到 EU 的额外数据量远远大于在 STK-ESC 中的该项额外数据量，而且 STK-ESC 中 Top-k 查询结果中额外数据量占全部数据量的比例远远低于 SLS-STQ，特别是当 k 较小时。

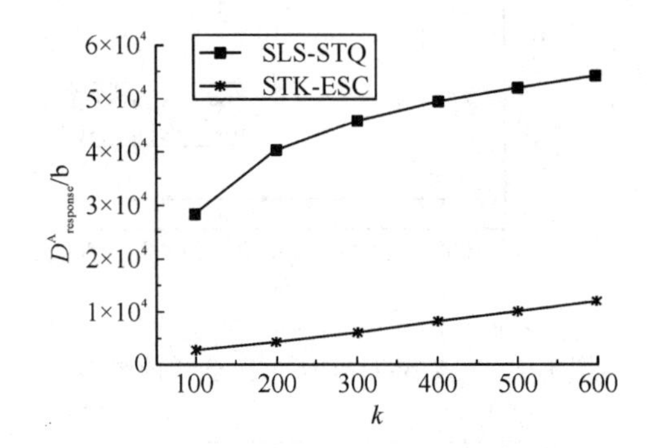

图 10-11　参数 k 对 $D^{A}_{response}$ 表现的影响

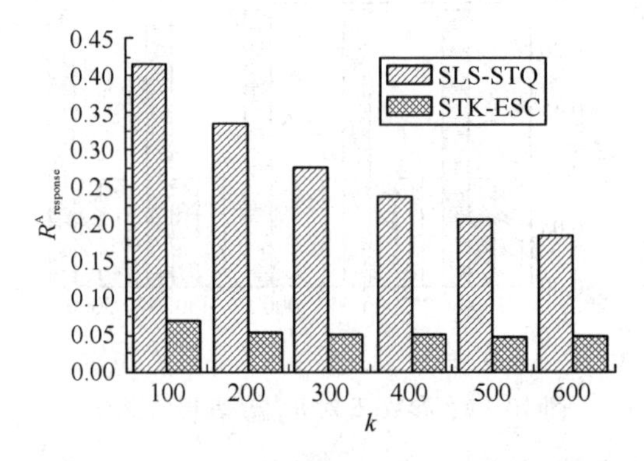

图 10-12　参数 k 对 $R^{A}_{response}$ 表现的影响

10.6.3　针对 STK-ESC 方案仿真实验结果的进一步讨论

在仿真实验中，对于 $D^{A}_{response}$ 和 $R^{A}_{response}$ 性能，本研究只是比较了 STK-ESC 与 SLS-

STQ 两个方案下的该项性能，而并没有将 STK-ESC 方案与基于数据分区的方案[17]进行比较，其原因讨论如下。

在基于数据分区的方案中，EU 发起的每个 Top-k 查询都需要包含一个哈希矩阵，该哈希矩阵包含大量的哈希值。由于每个哈希值的长度(约 120 b)远远超过感知数据的分数值或感知数据的大小序号值的长度(约 20 b)，而 SLS-STQ 或 STK-ESC 方案中的安全附加数据主要为感知数据的对应分数值或大小序号值，因此，在基于数据分区的方案中，边缘服务器与 EU 之间传输安全附加数据的通信开销远远超过 SLS-STQ 和 STK-ESC 方案中的对应开销。

仿真结果表明，STK-ESC 方案中的 D^{A}_{upload} 和 R^{A}_{upload} 与 SLS-STQ 方案中的 D^{A}_{upload} 和 R^{A}_{upload} 基本相同。这是因为在 SLS-STQ 和 STK-ESC 中，从传感器节点向边缘服务器传输的附加数据的主要组成部分是相似的，它们都主要包含感知数据项的数据得分。D^{A}_{upload} 和 R^{A}_{upload} 在基于数据分区的方案中的值比 SLS-STQ 和 STK-ESC 方案中的值要大得多，因为在基于数据分区的方案中，每个感知数据项都需要附加一个长度较长的 Bloom 过滤器作为证明数据。

虽然在 SLS-STQ 和 STK-ESC 方案中 D^{A}_{upload} 和 R^{A}_{upload} 的性能基本相同，但 STK-ESC 的性能明显优于 SLS-STQ 的，无论从哪些参数方面考虑。原因是 STK-ESC 中的附加数据只是标志符和得分，而 SLS-STQ 中从边缘服务器传输到 EU 的数据还包括部分感知数据项，这些数据项比特长度比标志符和得分的长度长得多。例如，如果由传感器节点生成的 n ($n>m$)个感知数据项中，有 m 个是合格的数据项，则在 SLS-STQ 的查询结果中应该包含排名第($m+1$)个感知数据项作为证明数据的一部分。

本章小结

本章研究了 EC-SCS 中的安全 Top-k 查询问题，提出了一种新的解决方案 STK-ESC。为了保护 EC-SCS 中 Top-k 查询数据的隐私性和完整性，我们在 STK-ESC 中设计了一个密钥分配协议、一个安全的数据报告生成算法、一个安全的 Top-k 查询处理算法和一个完整性验证算法。理论分析表明，在本章给出的安全模型下，STK-ESC 不仅能够保护传感器节点产生的感知数据项及其对应得分的隐私性，而且能够以 100%的成功概率验证 Top-k 查询结果的完整性。大量的实验结果表明，无论是从传感器节点传输到边缘服务器还是从边缘服务器传输到 EU 的附加数据与相应的整体数据的比例都小于 10%，并且优于已有方案，说明 STK-ESC 是一种适合 EC-SCS 的安全高效的 Top-k 查询处理方案。

值得注意的是，本章的工作主要集中在 Top-k 查询的安全性上，其中每个查询都只涉及 EC-SCS 中的一个静态 WSN。至于 Top-k 查询的安全问题，每个问题都涉及 EC-SCS 中的多个移动 WSN，这个问题比较复杂，我们将在后续工作中解决。

第 11 章 物联网分布式数据存储与查询技术的相关应用

11.1 智慧医疗应用

在医院中构建基于 TWSN 的医疗数据分布式存储与检索系统，既有助于病人查询自身的健康数据，了解自身健康状况，也有助于医生实时获取病人的健康监测数据，及时根据病人的健康监测数据制定相应的治疗策略。基于 TWSN 的分布式数据存储与检索的医疗系统架构如图 11-1 所示。

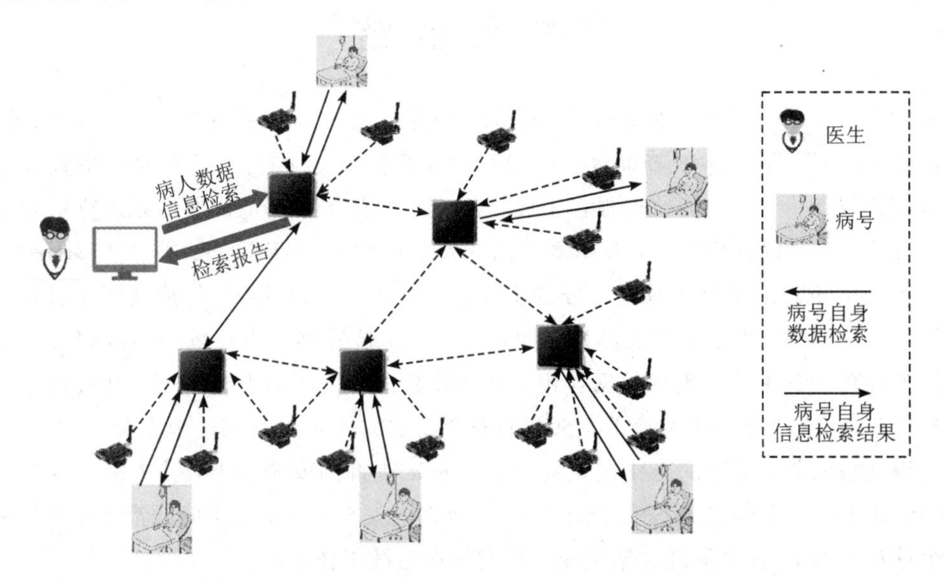

图 11-1　医院内部基于 TWSN 的智慧医疗系统

在图 11-1 所示的医院内部基于 TWSN 的智慧医疗系统中，上层数据存储节点之间构成了一个 MESH 网，单个数据存储节点与其管辖的传感器节点之间构成了一个星形网。病

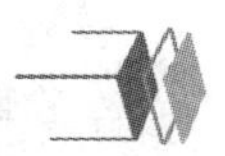

人身上的可穿戴设备中内嵌的感知器件与病人附近的无线传感器节点将采集到的感知数据发送到上层数据存储节点。上层数据存储节点一方面存储下层传感器节点产生的感知数据，另一方面响应病人或者医生的信息检索请求。

该系统除了支持病人或者医生的数据检索请求外，还支持特殊病号紧急事件的紧急处理与响应。例如，当感知心脏病患者心脏跳动次数的传感器节点感知到病人心脏跳动异常并获取到相关数据时，该传感器节点会对这类数据贴上紧急处理事件标签，并实时发送给上层数据存储节点，而上层数据存储节点收到带有紧急处理事件标签的数据时也会将该数据实时发送给对应的医生电脑终端，或者向与该系统相连的报警设备发出一个报警信号，命令该报警设备立即发出警报。

11.2　智慧农业应用

物联网分布式数据存储与检索技术在智慧农业方面有着极其光明的应用前景。对于一些农业大国而言，可在土地上大范围部署物联网系统，通过采用分布式数据存储与检索技术不仅能大大降低感知设备向云数据中心传输的数据量，从而降低网络拥塞出现的可能性，还能够降低云数据中心的数据存储压力和计算负担。与此同时，将分布式数据存储与检索技术和人工智能技术相结合，还能够提高农业管理的效率，增加农产收益。图 11-2 是分布式数据存储与检索技术在智慧农业中的典型应用示例。

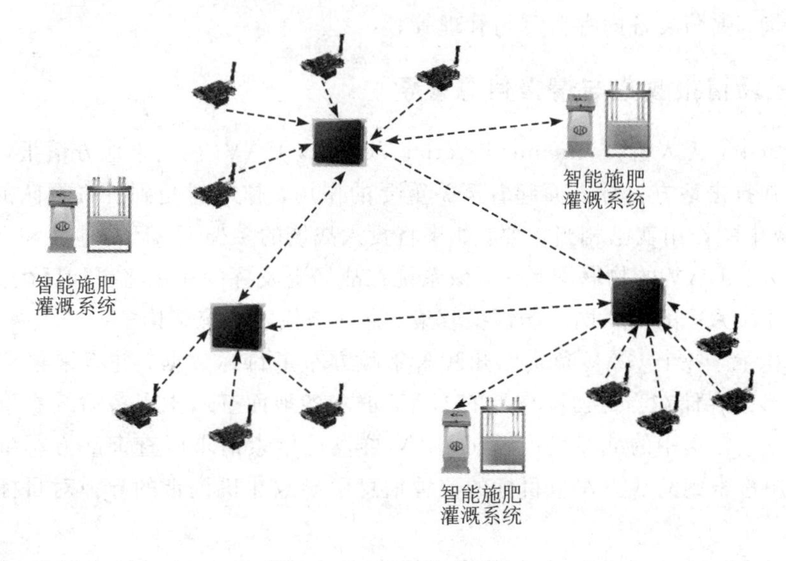

图 11-2　智慧农业系统

图 11-2 所示的智慧农业系统采用双层无线传感网络，其下层是由普通的无线传感器节点组成的无线自组织网络，上层是由存储容量更大、计算能力更强的管理节点组成的 MESH 网。下层的无线传感器节点可以集成多种类型的传感器，如温度传感器、湿度传感器、矿物质感知传感器等，这些传感器节点周期性地将自身产生的感知数据发送到上层的管理节点进行存储和处理。每个管理节点负责管理一簇传感器节点。在每个簇内，管理节点与无线传感器节点可简单采用星形拓扑结构建网；当单个簇内的传感器节点个数较多时，簇内也可以采用树形结构建网。

上述系统中，感知数据被分散存储在各个管理节点中，每个管理节点仅存储其管理区域内传感器节点产生的感知数据。这种数据存储方式的好处如下。

(1) 不会因网络的扩大而增大网络的数据传输负担，也不会像基于云数据中心的数据存储方式那样，随着网络的扩大和传感设备个数的增多而增大云数据中心的数据存储压力。

(2) 农作物管理者可直接通过手持式设备或者就近部署的基站检索感兴趣的数据信息，如农田土壤环境的各项数据、农作物生长状况数据等。

(3) 由于数据在本地存储，不需要上传到云数据中心，智慧农业系统中的上层管理节点可以快速在本地进行查询处理，从而快速响应来自农作物管理者的数据检索请求。

(4) 智慧农业系统中的上层管理节点可以充分利用新一代人工智能技术对本地存储的感知数据进行分析和学习，进而根据学习结果建立更加科学的管理模型，有利于进一步提升农业系统的智能化管理水平。

11.3 现代军事应用

物联网分布式数据存储与检索技术可应用在现代化军事中，进一步提升战场感知能力和战场反应速度。本小节选择了几个应用场景来介绍物联网分布式数据存储与检索技术在现代化军事中的应用，这几个应用场景主要包括：战场情报收集与情报信息检索、士兵健康监测与查询、弹药装备库存监测与管理等。

11.3.1 战场情报收集与情报信息检索

现代战争中，无人机(Unmanned Aerial Vehicle，UAV)在收集地方情报，锁定地方目标并引导导弹打击地方目标方面起着至关重要的作用，越来越受到各方军队的重视。单架UAV在战场中的作用就已相当重要，如果将投入战场的多架UAV与地面和空中指挥平台联网，形成基于UAV的物联网系统，该系统在战场上发挥的作用将更加巨大。图11-3展示了一种基于UAV的物联网战场情报收集、存储与检索系统架构。

在此架构下，各个UAV负责感知和采集敌方军事目标数据，并将采集到的数据以分布式存储的形式存储在与之协同作战的UAV群和各地面基站中以备后续军事数据分析专家检索和分析。在空中的战斗机可以向UAV群发送检索请求以查询敌方军事目标的位置信息，并利用检索到的敌方军事目标的位置信息引导战斗机携带的导弹对目标位置发起精准打击。

虽然单个UAV也可以引导地面导弹部队或者战斗机对敌方的军事目标发起精准打击，但现代战场上出现了多种反UAV设备，单个UAV容易被敌方武器击落而失去引导作用。例如，在2022年爆发的俄乌冲突中，俄乌双方采用了多种反UAV武器系统对对方的无人机进行攻击，各自的UAV损失情况都较为严重。在双方采用的反UAV武器系统中，除了现代战争中较为常见的各种防空导弹系统和防空系统以及电子战系统外，还包括一些首次在战场中使用的便携式反无人机武器系统。根据塔斯社2022年7月6日援引俄罗斯军方消息的报道，俄罗斯首次在乌克兰特别军事行动中使用旨在摧毁UAV的电磁“猎枪”“斯图波尔”。这些设备具有使用效率高、使用方便等优点。据称：“在目标瞄准器的帮助下，只

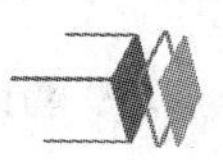

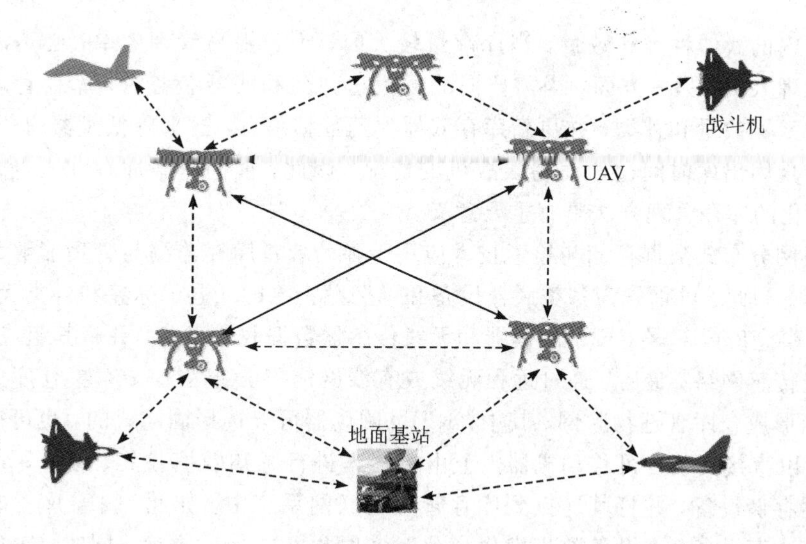

图 11－3　基于 UAV 的物联网战场情报收集、存储与查询系统架构

需按下‘斯图波尔’的按钮，操作员和无人机之间的控制信号就会被压制，之后乌克兰无人机就会被解除设定数据，并被迫降落在所需要的位置。”在采用单个 UAV 进行数据采集和存储的情况下，一旦 UAV 被击落，存储在 UAV 上的数据将会全部丢失或落入敌手。在此背景下，构建基于 UAV 的物联网分布式数据存储与信息检索系统变得十分重要。

11.3.2　士兵健康监测与查询

在战场上，士兵的身体健康状况对战争的胜负走向具有一定的影响。对战场指挥官而言，如果能够及时了解参战部队人员的健康情况，可及时作出参战部队人员调整，确保各个战斗岗位上的战士不会因健康问题导致战场事故发生。特别地，对战场精密仪器操作人员(如火箭军导弹发射系统操作人员)而言，个人健康对其在战场上保持专注性具有重要影响。然而，如何在战场上实时监测参战士兵的身体状况，以及如何收集、存储和高效检索士兵的身体健康数据一直是困扰军界的难题。

构建基于士兵可穿戴设备的物联网分布式数据存储与检索系统可有效解决上述问题。士兵衣服上可以附着大量无线传感器，这些传感器节点可以感知、监测士兵的身体状况，并可通过自身携带的可穿戴网关节点对这些感知数据进行收集和存储。同时，各个士兵身上的网关节点也可以将士兵健康数据发送到靠近自身位置的分布式数据存储站点进行存储。战场指挥系统既可以通过检索分布式数据存储站点内的数据获取参战人员的身体健康数据，也可以直接锁定特定岗位的士兵，向特定士兵身上的可穿戴网关节点发送数据查询请求并获取特定岗位的士兵的身体状况数据。一旦指挥中心发现不利情况(例如，某个士兵的血压远超过正常值，有可能发生脑出血)，则可以立即将其撤离战场，或者可以根据医疗设施配备等状况进行医疗救助。

11.3.3　弹药装备库存监测与管理

现代战争需要消耗的弹药数量和种类以及采用的武器装备的种类和数量都是十分庞大的，如何高效监测和管理弹药装备库存是一个具有挑战性的工作。目前，常用的管理方法主要是人工管理，而人工管理的效率往往不高。一方面，库存管理人员需要定期清点其所管理武器库内的武器种类和数量，当库存量较大时，为了提高管理效率，必然需要增加大量的库存管理人员；另一方面，当需要向战场投送弹药和武器装备时，库存管理人员需要清点出库的武器数量和种类，并更新库存武器弹药数据信息，这会降低武器弹药出库速度，甚至可能出现因出库时间过长而贻误战机的情况。因此，面向军事库存建立新的高效、智能化、网络化的库存管理方法具有重要意义。

将物联网分布式数据存储与检索技术应用于弹药装备库存监测与管理能够大大提升库存管理效率。为此，可首先为各类武器设备和弹药贴上RFID电子标签和各类无线传感器；然后，在军事仓库内部署RFID阅读器和无线传感器数据收集设备，并将其组成集成RFID系统的无线传感网络；最后，通过远程无线或有线网络将分布在各个军事仓库内的传感器进行连接以形成仓库管理物联网。其中，RFID阅读器可以选择固定式的，也可以选择便携式的，还可以直接安装在可移动机器人上由机器人进行感知数据收集。各个军事仓库可就近部署数据存储设备，并将其连接到库存管理物联网系统中。如此一来，库存管理物联网可定期盘点库存设备，在设备数量发生变化时实时更新本地数据库。同时，军事相关人员也可以对库存管理物联网系统就武器弹药情况进行信息检索，以获取需要的武器弹药库存信息。

本章小结

本章介绍了物联网分布式数据存储与检索技术的几种应用场景，所介绍的应用领域主要涉及医疗、农业和军事领域。事实上，物联网分布式数据存储与检索技术的应用领域还有很多，篇幅所限，暂止笔于此，各位研究人员可查阅分析相关资料。

附 录 缩略语表

英文全称	英文缩写	中 文
Data-Centric Storage	DCS	以数据为中心的数据存储
Geographic Hash Table	GHT	地理哈希表
Distributed Hash Table	DHT	分布式哈希表
Greedy Perimeter Stateless Routing	GPSR	贪婪绕行无状态路由协议
Clustered Data-Centric Storage	C-DCS	基于分簇的以数据为中心数据存储
Effective Hotspot Storage	EHS	高效的热点存储
Dynamic Balanced Storage	DBAS	动态平衡存储
Resilient Data-Centric Storage	R-DCS	以数据为中心的弹性数据存储
Similarity Data Storage	SDS	相似数据存储
Location-Centric Storage	LCS	以位置为中心的数据存储
Locality-Sensitive Hash Table	LSH	位置敏感的哈希函数
Time To Live	TTL	生命周期
Double Ruling	—	基于球面双轨迹的数据存储与查询技术
Event Flooding	—	事件数据泛洪
Query Flooding	—	查询请求泛洪
Rumor Routing	—	鲁莫尔路由
comb-needle	—	基于水平与竖直轨迹交织的数据查询与存储技术

续表一

英文全称	英文缩写	中　　文
Scoop	—	中文直译为“斯库普”，一种基于索引的关系数据存储与查询处理方案
Sensor ID	SiD	无线传感器节点的身份号
Dimensions	DIM	分布式多维索引存储与查询技术
Near-optimal Data Storage	NDS	近似最优数据存储
Optimal Data Storage	ODS	最优数据存储
Adaptive Data Storage	ADS	自适应数据存储
Exact Decentralized Fountain Codes	EDFC	确切分布式喷泉码
Approximate Decentralized Fountain Codes	ADFC	近似分布式喷泉码
LT-codes based Centric Distributed Storage	LTCDS	基于卢比变换的分布式数据存储
Luby Transform Codes	LT-Codes	卢比变换编码
LT-codes based distributed Scheme for Improving Data Persistence	LTSIDP	基于卢比变换码的分布式数据持续性改进方案
Belief Propagation	BP	置信传播
Mobile Location Service	MLS	移动定位服务
Queried Sensors	QS	被查询无线传感器节点的集合
Quality of Service	QoS	服务质量
Lightweight Routing Protocol Ensuring Quality of Service	LRP-QS	保证服务质量的轻量级路由协议
Privacy Preservation Top-k Query	PPTQ	保护隐私的 Top-k 查询
Local-cluster Effect	—	本地分簇效果
Distributed Index for Features Storage	DIFS	分布式索引特征存储
Virtual Ring based Storage	VRS	基于虚拟数据存储环的数据存储与查询技术
Sink-free Virtual-ring-based Storage and Retrieval	SVSR	基于虚拟环的无基站数据存储与查询技术
Location Aware Peak-value Query with the parameters of D and k	LAPDK/ LAP-(D, k)	参数 D 和 k 约束下的峰值查询处理方案
Verification Scheme for Fine-grained Top-k Queries	VSFTQ	基于顺序号加密的完整性可验证 Top-k 查询处理技术
Storage and Retrieval in Mobile Sensor Network	SRMSN	移动传感网中的数据存储与查询

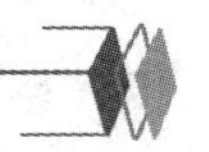

续表二

英文全称	英文缩写	中 文
Benefit of Energy for Sensors	BES	传感器节点能量收益
Verifiable Integrity Protection for Top-k Query	VIP-TQ	完整性可验证的 Top-k 查询处理技术
Order Preservation Encryption Scheme	OPES	顺序保留的数据加密方案
Carpooling Routing	—	卡普灵路由协议
Double-Ruling-based Information Brokerage	DRIB	基于双轨迹的信息经纪
Reliable Double-Ruling-based Information Brokerage	RDRIB	基于双轨迹的可靠信息经纪
Robust Soliton	—	鲁棒孤立子
Edge-Computing-assisted Sensor Cloud Systems	EC-SCS	边缘计算辅助的传感云系统
Sensor Network Owner	SNO	传感器网络的所有者
Edge Server	ES	边缘计算服务器
Message Authentication Code	MAC	消息验证码
Cloud Server	CS	云服务器
End User	EU	终端用户
Cloud Service Provider	CSP	云服务提供商
Central Authority	CA	中心权威机构
Cloud-centric Multi-level Authentication	CMULA	云中心多级认证
Modular Order Preserving Encryption	MOPE	组合式顺序保留加密技术
Pairwise Symmetric Encryption	PSE	对密钥加密技术
Secure Top-k in Edge-computing-assisted Sensor Cloud	STK-ESC	边缘计算辅助的安全 Top-k 查询处理方案
Sequence-encryption-based Lightweight Scheme for Securing Spatial-Temporal Top-k Queries	SLS-STQ	基于顺序加密的安全时空 Top-k 查询处理方案

参考文献

[1] AL-FUQAHA A L, GUIZANI M H, Mohammadi M, et al. Internet of Things: A Survey on Enabling Technologies, Protocols, and Applications [J]. IEEE Communications Surveys & Tutorials, 2015, 17(4): 2347-2376.

[2] DESNOYERS P, GANESAN D, LI H, et al. Presto: A Predictive Storage Architecture for Sensor Networks. In: Proceedings of the 10th Workshop on Hot Topics in Operating Systems (HotOS X)[C]. London: University of Cambridge Press, 2005, pp. 23-23.

[3] SHEN H Y, LI Z. A Kautz-based Wireless Sensor and Actuator Network for Feal-time, Fault-tolerant and Energy-efficient Transmission[J]. IEEE Transactions on Mobile Computing, 2016, 15(1): 1-16.

[4] ZHANG R, SHI J, LIU Y, et al. Verifiable fine-grained Top-*k* queries in tiered sensor networks [A]. In: Proceedings of the 29th Annual Joint Conference of the IEEE Computer and Communications Societies (INFOCOM'10)[C]. San Diego: IEEE Press, 2010, pp. 1-9.

[5] 梁小满，马行坡. 无线传感器网络数据存储技术研究进展[J]. 计算机应用研究，2009，26(2)：439-443.

[6] MA X P, LIANG J B, LIU R P, et al. A Survey on Data Storage and Information Discovery in the WSAN-Based Edge Computing Systems[J]. Sensors, 2018, 18(2): 546-559.

[7] GREENSTEIN B, ESTRIN D, GOVINDAN R, et al. DIFS: A Distributed Index for Features in Sensor Networks[J]. Ad Hoc Networks, 2003, 1(2-3): 333-349.

[8] LI X, JIN K Y, GOVINDAN R, et al. Multi-Dimensional Range Queries in Sensor Networks[A]. In: Proc. of the 1st Int'l Conf. on Embedded Networked Sensor Systems (SenSys 2003)[C]. New York: ACM Press, 2003, pp. 63-75.

[9] ALY M, MORSILLO N, CHRYSANTHIS P K, et al. Zone Sharing: A Hot-Spots Decomposition Scheme for Data-Centric Storage in Sensor Networks[A]. In proc. of the 2nd International Workshop on Data Management for Sensor Networks (DMSN'05)[C]. Trondheim, Norway: ACM Press, 2005, pp. 21-26.

[10] GUO L J, LI J ZH, LI G L. Spatio-Temporal query processing method in wireless sensor networks[J]. Journal of Software, 2006, 17(4): 794-805.

[11] LIU X, HUANG Q F, ZHANG Y. Combs, Needles, Haystacks: Balancing Push and Pull for Discovery in Large-scale Sensor Networks[A]. In: Proc. of the 2nd Int'l Conf. on Embedded Networked Sensor Systems (SenSys 2004)[C]. New

York: ACM Press, pp. 122 - 133.

[12] RIK S, ZHU X J, GAO J. Double Rulings for Information Brokerage in Sensor Networks[A]. In: Proc. of the 12th Annual Int'l Conf. on Mobile Computing and Networking (MobiCom 2006)[C]. New York: ACM Press, 2006, pp. 286 - 297.

[13] MA X P, GAO J L, et al. A Virtual-Ring-Based Data Storage and Retrieval Scheme in Wireless Sensor Networks [J]. International Journal of Distributed Sensor Networks, 2012, 8(11): 1 - 10.

[14] CHENG S Y, LI J ZH, YU L. Location Aware Peak Value Queries in Sensor Networks[A]. In: Proc. of the 31th IEEE International Conference on Computer Communications(INFOCOM 2012)[C]. Orlando, Florida, USA: IEEE Press, 2012, pp. 486 - 494.

[15] MA X P, LI Y L, LI R, et al. LAPDK: A Novel Dynamic-programming-based Algorithm for the LAP-(D, k) query Problem in Wireless Sensor Networks[J]. International Journal of Performability Engineering, 2017, 13(4): 540 - 550.

[16] MA X P, LI Y, WANG T, et al. Achieve Adaptive Data Storage and Retrieval Using Mobile Sinks in Wireless Sensor Networks [J]. Wireless Personal Communications, 2018, 101(3): 1731 - 1747.

[17] MA X P, SONG H, WANG J X, et. al. A Novel Verification Scheme for Fine-Grained Top-k Queries in Two-Tiered Sensor Networks[J]. Wireless Personal Communications, 2014, 75(3): 1809 - 1826.

[18] 马行坡，梁俊斌，马文鹏，等. 面向双层传感网的安全 Top-k 查询协议，计算机研究与发展，2018，55(11)：2490 - 2500.

[19] 马行坡，危锋，梁俊斌，等. TMWSN 中一种确保数据完整性的高能效时空 Top-k 查询协议[J]. 电子学报，2018，46(5)：1274 - 1280.

[20] MIN J, KUI X Y, LIANG J B, et al. Secure Top-k Query in Edge-computing-assisted Sensor-cloud Systems[J]. Journal of Systems Architecture, 2021, 119 (10): 102244.

[21] MIN J, LIANG J B, MA X P. STQ-SCS: An Efficient and Secure Scheme for Fine-Grained Spatial-Temporal Top-k Query in Fog-Based Mobile Sensor-Cloud Systems [J]. Security and Communication Networks, 2021, 2021(6): 1 - 16.